Royd Lüdtke
Stefan Stratmann

Design Center

Royd Lüdtke
Stefan Stratmann

Design Center – PSpice unter Windows

Ein Leitfaden für den Schnelleinstieg

Die Deutsche Bibliothek – CIP-Einheitsaufnahme

Lüdtke, Royd:
Design Center - PSpice unter Windows : ein Leitfaden für den
Schnelleinstieg / Royd Lüdtke ; Stefan Stratmann. -
Braunschweig ; Wiesbaden : Vieweg, 1996

NE: Stratmann, Stefan:

ISBN-13: 978-3-528-07430-2   e-ISBN-13: 978-3-322-89149-5
DOI: 10.1007/ 978-3-322-89149-5

Vorwort

Zunehmende Informationsverarbeitungsgeschwindigkeiten in Verbindung mit immer komplexer werdenden Schaltungen werfen für deren Entwickler vielfältige Probleme auf. Speziell analoge Bauelemente können, betrieben im Grenzbereich, innerhalb der Gesamtschaltung zu nicht übersehbaren Fehlerquellen werden. Daher war es bisher üblich, vor Beginn einer Serienproduktion eine reale Schaltung zu erstellen, um sie dann unter Laborbedingungen auszutesten. Dennoch konnte sich beim Übergang zur Großserie eine nicht erwartete Ausschußrate einstellen, die sich auf einen mangelhaften Schaltungsentwurf gründete.

Durch den inzwischen kostengünstigen Einsatz von Rechnern sowie der Verfügbarkeit entsprechender Software, ist es seit geraumer Zeit möglich, sowohl analoge als auch digitale Schaltungen in ihren Grenzbereichen zu simulieren. Das führt in der Praxis schneller, sicherer und damit kostengünstiger zu serienreifen Produkten.

Das Programmpaket MicroSim PSpice ermöglicht schon während der Entwurfsphase durch das automatische Generieren von PSpice-Simulationsnetzlisten direkt aus einem komfortablen Schaltplaneditor heraus die schnelle Schaltungsanalyse.

Vereinheitlichte Datenformate schließen die Lücke zur Layouterstellung durch problemlose Anbindung an Routingprogramme bis hin zur Serienfertigung der bestückten Leiterplatte.

Zu PSpice existiert eine große Auswahl an Literatur. In vielen Büchern wird allerdings vorausgesetzt, daß der Leser mit der Bedienung des Programmes schon vertraut ist; die inhaltlichen Schwerpunkte finden sich zumeist im Bereich der Modelloptimierung in Beschreibung realer Bauelemente.

Vorliegendes Buch hat zum Ziel, dem Anwender den Einstieg in die Windows-Version anhand von leicht zu erstellenden und nachvollziehbaren Schaltungsbeispielen aus verschiedenen Bereichen der Elektrotechnik zu erleichtern.

Eine umfangreiche Auflistung der in der Testversion 6.2 verfügbaren Bauelemente samt ihrer wichtigsten Betriebsparameter bieten eine Hilfestellung beim Entwurf eigener Schaltungen zu Übungszwecken, ohne auf die herstellerspezifischen Datenblätter zurückgreifen zu müssen.

Trotz der Fülle an Informationen soll der Überblick nicht verloren gehen. Somit wird eine Grundlage für den Einstieg in die Spezialliteratur geschaffen.

Unser besonderer Dank gilt Herrn Prof. Dipl.-Ing. U. Walter vom Fachbereich Elektrische Energietechnik der Fachhochschule Dortmund, der durch seine fachliche Begleitung an der Entstehung vorliegenden Buches maßgeblichen Anteil hatte.

Dortmund, im Dezember 1995   *Die Verfasser*

Inhaltsverzeichnis

1 Zusammenwirken von EDA-Programmbausteinen

Der Einsatz moderner EDA-Werkzeuge ist gekennzeichnet durch eine lückenlose Kette von der Schaltungsidee bis hin zum fertigen Platinenlayout. Im Gegensatz zur früher üblichen Arbeitsweise, dem getrennten Erstellen des Schaltplanes, des Leiterbahndesigns und letztendlich des Labormusters besteht zwischen Editor-, Routing- und Analyseprogrammen eine datentechnische Verknüpfung, so daß idealerweise Fehler durch leistungsfähige Software abgefangen werden und die Prüfungsphase am Labormuster entfallen kann.

In einer solchen EDA-Kette stellt MicroSim PSpice eine hochwertige Komponente zur Entwicklung konkurrenzfähiger Produkte dar. Das folgende Diagramm veranschaulicht den rechnergestützten Arbeitsablauf beim Schaltungsdesign.

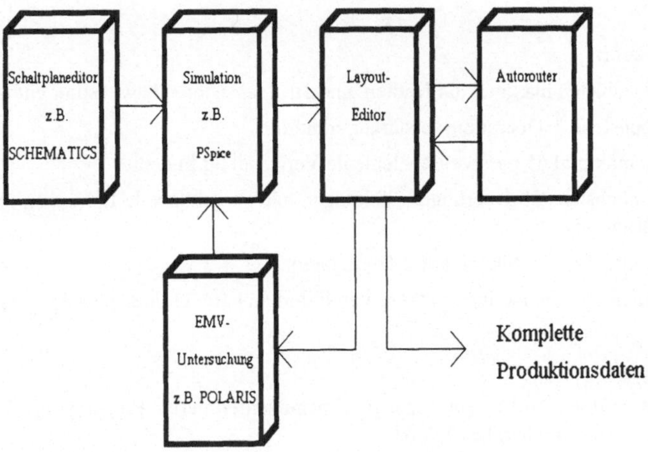

Mit dem Schaltplaneditor erfolgt der Schaltungsentwurf am Bildschirm. PSpice ermöglicht daraufhin mittels Simulation eine umfangreiche Analyse der Schaltung. Entspricht das Ergebnis den an den Entwurf gestellten Ansprüchen, so können vom Schaltplaneditor erzeugte, das Schaltbild beschreibende Netzlisten einem Layouteditorprogramm als Grundlage für das Leiterplattendesign dienen.

Bei Layouts für Platinen mit hohen Packungsdichten kann eine Entflechtung der Leiterbahnen nur noch mit modernen Hochleistungsautorouterprogrammen erreicht werden. Programme wie POLARIS ermöglichen, die Geometrie- und Materialeigenschaften des Leiterplattendesigns in die zur Schaltungsanalyse durch PSpice erstellten Simulationsnetzlisten miteinfließen zu lassen, um damit iterativ das Produkt auch nach EMV-Gesichtspunkten zu optimieren. Am Ende der Kette stehen Daten zur Serienproduktion eines funktionssicheren Produktes zur Verfügung.

2 Installation des Programmpaketes MicroSim PSpice

2.1 Funktionseinschränkungen in der Testversion

Im Gegensatz zur Vollversion mit ca. 10000 Bibliotheksbausteinen ist die Testversion 6.2 mit 22 analogen und 150 digitalen Bauelementen in folgenden Punkten eingeschränkt:

Schaltplaneditor:

1. Bibliotheken sind auf maximal 30 Bauelemente eingeschränkt.
2. Es besteht eine Begrenzung von maximal 25 Bauteilsymbolen pro Arbeitsblatt.
3. Die Schaltplangröße ist auf das amerikanische Blattformat A fest eingestellt.

PSpice Simulator:

1. Schaltkreise dürfen maximal 64 Knoten und 10 Transistoren bzw. Gatter enthalten.
2. Es sind höchstens 2 Operationsverstärker erlaubt.
3. Es können maximal 65 passive Bauelemente Verwendung finden.
4. Es dürfen höchstens 10 Übertragungsleitungen bzw. 4 gekoppelte Leitungen in der Schaltung enthalten sein.
5. Es besteht eine Einschränkung auf 2 Thyristoren.
6. Die Testversion erlaubt keine Synthese von Filtern höherer Ordnung als 3.

Stimulus Editor:

Der Stimulus Editor (StmEd) zur Erzeugung benutzerdefinierter Eingangssignale ist in der Testversion auf Sinusquellen beschränkt.

PARTS:

In PARTS können nur Dioden erstellt werden.

Detailliertere Informationen zur aktuellen Programmversion finden sich nach erfolgreicher Installation in der README.DOC Datei innerhalb der MSIMEV62 Programmgruppe. Die Vorgängerversionen von MicroSim PSpice wurden bisher unter dem Produktnamen „Design Center" vertrieben.

2.2 Systemvoraussetzungen

Prozessor: 80386/80486 mit Koprozessor (keine Koprozessoremulation)

Erweiterungsspeicher: $\geq$ 10 MB (die Testversion läuft ab 8 MB)

VGA-Karte oder höhere Auflösung

Betriebssystem: Windows Version 3.1 oder höher

Bis zum Zeitpunkt der Drucklegung konnten die Autoren erst wenige Erfahrungen mit Windows 95 sammeln. Offenbar laufen aber alle Programmkomponenten problemlos.

2.3 Installationshinweise

Die Lieferung der Testversion 6.2 erfolgt wahlweise auf Disketten oder CD-ROM. In beiden Fällen ist eine aktuelle Version der Win32s Erweiterung von Microsoft im Lieferumfang enthalten.

MicroSim PSpice 6.2 ist unter Windows 3.1 erst nach Installation der Win32s Erweiterung lauffähig.

Mit Microsoft Win32s wird auch ein Kartenspiel „Freecell" unter der Programmgruppe Win32 Applications eingerichtet. Funktioniert das Spiel einwandfrei, so kann davon ausgegangen werden, daß Microsoft Win32s fehlerfrei unter Windows arbeitet.

Anschließend kann die Installation der Testversion beginnen. Verzeichnisname und Festplattenlaufwerk sind beliebig wählbar (z.B. D:\PSPICE). Wird kein anwenderspezifisches Programmverzeichnis angelegt, so erfolgt die Einrichtung des MicroSim PSpice Test-Programmes automatisch unter dem Verzeichnis MSIMEV62 auf der Festplatte C.

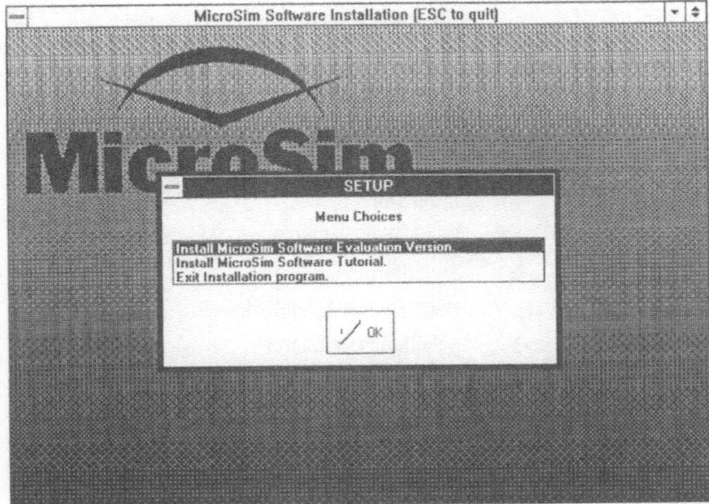

Es ist empfehlenswert, in der CONFIG.SYS Datei nachträglich die Befehle BUFFERS und FILES auf wenigstens 20 zu setzen.

Beispiel: SWITCHES=/F

DEVICE=C:\Windows\HIMEM.SYS /TESTMEM:OFF

DEVICE=C:\Windows\EMM386.EXE A=16 D=128 NOEMS

BUFFERS=20,0

FILES=70

DOS=HIGH,UMB

FCBS=16,8

COUNTRY=049,850,C:\DOS\COUNTRY.SYS

DEVICEHIGH=C:\DOS\DISPLAY.SYS CON=(EGA,,1)

SHELL=C:\DOS\COMMAND.COM C:\DOS\ /p

STACKS=9,512

Der Parameter A=16 legt die Anzahl schneller Registersätze für EMM386 fest (es können bis zu 261 definiert werden). Wird kein Wert für A angegeben, so erfolgt die Einrichtung von 7 Registersätzen.

D =128 bestimmt die DMA-Puffergröße (Direct Memory Access). Die Größe dieser Puffer kann zwischen 16 und 256kByte gewählt werden. Die Einträge bei A und D belasten je nach Größe der gewählten Parameter den Hauptspeicher mehr oder weniger stark.

Um die Änderungen in der CONFIG.SYS Datei wirksam werden zu lassen, muß der Rechner neu gestartet werden.

2.3.1 Einzelprogramme der Testversion des Programmpaketes MicroSim PSpice

SCHEMATICS   →   Schaltplaneditor

PSPICE   →   Simulator

PROBE   →   Grafische Simulationsergebnisausgabe

STIMULUS EDITOR   →   Signalformeditor

PARTS   →   Bauelemente-Modelleditor

PSPICE-OPTIMIZER   →   Schaltungsoptimierer

POLARIS   →   EMV-Untersuchung

2.3.2 Installation der Beispieldateien

Die Beispielschaltungen *.SCH auf der Diskette zu diesem Buch können unter ein beliebiges Unterverzeichnis des Verzeichnisses von MicroSim PSpice kopiert werden und sind ohne zusätzliche Einstellungen nur mit der Test-Version lauffähig, da sich die verwendeten Bauteile in der Vollversion in anderen Bibliotheken befinden.

2.4 Die Dateien der Testversion 6.2

Zunächst ist es ratsam, sich einen groben Überblick über die Bedeutung der wichtigsten neu installierten Dateien der MicroSim PSpice Version zu verschaffen. Dazu wird der Windows Dateimanager gestartet:

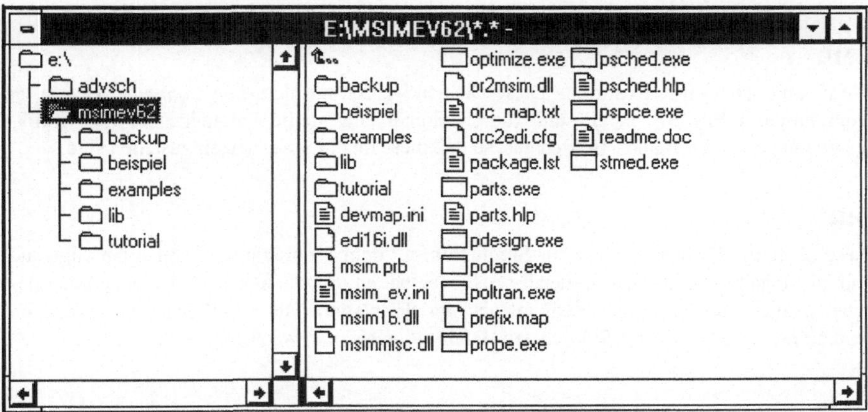

BACKUP	→	Unterverzeichnis für Schaltplansicherungsdateien
BEISPIEL	→	Einzurichtendes Unterverzeichnis der Beispiele zum Buch
EXAMPLES	→	Beispieldateien, geliefert mit der Testversion
LIB	→	Unterverzeichnis der Bibliotheken
TUTORIAL	→	Unterverzeichnis der MicroSim Einführungslehrgangsdateien
optimize.exe	→	Programmdatei des MicroSim PSpice Optimizers
parts.exe	→	Programmdatei des Bauteil-Modelleditors
pdesign.exe	→	Programmdatei des MicroSim Design Managers
polaris.exe	→	Programmdatei zu MicroSim Polaris Signalintegrität (EMV)
poltran.exe	→	Programmdatei des Polaris Translators
probe.exe	→	Programmdatei zur grafischen Simulationsergebnisausgabe
psched.exe	→	Programmdatei zum Schematics Schaltplaneditor
pspice.exe	→	Programmdatei des MicroSim PSpice-Simulators
stmed.exe	→	Programmdatei des Stimuluseditors

2.5 Bedeutung der Dateiendungen

Im Festplattenverzeichnis MSIMEV62 finden sich Files mit verschiedenen Dateiendungen. Folgende sind im Umgang mit MicroSim PSpice von besonderem Interesse:

.ALS

In diesen sog. „Aliases"-Dateien werden für die verwendeten Bauelemente Zuordnungen zwischen den Knotennamen und den Netzverbindungen getroffen

.CBK

Hierbei handelt es sich um eine „Circuit Backup" Datei, also um eine Sicherheitskopie der letzten Version einer *.CIR Datei.

.CMD

„Command"-Datei im Textformat. Diese Dateien werden mit dem *Log Command* Befehl im Programmodul PROBE erstellt und führen einmal eingestellte Parameter für die Grafikauswertung quasi im Batch - Betrieb aus, so daß diese nicht immer neu einzustellen sind.

.CIR

Diese „Circuit"-Dateien werden zur Simulation mit dem Programmteil PSpice benötigt und sind die eigentliche Simuationsnetzliste. Sie enthalten Angaben zur Versionsnummer des Arbeitsblattes und zu Anfangsbedingungen der Simulation. Die *.CIR Dateien werden im Programmteil SCHEMATICS durch den Befehl *Analysis / Create Netlist* erstellt.

.DAT

Die Dateien mit dieser Endung sind Ausgabedateien im Binärformat für die grafische Auswertung mit dem Programmteil PROBE. Nach beendeter Simulation werden die darzustellenden Daten in diesen Files abgespeichert.

.IND

Datei mit einem programminternen Indexsystem zur schnellen Auffindung von Bibliothekselementen. Diese Dateien enthalten u. a. die Adressen der Bibliothekselemente.

.LIB

Files mit diesen Endungen sind Modell- oder Subcircuit-Bibliotheksdateien. Diese Files dürfen nur Kommentare, Modelle und Subcircuits (Unterschaltkreise) enthalten. Das Master-Libraryfile NOM.LIB enthält die Referenzen zu den konkreten Bibliotheksdateien. Die Modellbibliotheken sind in der NOM.LIB Datei eingetragen und werden in ihr durch den .LIB-Befehl aktiviert.

Inhalt der NOM.LIB Datei:

```
* Sample standard device library
*
* Copyright 1994-1995 by MicroSim Corporation
* This is a reduced version of MicroSim's standard parts libraries. Some
* components from several types of component libraries have been included
* here.  You are welcome to make as many copies of it as you find convenient.
*
* $Revision:   1.13  $
* $Author:   ANW  $
* $Date:   10 Oct 1993 14:18:52  $
*
*
      ________________________________________________
*
* The Microsim library included with the production version of PSpice
* includes over 7200 analog devices, and over 1,800 digital devices.
*
*
* It takes time for PSpice to scan a library file.  To speed this up, PSpice
* creates an index file, called <filename>.IND. The index file is re-created
* whenever PSpice senses that the library file has changed.
*
.lib "breakout.lib"          ; generic devices for MicroSim Schematics

* "regular" device libraries

.lib "eval.lib"         ; reduced version of MicroSim's standard
                        ; parts libraries. Some components from
                        ; each of several types of component
                        ; libraries have been included here.

* end of library file
```

.PRB

Diese „Probe Utility Files" sind ASCII-Dateien, welche in 3 Abschnitte unterteilt sind: Bildschirmeinstellung, Makros und Zielfunktionen (Goal Functions). Sie dienen dem Programmodul PROBE zur Rekonstruktion von speziellen Diagrammdarstellungen.

.NET

Diese Dateien werden aus den Aliases - Dateien erzeugt und enthalten die verwendeten Bauteile mit der bereits vollständigen Netzlistenbeschreibung im ASCII-Textformat. Es fehlen zur erfolgreichen Simulation nur noch die Befehle zur Einbindung von Modell-bibliotheken, Analysemethoden und Ausgabeparametern.

.OUT

In den Ausgabedateien mit dieser Endung werden die Simulationsergebnisse von PSpice im Textformat abgelegt. Der Inhalt dieser Dateien mit eventuellen Simulationsfehlermeldungen kann im Programmteil SCHEMATICS mit *Examine Output* des *Analysis* Menüs überprüft werden. Diese Dateiart dient außerdem zur Ausgabe von Ergebnissen mittels Spezial-funktionen wie Fourier- bzw. Übertragungsfunktionen sowie der Ausgabe von statistischen Ergebnissen.

.SCH

Dateien mit der Endung .SCH werden erzeugt, wenn ein Schaltbild mit dem Programmodul SCHEMATICS zeichnerisch erstellt und anschließend abgespeichert wird

.SLB

Die grafischen Elemente einer Bibliothek werden in Dateien mit dieser Endung gespeichert.

Eine Library setzt sich aus grafischen Grundsymbolen zusammen, auf die auch andere Bau-steine mit demselben grafischen Aufbau zugreifen.

3 Erste Schritte im Umgang mit SCHEMATICS und PROBE

3.1 Schaltplanerstellung mit SCHEMATICS

Zum Starten des SCHEMATICS Schaltungseditors wird das SCHEMATICS Icon doppelt angeklickt.

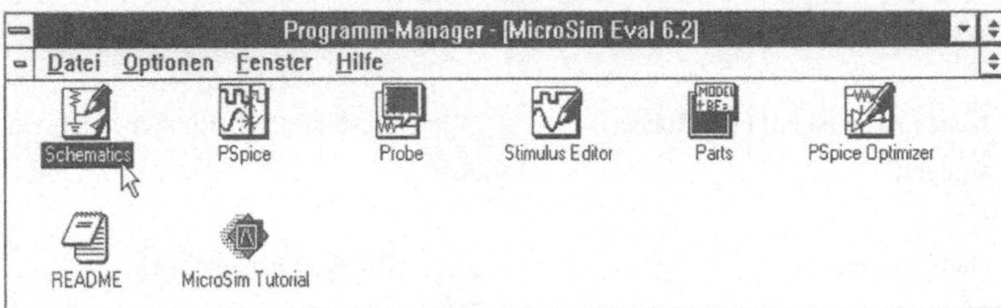

Anschließend eröffnet sich die Arbeitsoberfläche von SCHEMATICS:

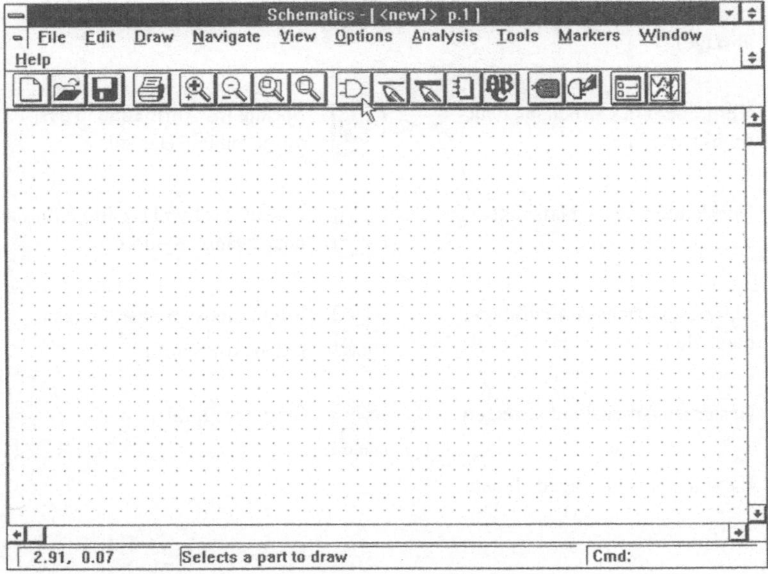

Um einen Überblick über die vielen Funktionen der Pull Down-Menüs der Hauptmenüleiste zu bekommen, wurde zum schnellen Nachschlagen eine Menüübersicht für SCHEMATICS zusammengestellt. Sie findet sich zusammen mit einer Auflistung zugehöriger Hotkeys (Tastenkombinationen, die eine schnelle Befehlseingabe ohne Betätigung der Maus ermöglichen) im Anhang zu diesem Buch.

Zum besseren Verständnis sei an dieser Stelle folgende abkürzende Schreibweise vereinbart:

Untermenüs werden durch einen Schrägstrich (/) von den übergeordneten Menüs getrennt. So ist beispielsweise mit *View/Area* das Untermenü „*Area*" des Hauptmenüs „*View*" gemeint.

Ab der Version 6.2 von MicroSim PSpice können die wichtigsten Befehle zusätzlich zum Zugriff über die Pull Down-Menüs auch über eine Button-Leiste aktiviert werden. Eine Funktionskurzbeschreibung ist in nachstehender Tabelle wiedergegeben.

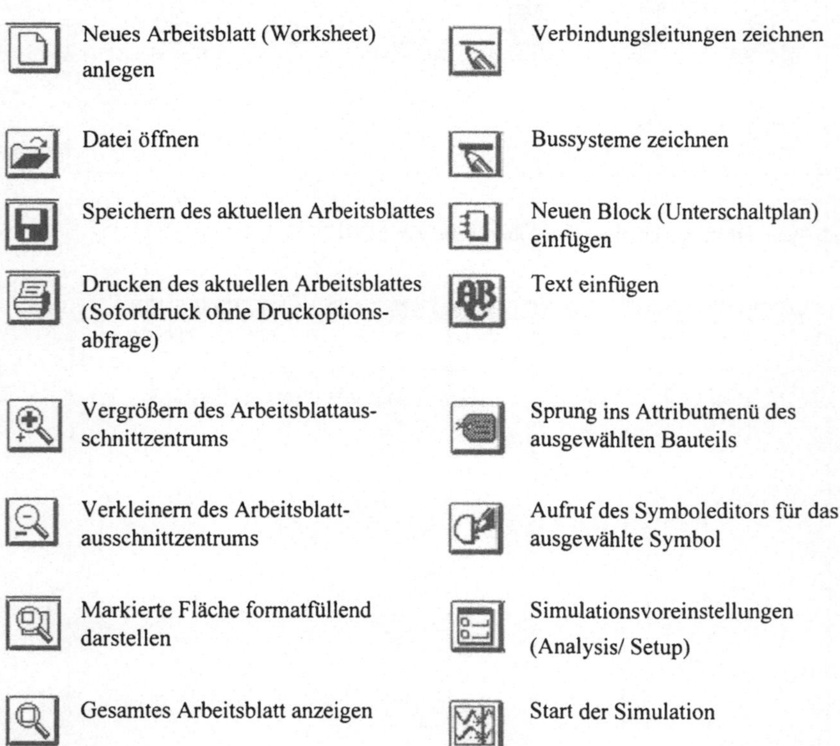

Neues Arbeitsblatt (Worksheet) anlegen	Verbindungsleitungen zeichnen
Datei öffnen	Bussysteme zeichnen
Speichern des aktuellen Arbeitsblattes	Neuen Block (Unterschaltplan) einfügen
Drucken des aktuellen Arbeitsblattes (Sofortdruck ohne Druckoptionsabfrage)	Text einfügen
Vergrößern des Arbeitsblattausschnittzentrums	Sprung ins Attributmenü des ausgewählten Bauteils
Verkleinern des Arbeitsblattausschnittzentrums	Aufruf des Symboleditors für das ausgewählte Symbol
Markierte Fläche formatfüllend darstellen	Simulationsvoreinstellungen (Analysis/ Setup)
Gesamtes Arbeitsblatt anzeigen	Start der Simulation
Bauteil aus Bibliotheken holen	

Im Untermenüpunkt *Draw/Get New Part* oder mit dem ⊡ Button ist es möglich, aus verschiedenen Bibliotheken die gewünschten Bauteile auszuwählen.

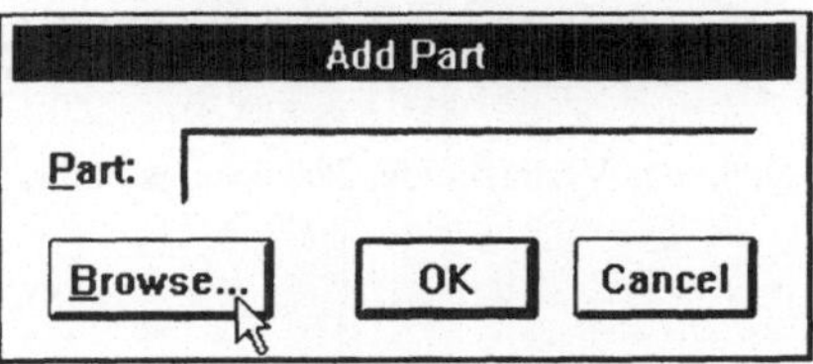

Eine einfache Spannungsquelle findet sich unter der Bezeichnung VSIN in der Bibliothek SOURCE.SLB. Dazu muß mit dem Button *Browse* die entsprechende Library herausgesucht werden:

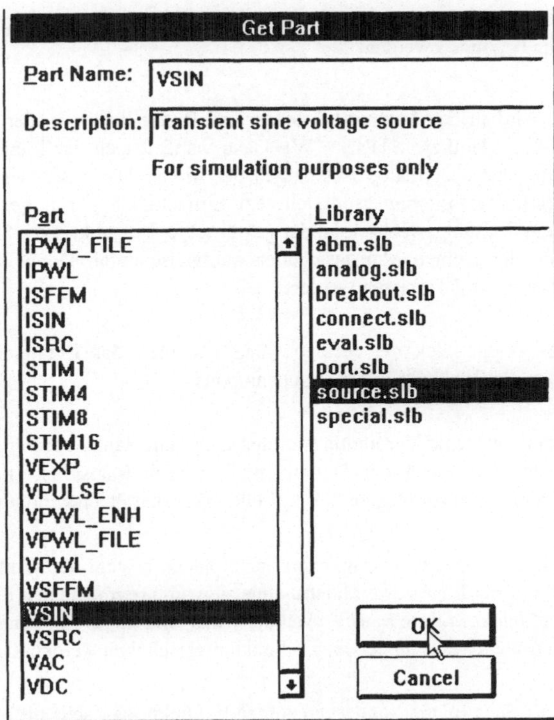

Alle Bauteile wie Widerstände, Kondensatoren und Spulen sind optional unmittelbar durch Eingabe ihrer Kurzbezeichnungen Nen R, L, C usw. auf die Arbeitsfläche zu holen, ohne daß Bibliotheken erst „durchgeblättert" (= to browse) werden müssen. Die linke Maustaste legt das gewählte Element in bereits rot markiertem Zustand im Schaltbild ab.

Die markierten Bauteile werden je nach Bedarf mit *Rotate* aus dem Menü *Edit* bzw. der Tastenkombination STRG + R in 90 ° Schritten auf der Arbeitsoberfläche gedreht. Die bequemste Methode, ein Bauteil oder Leitungsstück wieder aus der Zeichnung zu entfernen, ist das Anklicken des Bauteils (Markieren) mit der Maus und anschließendes Betätigen der ENTF- Taste (DEL-Taste).

Die rechte Maustaste ermöglicht das Verlassen des Plazierungsmodus.

Wichtige Tastaturkürzel:

Strg + R	→ Bauteil wird um 90° gedreht
Markieren + ENTF	→ Entfernen von Bauteilen

Sind die Bauteile auf der Arbeitsoberfläche wunschgemäß richtig plaziert, kann anschließend mit der Verdrahtung begonnen werden.

Zu diesem Zweck wird in der Toolbar-Leiste der ▧ Button betätigt oder der Menüpunkt *Draw/Wire* angewählt (Hotkey: STRG + W). Dazu wandelt sich der Mauszeiger in einen dicken Bleistift um. Durch einmaliges Betätigen der linken Maustaste wird der Leitungs-anfangspunkt gesetzt. Desweiteren ermöglicht ein Einfachklick der linken Maustaste ein Absetzen für etwaige Richtungswechsel. Ist der gewünschte Endpunkt erreicht, so kann durch einmaliges Drücken der rechten Maustaste oder wahlweise durch Doppelklick der linken Maustaste der Zeichenmodus verlassen werden.

Ein anschließender Doppelklick der rechten Maustaste oder das Betätigen der Leertaste ermöglichen die schnelle Rückkehr in den Zeichenmodus.

Endet bei der Verdrahtung eine Verbindungsleitung an einem Bauteilanschlußpin oder allge-mein an einem Knoten, beendet der Schaltplaneditor nach Mausklick (linke Maustaste) selbständig den Verdrahtungsvorgang an dieser Stelle, ohne den Zeichenmodus zu verlassen.

Besonders bei der Bearbeitung von komplexen Schaltplänen besteht der Wunsch, eine schon bestehende Leitung in ihrer Lage zu verändern, ohne sie von ihrem Anfangs- und Endpunkt zu trennen. Der Menüpunkt *Draw/Rewire* wandelt das markierte Leitungsstück in ein „Gummiband", das mittels Maus an beliebigen Punkten verschoben werden kann.

Beim Editieren eines Schaltplanes sind auch folgende Funktionen sehr hilfreich: Mit *Pan - New Center* des *View* Menüs wird der Maus Cursor zu einem Fadenkreuz und ein linker Mausklick legt den neuen Mittelpunkt der Darstellung fest. Mit *Redraw* desselben Menüs wird die Schaltung auf dem Bildschirm regeneriert. Dieses ist sehr hilfreich, da die Qualität der Darstellung leidet, wenn Symbole und Leitungen aus der Zeichnung gelöscht, bewegt oder neu gezeichnet wurden. Der Befehl *Fit* bzw. der Button ▧ läßt die Schaltung passend auf dem Bildschirm erscheinen; *In* bzw. vergrößert die dargestellten Objekte um 30 %, *Out* bzw. verkleinert sie um 30 %. Der Vergrößerungsfaktor kann in der MSIM_EV.INI Datei im Windows Stammverzeichnis mit Eintrag hinter dem Wort ZOOMELTA neu festgelegt werden.

Hinweis:

Es gibt im Schaltplaneditor keine Möglichkeit, Verbindungsknoten zwischen Kreuzungspunkten von Leitungen zu setzen. Das erfolgt automatisch, wenn die Leitung an dem vorgesehenen Kreuzungspunkt einmal mit der linken Maustaste abgesetzt wird. Verlegt man eine Leitung im 90°-Winkel entlang eines Anschlußpins eines Symbols, plaziert der Editor zwischen der Leitung und dem Pin einen Verbindungsknoten.

Der Umgang mit dem Schaltplaneditor ist am schnellsten durch das selbständige Erstellen von einfachen Schaltplänen zu erlernen. Dem Leser wird dazu folgende Übungsaufgabe empfohlen:

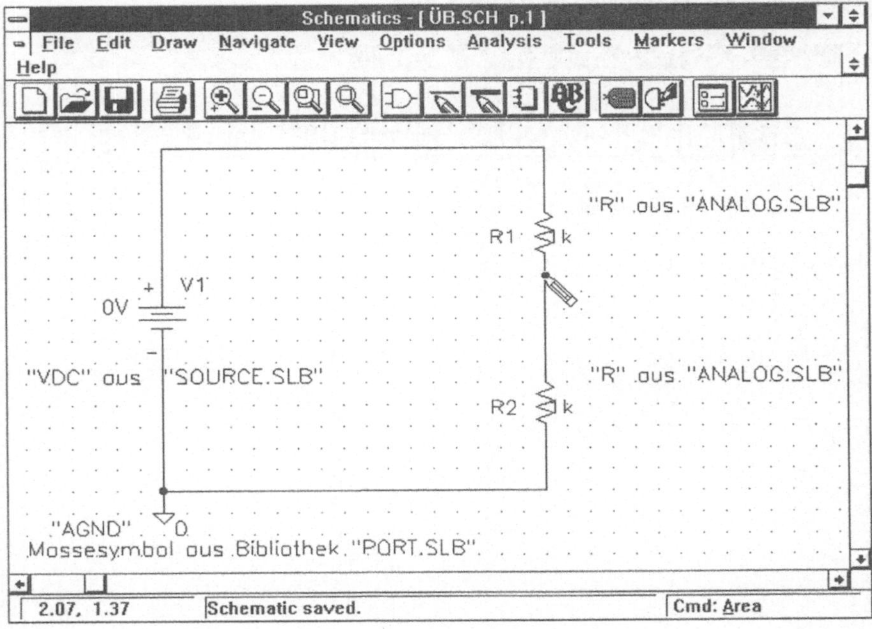

Das fertige Schaltbild kann im Menü *File/Save As* in einer Datei mit der Endung .SCH abgespeichert werden. Der Dateiname ist frei wählbar, jedoch auf maximal 8 Zeichen begrenzt.

Nicht erläutert wurde bisher, wie die Bauteilkennwerte (Widerstandswert, Spannungswert) den Schaltsymbolen im Schaltplan zugeordnet werden. Daher ist eine Simulation der Schaltung noch nicht durchführbar.

Die für eine erfolgreiche Simulation notwendigen Schritte sollen anhand eines schon vorbereiteten einfachen Beispiels erläutert werden. Dazu dient die Datei SCHWINGK.SCH, die in der zum Buch erhältlichen Auswahl an Beispieldateien enthalten ist.

> Hinweis:
>
> Die Verfasser waren bemüht, dem Leser durch eine Zusammenstellung von Beispielschaltungen, auf die im Folgenden wiederholt Bezug genommen wird, die Einarbeitung zu erleichtern. Diese Zusammenstellung kann auf Diskette bezogen werden. Durch eine umfangreiche Beschreibung dieser Beispielschaltungen wird es dem Leser aber möglich sein, die Schaltungen unabhängig vom Besitz der Diskette nachzuvollziehen.

Referenzdatei auf der Diskette: SCHWINGK.SCH

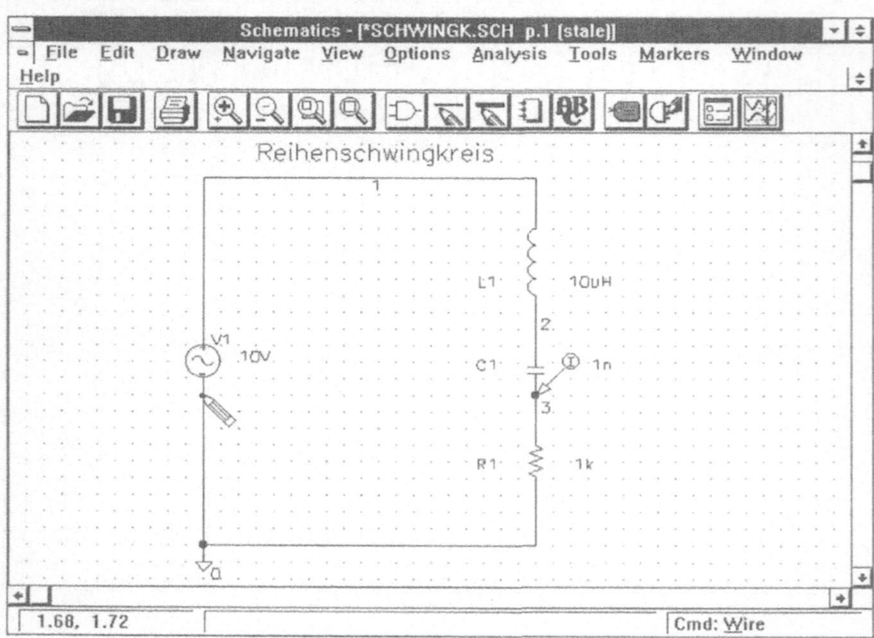

Werden die Beispielschaltungen im Schaltplaneditor SCHEMATICS mit Hilfe des Buttons oder durch die Menüfolge *File/Open* geladen, so sind Schaltungseinzelheiten zunächst nur sehr schwer zu erkennen. Schaltungsdetails müssen daher mit *View/Area* oder durch Betätigen des Buttons ⊞ der Menüleiste vergrößert werden:

Dazu wird mit der Maus ein Rechteckrahmen um das Schaltbild aufgezogen, um dessen Inhalt dann vergrößert auf der Arbeitsoberfläche sichtbar zu machen.

Der Button ⊞ verkleinert das Arbeitsblatt wieder soweit, daß die gesamte Zeichnung formatfüllend sichtbar wird.

Ein Attributmenü zum Verändern der Bauteilkennwerte öffnet sich beim Doppelklick mit der linken Maustaste auf das entsprechende Bauteil (Alternativ: ⬛ Button oder *Edit/Attributes* bei bereits markierten Bauteilen). Im Attributmenü für die Sinusquelle VSIN aus der Bibliothek SOURCE.SLB werden die Kennwerte gemäß folgender Abbildung eingetragen:

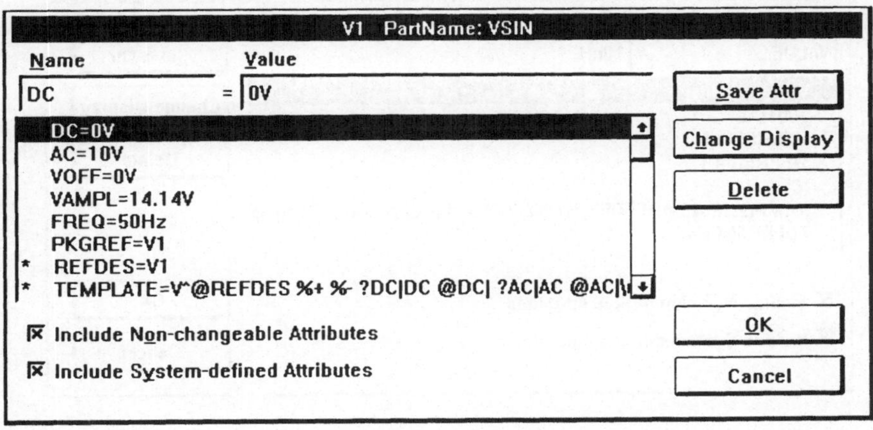

Auf die Bedeutung der einzugebenden Kennwerte wird später in einem gesonderten Kapitel ausführlich eingegangen. Zunächst jedoch werden nach dem Eintragen der einzelnen Parameter bei DC, AC, VOFF, VAMPL und FREQ jeweils durch Anklicken des Tastenfeldes „Save Attr" (SAVE ATTRIBUTE) die Parameter in SCHEMATICS übernommen. Die übrigen Parameter können beibehalten werden.

Die Attributmenüs für den Kondensator, die Spule und für den Widerstand müssen für diese Beispielschaltung folgendermaßen aussehen:

Attributmenüs für Kondensator, Spule und Widerstand

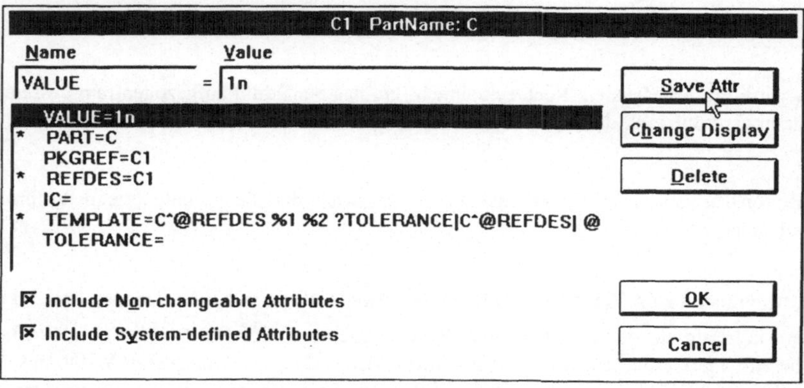

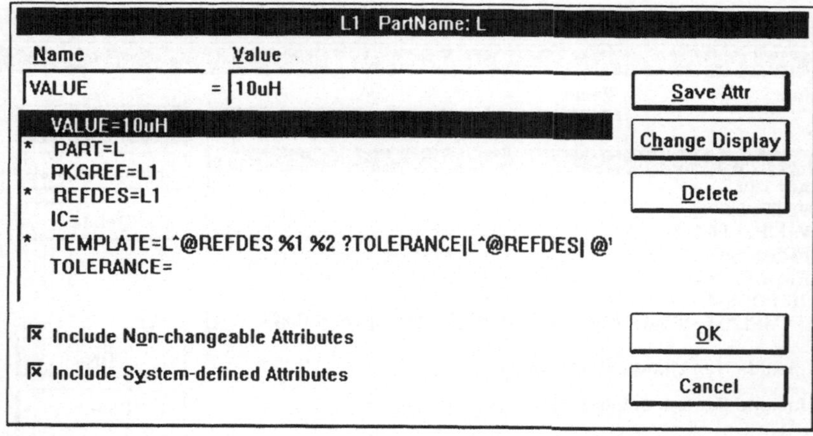

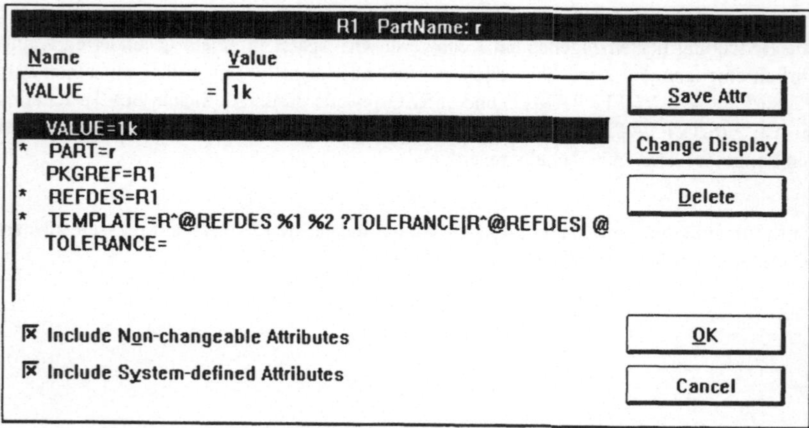

Die Bauteilbezeichnungen innerhalb des Schaltplanes vergibt SCHEMATICS beim Plazieren zunächst selbsttätig. Sollen diese jedoch abgeändert werden, so kann das leicht durch Positionieren des Cursors auf die zu editierende Bauteilbezeichnung und anschließendes Doppelklicken mit der linken Maustaste eingeleitet werden. In das sich daraufhin öffnende Fenster ist die neue Bauteilbezeichnung einzutragen.

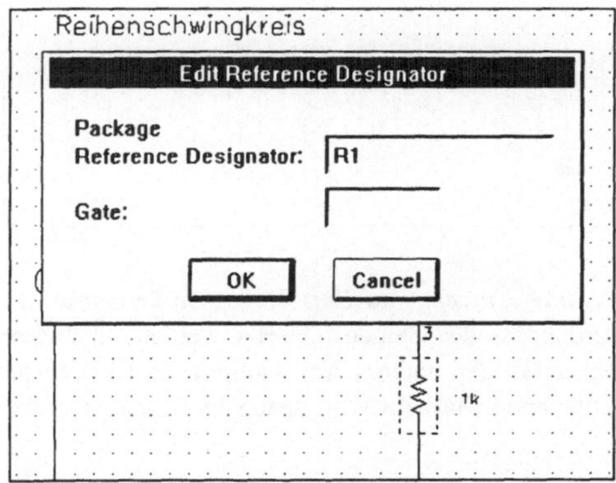

Das Programm vergibt intern eigenständig Knotennummern innerhalb des Schaltplanes. Trotzdem empfiehlt es sich, bei umfangreicheren Schaltungen sogenannte „Label" zu vergeben, um später nach erfolgter Simulation die interessierenden Meßpunkte in den Simulationsergebnissen leichter aufzufinden. Hierzu wird durch Doppelklick auf eine Leitung ein Fenster geöffnet, in dem die Knotenbezeichnung eingetragen wird:

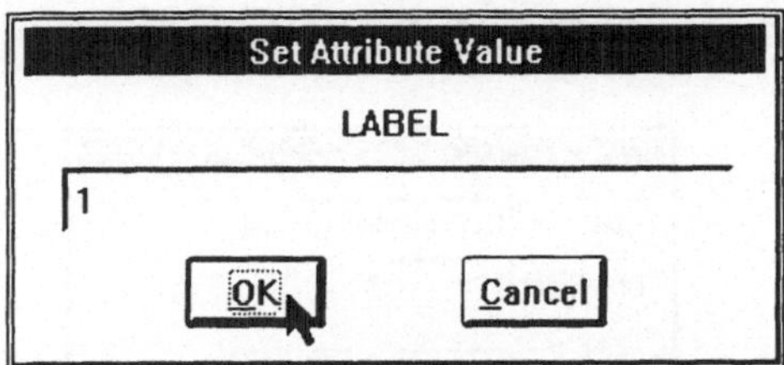

Alternativ können Label auch mit *Edit/Label* (Button 🔲) vergeben werden, wenn die entsprechende Leitung (bzw. Knoten) vorher mit der Maus markiert wurde.

Die Schaltungsmasse (z.B.: AGND aus der Bibliothek PORT.SLB) besitzt standardgemäß immer die Labelbezeichnung 0.

Die Einzeichnung von mindestens einem Schaltungsmasseknoten ist für den Simulator zur Schaltungsanalyse eine unbedingt notwendige Voraussetzung.

Der Editor SCHEMATICS ermöglicht dem Anwender, schon im Schaltbild Meßstellen für die spätere grafische Auswertung in PROBE zu definieren. Zu diesem Zweck sind sogenannte Marker vorgesehen, die ähnlich den Prüfspitzen realer Meßgeräte an beliebige Stellen der Schaltung „geklemmt" werden können.

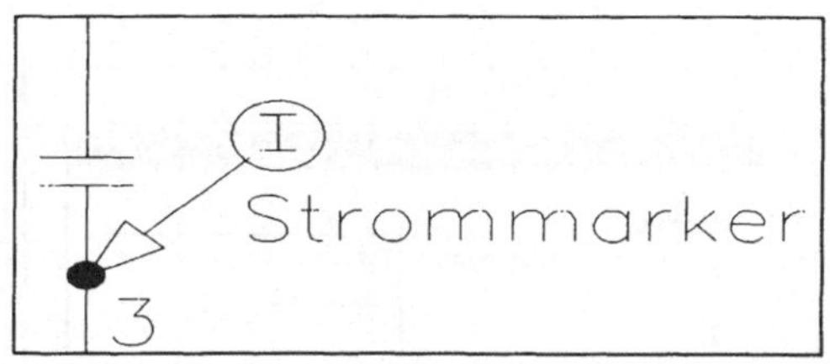

Strommarker (*Markers/Mark Current into Pin*) dürfen im Gegensatz zu Spannungsmarkern nur direkt an die Anschlußpins der Bauteile gesetzt werden. In diesem Schaltungsbeispiel wurde nur ein Strommarker an den unteren Anschlußpin des Kondensators plaziert. Auf den Umgang mit den verschiedenen Markern wird später in einem gesonderten Kapitel ausführlicher eingegangen.

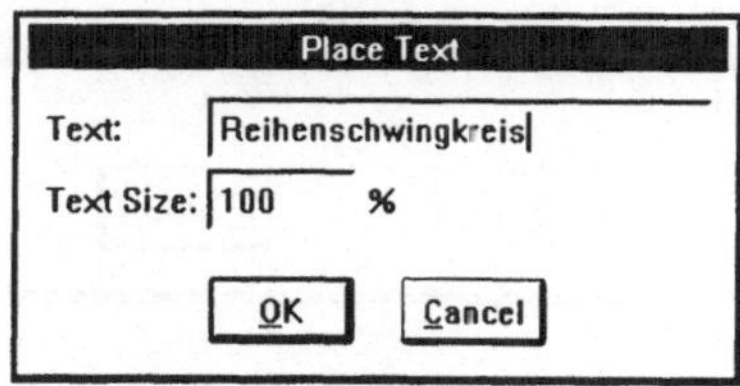

Der Button ▨ oder wahlweise *Draw/Text* läßt es zu, eine beliebige Kommentartextzeile zu erstellen und diese an der gewünschten Schaltungsposition mit der Maus zu plazieren:

Beispielsweise können so Überschriften und Kommentare dem Schaltbild angefügt werden. Die Textgröße ist durch die Eingabe eines prozentualen Wertes im Feld „Text Size" festzulegen.

Das mit dem Editor wie zuvor beschrieben erstellte Schaltbild ist nun für einen Simulationsdurchlauf mit PSpice vorbereitet. Die Option *Analysis/Electrical Rule Check* bietet eine Kontrolle darüber, ob alle Verbindungen elektrisch korrekt bestehen und gängige Schaltungsdesignregeln eingehalten wurden. So wird z.B. das Verbinden von zwei TTL-Gatterausgängen als Fehler erkannt.

Jetzt muß noch die Analyseart der Simulation festgelegt werden. Dazu wird mit dem Button [⊞] oder *Analysis/Setup* ein Auswahlfenster für verschiedene Analysearten eröffnet. Um das Resonanzverhalten des Reihenschwingkreises zu ermitteln, soll der Strom im Kreis in Abhängigkeit von der Frequenz der Spannungsquelle VSIN berechnet werden. Zu obigem Beispiel wird also die AC Sweep Analyse ausgewählt.

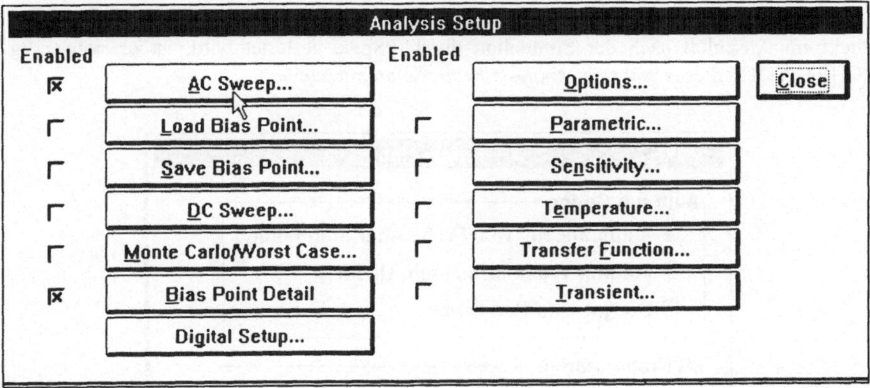

Eine ausführliche Erläuterung zu den einzelnen Analysearten erfolgt später in einem gesonderten Kapitel.

Zunächst muß das Kästchen links neben „AC Sweep" angeklickt werden, so daß es anschließend mit einem Kreuz markiert ist. Danach wird direkt die „AC Sweep" Schaltfläche betätigt und ein neues Eingabefenster geöffnet.

Hier werden für das Reihenschwingkreis-Beispiel gemäß vorstehender Abbildung die gewünschten Parameter für die Start- und Endfrequenz und die Anzahl der auszugebenden Punkte pro Dekade bei logarithmischer Teilung des Frequenzbandes eingetragen.

Vor dem Start der Simulation ist noch folgendes zu beachten:

Damit das Programmodul PROBE zur grafischen Auswertung der Simulationsergebnisse direkt im Anschluß nach der Simulation durch PSpice gestartet wird, ist es notwendig, SCHEMATICS dieses vorher in *Analysis/Probe Setup* mitzuteilen:

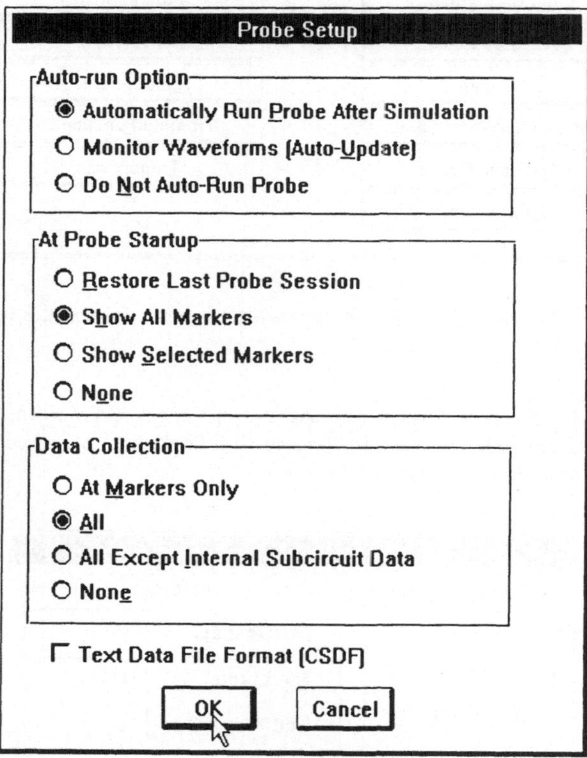

Dazu wird „Automatically Run Probe After Simulation" aktiviert. Mit „Show All Markers" werden die Strom- und Spannungsverläufe an den durch die Marker markierten Schaltungsstellen automatisch nach dem Start von PROBE grafisch dargestellt. Unter „Data Collection" wird über den Schalter „All" festgelegt, daß die Simulationsergebnisse aller Knoten in die Ausgabedatei SCHWINGK.DAT eingetragen werden und somit auch mit PROBE grafisch ausgewertet werden können.

Die anderen Optionen bewirken folgendes:

Monitor Waveforms	Schon während der Simulation kann beobachtet werden, wie sich die Kurvenverläufe aufbauen
Do not Auto-Run Probe	Es erfolgt kein automatischer Start von PROBE nach jeder Simulation
Restore Last Probe Session	Die Einstellungen des letzten PROBE-Aufrufes werden mit den neuen Daten wiederhergestellt
Show Selected Markers	Es werden in PROBE nur die Spannungen und Ströme der rot markierten Marker dargestellt
At Markers Only	Nur die Ströme und Spannungen der durch Marker gekennzeichneten Knoten werden gespeichert
All Except Internal Subcircuit Data	Die Knotenspannungen und Ströme der Subcircuits (Unterschaltkreise) werden von der Speicherung ausgeschlossen
Text Data File Format (CSDF)	Die Daten werden von PSpice anstatt im Binärformat im ASCII-Format gesichert

Nach Schließen des PROBE Setup-Fensters muß eine Speicherung des Schaltbildes inclusive aller zur Simulation nötigen Voreinstellungen erfolgen. Vorzugsweise wird dafür der Button ⊞ betätigt.

Mit dem Button ⊠ bzw. dem Unterpunkt *Simulate* im Menü *Analysis* (entspr. Taste F11) wird nun die Simulation gestartet. SCHEMATICS generiert zur Simulation für genanntes Beispiel zunächst die ASCII-Datei SCHWINGK.CIR, die eine für das Simulationsprogramm PSpice verarbeitbare Simulationsnetzliste der Schaltung beinhaltet. Die Simulationsergebnisse legt PSpice in der ASCII-Datei SCHWINGK.OUT ab sowie in einer Datei mit für PROBE verarbeitbaren Binärdaten mit Namen SCHWINGK.DAT.

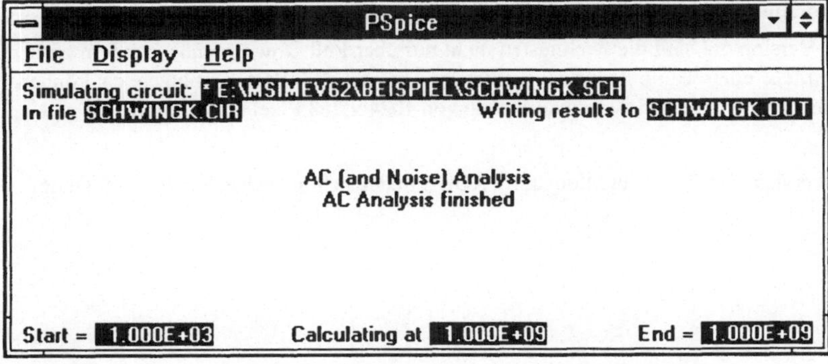

3.2 Grafische Auswertung von Simulationsergebnissen in PROBE

Nach erfolgreicher Simulation wird direkt PROBE gestartet. Die Daten werden als Strom über der Frequenz in Kurvenform ausgegeben.

PROBE meldet sich dann mit folgender Grafik:

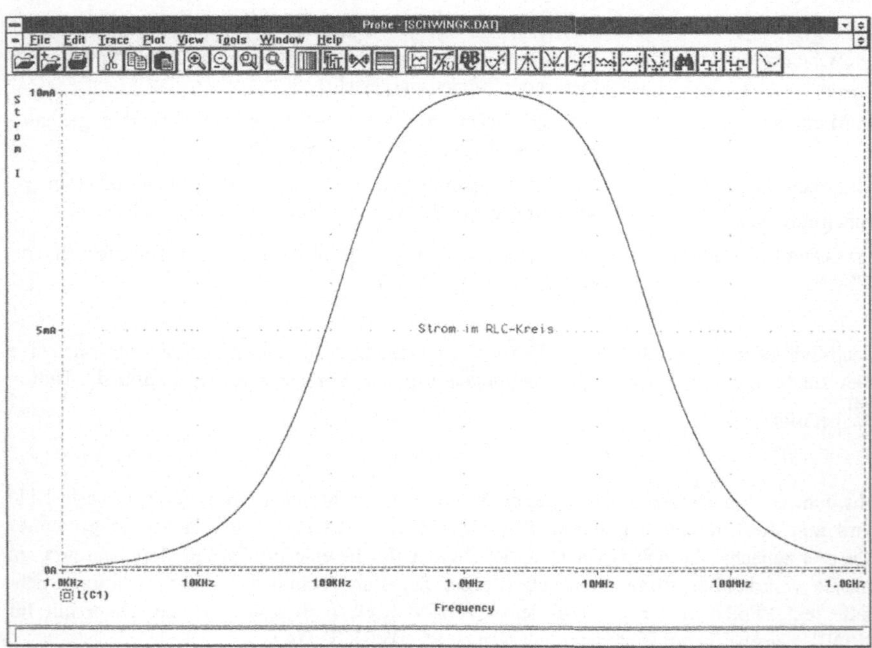

Um die Datenausgabe in PROBE der jeweiligen Analyseaufgabe optimal anzupassen, bietet das Programm zahlreiche Optionen zur grafischen Aufbereitung der Simulationsergebnisse.

Ab der Version 6.2 sind die wichtigsten nicht nur über Pull Down Menüs, sondern zusätzlich auch mittels einer Buttonleiste zu erreichen. Um alle 28 Buttons nutzen zu können, ist allerdings eine Mindestbildschirmauflösung von 1024 x 768 Pixel erforderlich.

Eine Übersicht der Buttonfunktionen in PROBE findet sich in nachstehender Auflistung.

Buttons in PROBE:

 Öffnen einer Binärdatendatei *.DAT

 Aufnahme zusätzlicher Signalverläufe ins bestehende Diagramm

 Öffnen einer zusätzlichen Binärdatei zur gemeinschaftlichen Darstellung

 Anwenden von Zielfunktionen auf einen Kurvenabschnitt

 Ausdruck des aktuellen Plots

 Anfügen von Bezeichnungen und Kommentartext

 Ausschneiden von im Diagramm markierten Kurvenzügen zur Ablage in die Windows Zwischenablage

 Einschalten von Cursern zur numerischen Ausgabe einzelner Kurvenpunkte

 Kopieren von im Diagramm markierten Kurvenzügen in die Windows Zwischenablage

 Plaziert den Cursor auf das nächste lokale Maximum

 Einfügen des Inhaltes der Windows-Zwischenablage

 Plaziert den Cursor auf das nächste lokale Minimum

 Vergrößern des Arbeitsblattausschnittzentrums

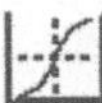 Plaziert den Cursor auf die nächste Stelle mit betragsmäßig größter Steigung

 Verkleinern des Arbeitsblattausschnittzentrums

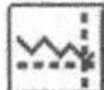 Plaziert den Cursor auf das absolute Minimum

 Vergrößern eines ausgewählten Diagrammausschnittes

 Plaziert den Cursor auf das absolute Maximum

 Formatfüllende Darstellung des gesamten Diagrammes

 Läßt den Cursor zum nächsten Datenpunkt springen

 Umschalten zwischen linearer und logarithmischer Abszissenteilung

 Eingabe eines Cursorsuchbefehls

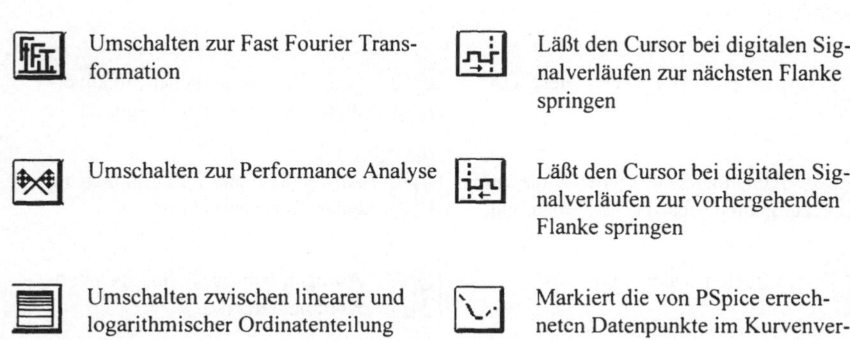

	Umschalten zur Fast Fourier Transformation		Läßt den Cursor bei digitalen Signalverläufen zur nächsten Flanke springen
Umschalten zur Performance Analyse		Läßt den Cursor bei digitalen Signalverläufen zur vorhergehenden Flanke springen
Umschalten zwischen linearer und logarithmischer Ordinatenteilung		Markiert die von PSpice errechneten Datenpunkte im Kurvenverlauf

Da PSpice von allen Knoten Daten aufgenommen hat, ist es mit dem Button ⊞ oder mit dem Menü *Trace/Add* möglich, unterschiedliche Spannungs- und Stromverläufe an beliebigen Knoten der Schaltung auf dem Bildschirm darzustellen. Im Eingabefenster „Trace Command" ist es möglich, verschiedene Kurvenverläufe auch mathematisch miteinander zu verknüpfen:

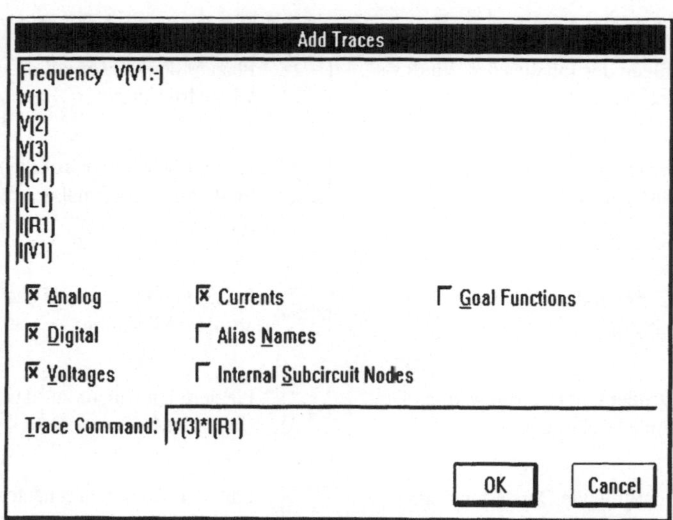

Beispiel:

V(3)*I(R1)   ⇒ dargestellt wird das Produkt aus dem Spannungswert am Widerstand R1 (entspr. dem Leitungsstück 3) und dem durch den Widerstand R1 fließenden Strom.

Betrachtet wird also die aufgenommene Leistung in Abhängigkeit von der Frequenz.

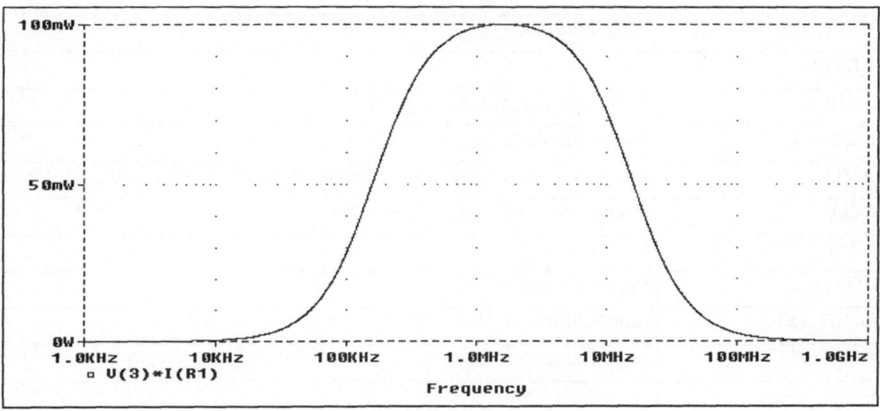

Hinweis:

Soll eine bestimmte Ausgangsgröße im Diagramm nicht mehr erscheinen, so wird deren Bezeichnung unterhalb der Abszisse mit der Maus markiert und anschließend die ENTF-Taste gedrückt.

Bei Eintragungen in das „Trace Command" Feld ist auf die korrekte Syntax der mathematischen Ausdrücke zu achten:

Tabelle der wichtigsten arithmetischen Ausdrücke

math. Funktion	Erläuterung
ABS(x)	Betrag von x
SQRT(x)	Quadratwurzel von x
DB(x)	Betrag von x in Dezibel
SIN(x)	Sinus von x (in Radiant)
COS(x)	Cosinus von x (in Radiant)
TAN(x)	Tangens von x (in Radiant)
ATAN(x)	Arcustangens von x (in Radiant)
d(x)	Ableitung von x nach der Abszissenvariablen
s(x)	Integral von x über die Abszissenvariable
ARCTAN(x)	Arcustangens von x (in Radiant), siehe auch ATAN(x)
RMS(x)	Effektivwert (= Root Mean Square)
R(x)	Realteil von x

Tabelle Fortsetzung

IMG(x)	Imaginärteil von x
EXP(x)	e^x
MIN(x)	Minimum des Realteiles von x
MAX(x)	Maximum des Realteiles von x
AVG(x)	Laufender Mittelwert von x über den Bereich der Abszissenvariablen
G(x)	Gruppenlaufzeit von x (Group Delay)
M(x)	Betrag von x
SGN(x)	Signumfunktion
LOG10(x)	Logarithmus zur Basis 10
LOG(x)	Logarithmus zur Basis e

Die Achseneinteilung der Abszisse kann mit *X Axis Settings* im PROBE Menü *Plot* festgelegt werden. Entsprechendes gilt für die Ausgangsgröße auf der Ordinate *(Y Axis Settings)*.

Eine zusätzliche Ordinate zur Darstellung einer weiteren Ausgangsgröße in einem einzigen Diagramm wird durch das Untermenü *Add Y Axis* realisiert.

Damit aussagekräftige Kurvenverläufe der Simulationsergebnisse nicht alle in einem einzigen Diagramm abgebildet werden müssen, besteht die Option, jede gewünschte Ausgangsgröße in einem eigenen Diagramm getrennt darzustellen. Diese Mehrfachdarstellungen dienen der besseren Übersicht und lassen sich mit *Add Plot* aus dem Menü *Plot* erstellen.

Nochmaliges Durchführen von *Trace/Add* stellt beispielsweise die neue Ausgangsgröße V(2) in dem zusätzlichen Diagramm dar:

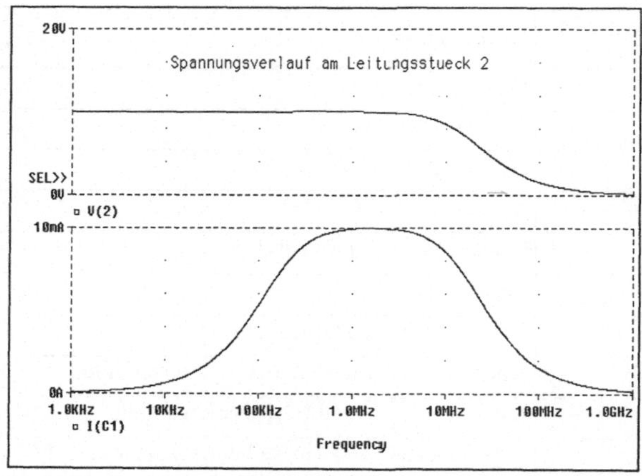

Selbstverständlich können mehr als zwei Diagramme gleichzeitig angezeigt werden.

Die Wertepaare markanter Kurvenpunkte können mit Hilfe von Fadenkreuzen bestimmt werden. Dazu wird in PROBE zunächst die Menüfolge *Tools/Cursor/Display* aufgerufen oder einfach der Button ⊡ betätigt. Wird mit dem Mauscursor die Kurve an gewünschter Stelle angeklickt, so erscheint ein großes Fadenkreuz, dessen Position in einem „Probe Cursor Fenster" durch Angabe seiner Achsenwerte gekennzeichnet ist. Durch Betätigen der rechten Maustaste ist es darüberhinaus möglich, ein weiteres Fadenkreuz aufzurufen. Im Probe Cursor Fenster kann dann neben den Absolutwerten ebenfalls die Differenz beider Achsenwertepaare abgelesen werden.

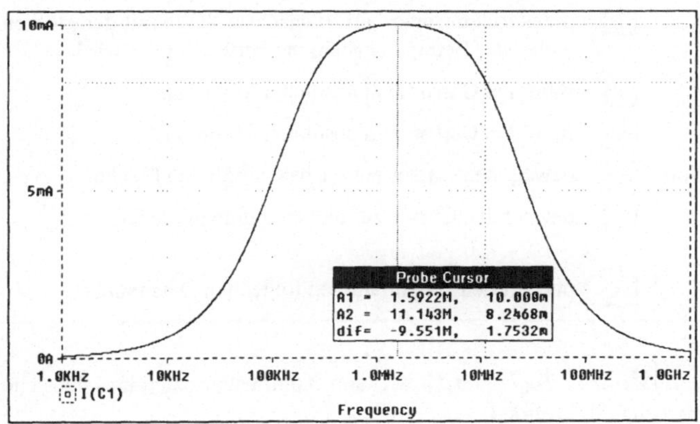

Mit Hilfe des Buttons ⊡ oder der Menüfolge *Tools/Cursor/Max* wird das Fadenkreuz auf das Maximum der Kurve gesetzt. Beispielhaft wurde in obenstehender Abbildung ein zweites Fadenkreuz mittels des Buttons ⊡ auf die ausgehend vom Maximum nächstgelegene Stelle der Kurve mit der betragsmäßig größten Steigung gelegt. Die Probe Cursor Box zeigt die Achsenwerte des Maximums (1. Zeile) wie folgt an:

X-Wert: 1,5922 MHz   Y-Wert: 10,000 mA

Für den Reihenschwingkreis gilt allgemein: $\underline{Z} = R + j\,(\omega L - 1/\omega C\,)$

Das bedeutet, daß der Strom bei der Reihenresonanz am größten werden muß.

Bei der Reihenresonanz gilt:

$$\omega_0 L = 1/\omega_0 C \qquad \Leftrightarrow \omega_0 = \sqrt{\frac{1}{LC}} \quad \Rightarrow \quad f_0 = \frac{1}{2\pi}\sqrt{\frac{1}{LC}}$$

Mit den Werten C1 = 1nF und L =10µH ergibt sich eine Resonanzfrequenz von f_o = 1,5915 MHz. Bei dieser Frequenz hat auch der Strom I(R1) in der PROBE Grafik seinen Maximalwert.

Weitere Suchkriterien im *Tools/Cursor* Menü:

Peak		plaziert den Cursor auf das nächste lokale Maximum
Trough		plaziert den Cursor auf das nächste lokale Minimum
Slope		plaziert den Cursor auf die nächste Stelle mit der größten Steigung, wobei der Betrag der Steigung berücksichtigt wird
Max		führt den Cursor zum absoluten Maximum
Min		führt den Cursor zum absoluten Minimum
Next Transition		bewegt den Cursor zur nächsten digitalen Flanke
Previous Transition		bewegt den Cursor zur letzten digitalen Flanke
Point		plaziert den Cursor auf den folgenden Datenpunkt

Mit dem Button ▦ bzw. *Tools/Label/Text* kann Kommentartext (ohne deutsche Umlaute) den Diagrammen zugefügt werden.

Sind die Diagramme in PROBE zur Präsentation fertig dokumentiert, so kann die Darstellungsform im Menü *Tools/Display Control* in einer Datei mit der Extention .PRB gesichert werden.

Abgesehen von den hier vorgestellten, bietet PROBE noch eine Reihe weiterer nützlicher Funktionen. Die wichtigsten wurden genannt und es bleibt dem Anwender selbst überlassen, sich mit weiteren Funktionen vertraut zu machen.

> Hinweis:
>
> Nach Beendigung der grafischen Auswertung in PROBE, ist es ratsam das PROBE-Fenster sofort wieder zu schließen. Erscheint beim erneuten Start der Simulation mit *Analysis/-Simulate* bzw. dem Button ▦ nicht das gewohnte Menüfenster von PROBE, so ist diese Anwendung höchstwahrscheinlich noch von einem vorhergehenden Simulationsdurchlauf unter Windows aktiv. Zwischen dem PROBE- und dem SCHEMATICS-Fenster kann bequem mit der Tastenkombination Alt + TAB umgeschaltet werden.

3.3 Häufige Fehlerquellen

Im Folgenden sollen anhand von vier Beispielen oft auftretende Fehler verdeutlicht werden. Eine Simulation ist häufig wegen Nichtbeachtung programminterner Prinzipien unmöglich und PSpice bricht dann mit einer Fehlermeldung ab.

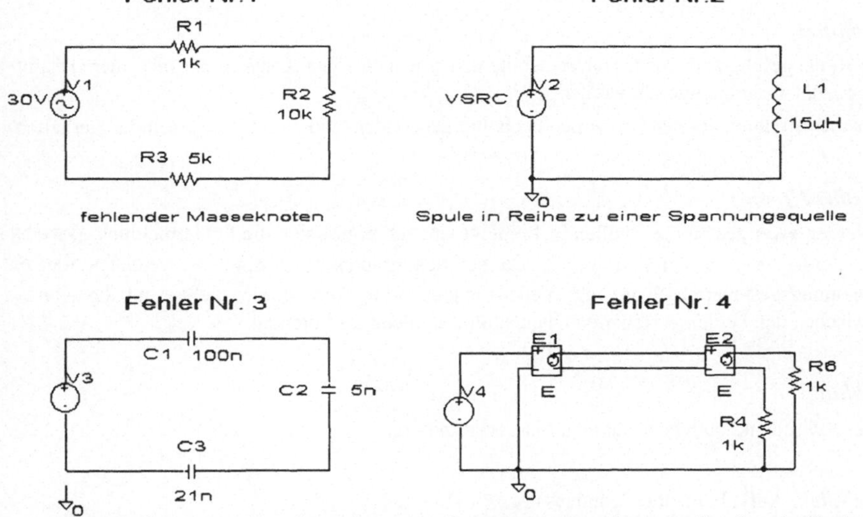

Fehler Nr. 1:

Grundsätzlich muß in jeder Schaltung mindestens ein Masseknoten, z.B. AGND als Bezugspunkt vorhanden sein. Ist dies nicht der Fall, erscheint für den entsprechenden Knoten folgende typische Fehlermeldung:

```
ERROR - Node  **  is floating
```

Fehler Nr. 2:

Da eine ideale Spannungsquelle keinen Innenwiderstand hat und auch der ohmsche Widerstand der Spule äußerst gering ist, wird in diesem Fallbeispiel die Spannungsquelle mit dem Masseknoten kurzgeschlossen, was zu folgender typischen Fehlermeldung führen kann:

```
ERROR - Voltage source and/or inductor loop
                 involving V_V1
You may break the loop by adding a series resistance
```

Abhilfe:

Einfügen eines niederohmigen Reihenwiderstandes zur Spule.

Fehler Nr. 3:

Auch Kondensatoren werden wie ein ideales Bauelement ohne ohmschen Widerstand behandelt. Das hat zur Folge, daß den Knoten zwischen zwei oder mehreren in Reihe geschalteten Kondensatoren kein eindeutiges Potential zugeordnet werden kann. Eine Arbeitspunkt - Analyse würde unweigerlich zu einer Fehlermeldung führen:

```
ERROR-Node ** is floating
```

Abhilfe:

In Reihe geschaltete Kondensatoren sollten zu einem einzigen Kondensator mit einer Gesamtkapazität zusammengefaßt werden.

Zwischenknoten können über einen hochohmigen Widerstand eine Masseverbindung erhalten.

Fehler Nr. 4:

Werden zwei gesteuerte Quellen in Reihe geschaltet, ergibt sich die Fehlermeldung „ERROR - Node ** is floating". Da bei den in diesem Beispiel verwendeten idealen spannungsgesteuerten Spannungsquellen eingangsseitig kein Strom fließt, sind die Knoten zwischen den beiden gesteuerten Quellen ohne eindeutiges Potential.

Abhilfe:

Der Zwischenknoten benötigt eine Masseverbindung.

Beispiel: Aufladung eines Kondensators

Referenzdatei: AUFLADE.SCH

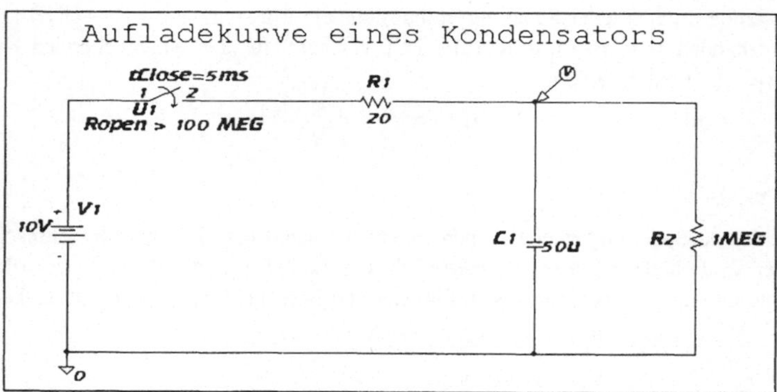

Wird der zum Kondensator parallel geschaltete 1 MΩ Widerstand weggelassen, so würde in der PROBE - Auswertegrafik keine Aufladekurve angezeigt sondern nur die Versorgungsspannung, da PSpice den Kondensator als Unterbrechung ansieht und damit nicht den gewünschten Arbeitspunkt ermitteln kann. Zudem sollte im Attributmenü des Schalters „tclose" der eingestellte Wert für „Ropen" wenigstens 100 MΩ betragen, denn im geöffneten Zustand wird der Schalter durch den bei Ropen eingestellten 100 MΩ Widerstand „ersetzt". Somit ensteht dann ein Spannungsteiler mit den übrigen beiden Widerständen, von denen R2 mit 1MΩ auch schon recht groß ist. Nur so ist gewährleistet, daß die Aufladekurve auch annähernd bei 0V beginnt.

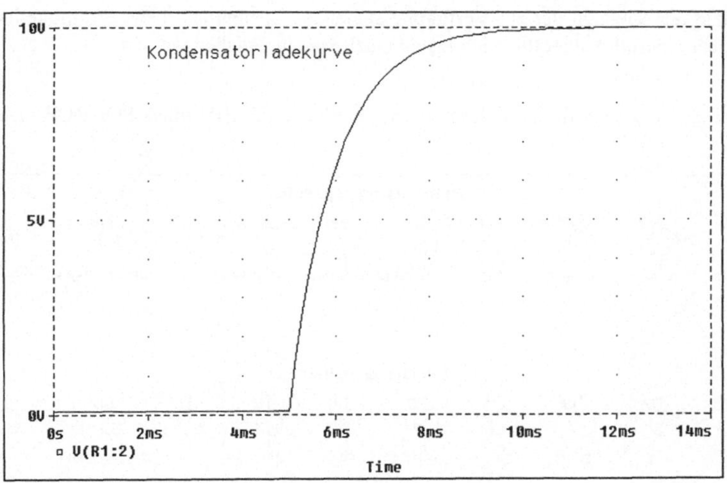

Zeitabhängige Schalter SW_TOPEN und SW_TCLOSE sind in der Bibliothek EVAL.SLB enthalten. Die Eintragungen im Attributmenü der Schalter haben folgende Bedeutung:

$$tClose=1ms \qquad\qquad tOpen=10ms$$

$$1\!\!-\!\!\times\!\!-\!\!2 \qquad\qquad\qquad 1\!\!-\!\!\times\!\!-\!\!2$$

$$U1 \qquad\qquad\qquad\qquad U2$$

TCLOSE/TOPEN	Zeitpunkt, bei dem der Einschalt-/Ausschaltvorgang beginnen soll
TTRAN	Zeit, die der Schalter benötigt, um seinen Schaltzustand zu ändern (Standardwert: 1µs)
RCLOSED	Widerstand im geschlossenen Zustand (Standardwert: 0,01Ω)
ROPEN	Widerstand im geöffneten Zustand (Standardwert: 1MΩ)

Hinweis:

Zu Kondensatoren, die in Reihe mit anderen Bauteilen geschaltet sind, müssen bei Versorgung mit Gleichspannung hochohmige Widerstände parallel geschaltet werden. Schalter werden im geöffneten Zustand durch hochohmige Widerstände simuliert.

4   Beschreibung der zur Verfügung stehenden Quellen

4.1 Polung von Strom- und Spannungsquellen

Aufgrund der Vielzahl der zur Verfügung stehenden Spannungs- bzw. Stromquellen soll nur ein grober Überblick über die wichtigsten Quellenarten gegeben werden.

In der Test-Version befinden sich sämtliche Quellen in der Bibliothek SOURCE.SLB.

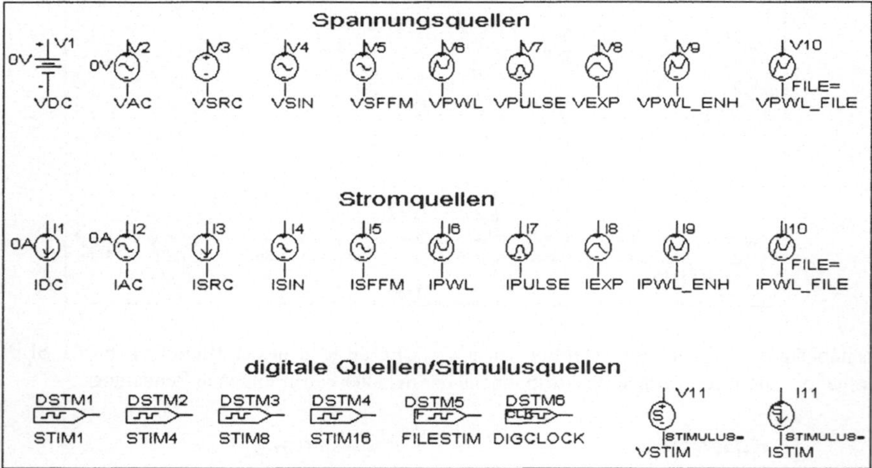

Zu beachten ist, daß unter Bezugnahme auf die technische Stromrichtung bei allen Gleich- und Wechselstromquellen (bzgl. Offset) der Strom vom (+) Anschluß durch die Quelle selbst zum (-) Anschluß fließt. Ein bei technischer Stromrichtung positiv zählender Strom würde also am negativen Anschlußpin aus der Quelle austreten und nach dem Durchströmen durch die Schaltungsbauteile beim positiven Pin wieder in die Quelle eintreten. Bei den Schalt- symbolen IDC und ISRC ist die positiv zählende Strompfeilrichtung auch im Schaltsymbol eingezeichnet. Die Symbole der Wechselstromquellen geben dagegen keinen Hinweis auf die Stromrichtung.

Beispiel:

Die beiden folgenden Schaltungen sind äquivalent bezüglich der Ausgangsspannung, die mit den Differenzmarkern gemessen wird. In PROBE ergibt sich jeweils eine Spannung von 1 kV. Der Strom tritt also aus dem (-) Anschluß der Stromquelle aus. Wird die Stromquelle um 180° in der Schaltung gedreht, so ändert die Ausgangsspannung zwangsläufig ihr Vorzeichen.

Referenzdateien: QUELLE1.SCH   QUELLE2.SCH

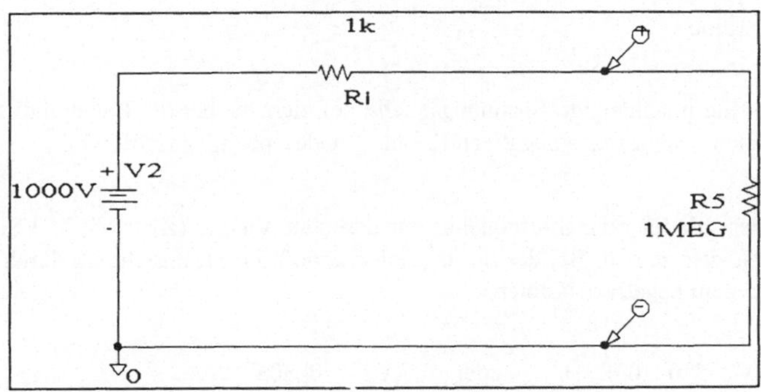

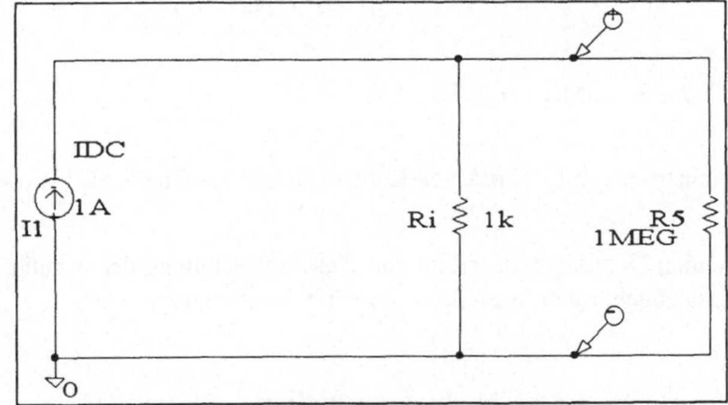

Durch Doppelklick mit der Maus auf eine Spannungs- bzw. Stromquelle öffnet sich ein Dialogfenster zur Parametereingabe. Die Parameter, die mit einem „ * “ versehen sind, können an dieser Stelle vom Anwender nicht modifiziert werden.

Trotz der bequemen automatischen Übersetzung des Schaltplanes in eine PSpice Simulationsnetzliste durch SCHEMATICS wird der Schaltungsentwickler niemals ganz ohne Kenntnisse der PSpice-Syntax auskommen. Treten Fehlermeldungen bei der Simulation auf, so müssen mit *Examine Output* des *Analysis* Menüs die Fehlerursachen ausfindig gemacht werden. Dazu ist es hilfreich, wenn der Anwender grob über die Syntax der Quellen informiert ist.

Die von SCHEMATICS in die Simulationsnetzliste eingefügte PSpice-Syntax für eine Spannungsquelle, wie sie nach erfolgter Simulation zur Kontrolle nochmals in den *.OUT Ausgabedateien zu finden ist, lautet allgemein:

Vname +node -node   DC   value

\+   AC magnitude   phase

\+   transient_value

Es wird hier eine unabhängige Spannungsquelle definiert, wobei die Potentialdifferenz vom positiven Knoten (+node) zum negativen Knoten (-node) positiv gezählt wird.

Entsprechendes gilt für eine Stromquelle, nur daß statt Vname (z.B.: VAC, VSIN, VSCR) dann Iname einzusetzen ist. Bei der Stromquelle verläuft die Stromrichtung durch die Quelle vom positiven zum negativen Knoten.

Beispiel 1:   V2 5 0 .03E +3   oder   V2 5 0 30V

Eine handelt sich um eine unabhängige Spannungsquelle V2 mit 30V, die zwischen Knoten 5 und Masse liegt.

Beispiel 2: I2 2 3 DC   3MA

Es fließt ein Gleichstrom von I_2 = 3mA von Knoten 2 durch die Quelle nach Knoten 3.

In den nachfolgenden Unterkapiteln erfolgt eine Zusammenstellung der wichtigsten analogen Quellen samt der dazugehörigen Einstellparameter im Attributmenü.

4.2 Gleichspannungs- und Gleichstromquellen

VDC bzw. **IDC**:

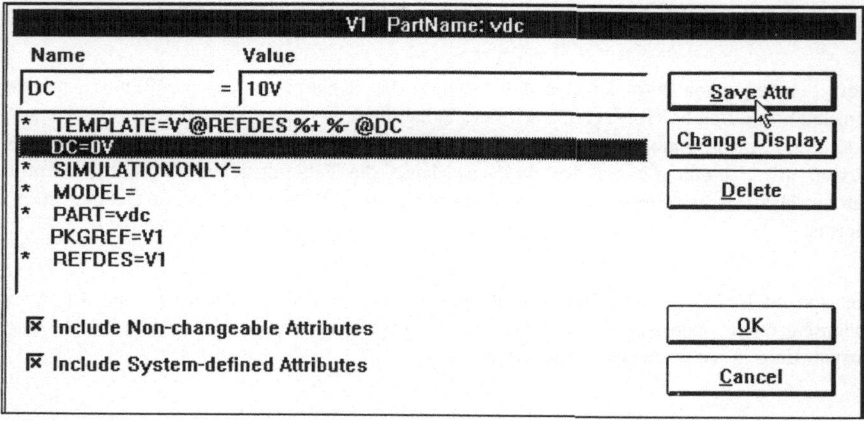

Bei der VDC-Quelle (Batteriesymbol) kann der Anwender nur den Wert in der Zeile „DC="
beeinflussen. Hier wird ein Eintrag über die Höhe der Gleichspannung der Quelle erwartet.
Bei Verwendung der IDC-Quelle erfolgt in der entsprechenden Zeile eine Angabe über die
Höhe des eingeprägten Gleichstromes.

Alle Zeilen, die innerhalb dieses Fensters mit einem „ * " gekennzeichnet sind, können hier
nicht editiert werden.

4.3 Einfache Wechselspannungs- und Wechselstromquellen

VAC bzw. **IAC**:

Einfache Wechselspannungsquelle bzw. Wechselstromquelle

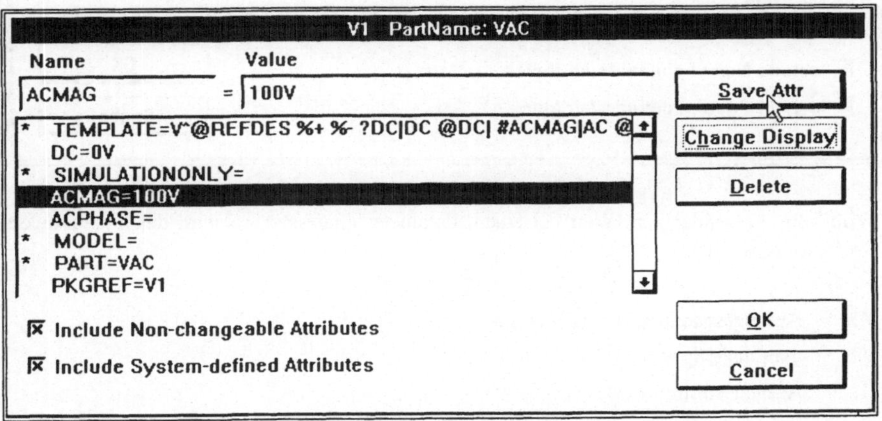

DC = Gleichspannungsanteil

ACMAG = Effektivwert der Wechselspannung

ACPHASE = Phasenlage der Wechselspannung

Die Eingaben für die Quelle IAC haben analog zu erfolgen.

Bei einer AC Sweep-Analyse sollte nach Möglichkeit immer diese Quellenart benutzt werden.
Für die Transientenanalyse (Analyse im Zeitbereich) ist diese Quellenart nicht verwendbar.

4.4 Pulsquellen

VPULSE bzw. **IPULSE**:

Spannungspulsquelle bzw. Strompulsquelle

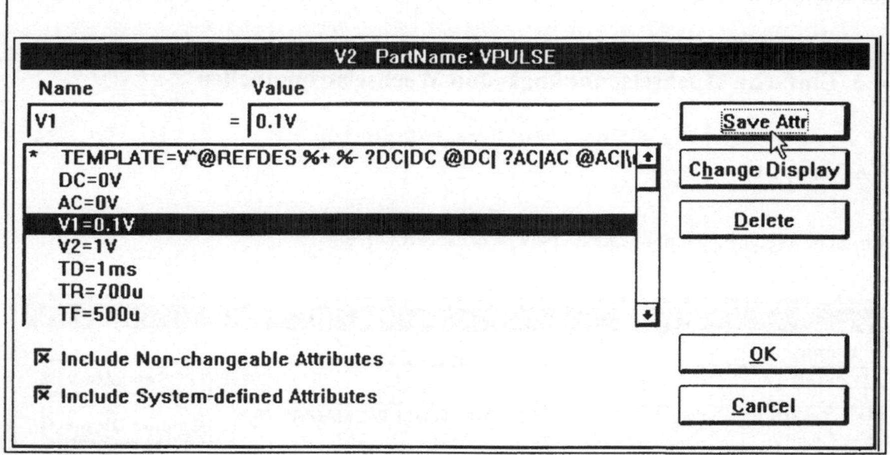

Wird vom Anwender kein Wert bei einem Parameter eingesetzt, so wird der Standardwert (Default) verwendet.

V1:   Anfangsspannung (initial voltage)

V2:   maximale Spannung

I1:   Anfangsstrom

I2:   maximaler Strom

TD: Verzögerung (delay)   Standardwert: 0s

TR: Anstiegszeit (rise time)   Standardwert: TSTEP

TF: Abfallzeit (fall time)   Standardwert: TSTEP

PW: Pulsweite (pulse width)   Standardwert: TSTOP

PER: Periodendauer   Standardwert: TSTOP

TSTEP entspricht dem im Transienten Analyse-Menü unter „Print Step" eingetragenen Zeitwert.

TSTOP entspricht dem im Transienten Analyse-Menü unter „Final Time" eingetragenen Zeitwert.

PSpice-Syntax der Pulsquelle:

PULSE (V1 V2 Td Tr Tf Pw Period)
Beispiel.: PULSE (.4V 2V 1ms 300u 100u 2m 4ms)

Untenstehendes Diagramm verdeutlicht den Einfluß der verschiedenen Parameter auf das Ausgangssignal der Pulsquelle.

Es wurden folgende Parameter gewählt:

$$V1 = 0.1V$$
$$V2 = 1V$$
$$TD = 1ms$$
$$TR = 500u$$
$$TF = 700u$$
$$PER = 5m$$
$$PW = 2m$$

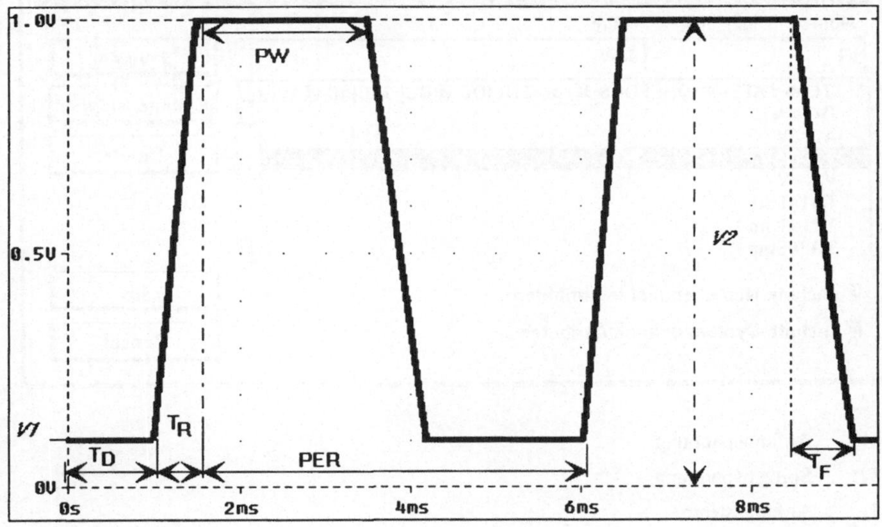

Durch Eingabe entsprechender Parameter ins Attributmenü der Pulsquellen können so z.B. für regelungstechnische Untersuchungen Sprung- und Rampenfunktionen realisiert werden.

Beispiel:

Einheitssprungfunktion σ

v1=0   v2=1V   td=0s   tr= 0.1ns   tf= 0.4ns   pw=5s   per=20s

Pulsweite und Periodendauer werden hier gegenüber den Systemzeitkonstanten besonders groß gewählt. Durch einen Eintrag für „pw" und „per" ist gewährleistet, daß PSpice nicht mit Defaultwerten rechnet. Da die beiden eingestellten Zeitwerte für Bereiche weit außerhalb des zu untersuchenden Zeitraumes bemessen sind, nehmen diese keinen Einfluß auf das Ergebnis der Analyse.

4.5 Quellen mit exponentiellem Verlauf

VEXP bzw. **IEXP**:

Spannungsquelle bzw. Stromquelle mit exponentiellem Verlauf

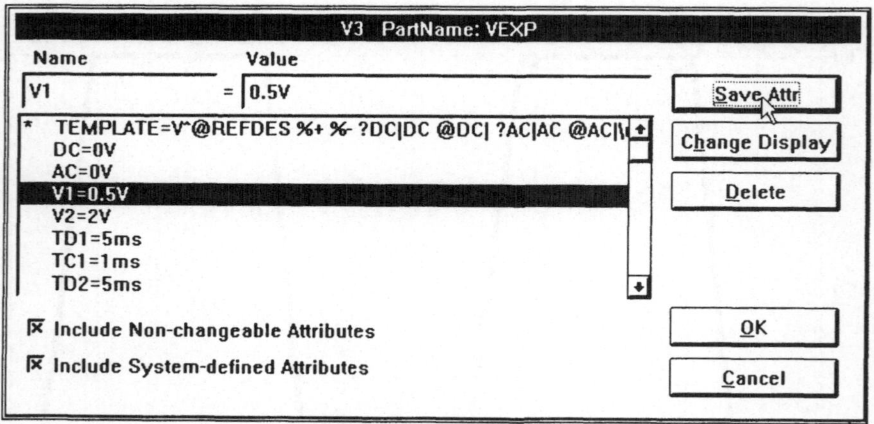

V1:   Anfangspannung

V2:   Spitzenspannung

I1:   Anfangsstrom

I2:   Spitzenstrom

TD1:   Anstiegsverzögerung (rise delay)   Standardwert: 0s

TC1:   Anstiegszeitkonstante (rise time delay)   Standardwert: TSTEP

TD2:   Abfallverzögerung (fall delay)   Standardwert: TD1 + TSTEP

TC2:   Abfallzeitkonstante (fall time constant)   Standardwert: TSTEP

TSTEP entspricht dem im Transienten Analyse-Menü unter „Print Step" eingetragenen Zeitwert.

Parameter der Beispielgrafik: $V1 = 0.5V$

$V2 = 2V$

$TC1 = 1ms$

$TD2 = 5ms$

$TC2 = 0.3ms$

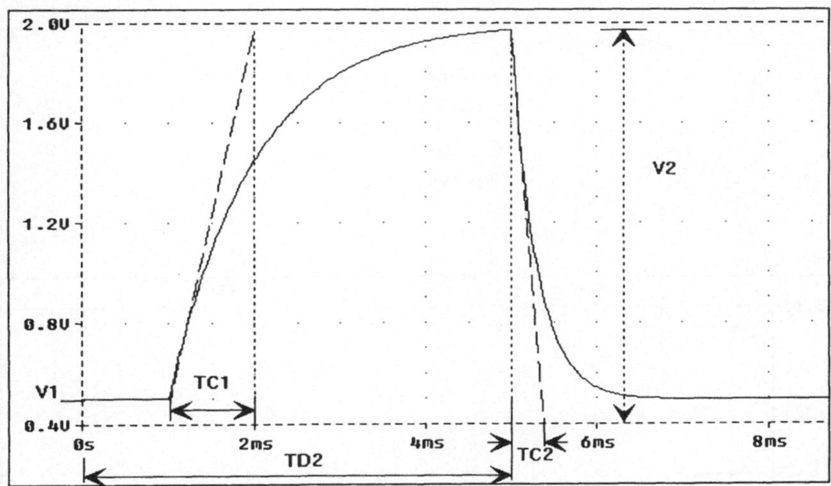

4.6 Quellen mit stückweise linearem Verlauf

VPWL bzw. **IPWL**:

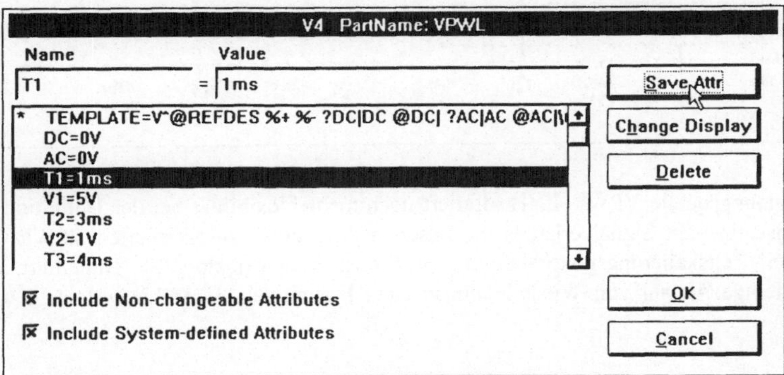

Mit diesen Quellen kann sich der Schaltungsentwickler individuelle Kurvenverläufe mit stückweise linearem Verlauf erstellen. Dazu erfolgt die Eingabe von festen Spanungs- bzw. Stromwerten in Bezug auf feste Zeitpunkte. Die Zwischenwerte werden dann programmintern linear interpoliert.

Parameter der Beispielgrafik:

$$T1 = 1ms$$
$$V1 = 5V$$
$$T2 = 3ms$$
$$V2 = 1V$$
$$T3 = 4ms$$
$$V3 = 0.3\ V$$
$$T4 = 7ms$$
$$V4 = 8V$$

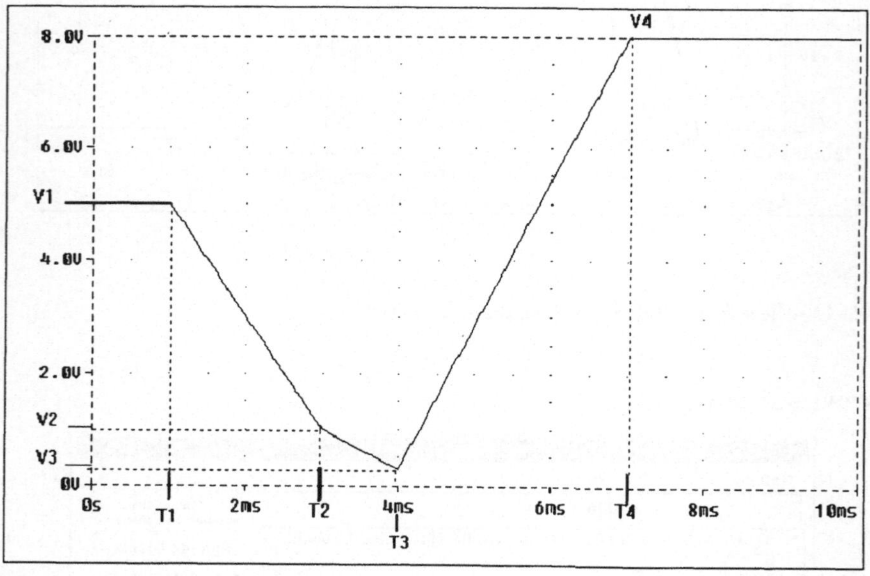

Die Spannungsquelle VPWL_ENH offeriert noch mehr Flexibilität bei der Definition eines stückweise linearen Signalverlaufes. In dieser in ihrer Funktion erweiterten VPWL-Quelle werden ein Zeitskalierungsfaktor TSE und ein Wertskalierungsfaktor VSF eingeführt, so daß eine beliebige Anzahl von Wiederholungen einer bestimmten Wertfolge festgelegt werden kann.

4.7 Quellen mit abklingendem sinusförmigen Verlauf

VSIN bzw. **ISIN**:

Mit diesen Quellen werden abklingende sinusförmige Ausgangsspannungen bzw. Ströme erzeugt.

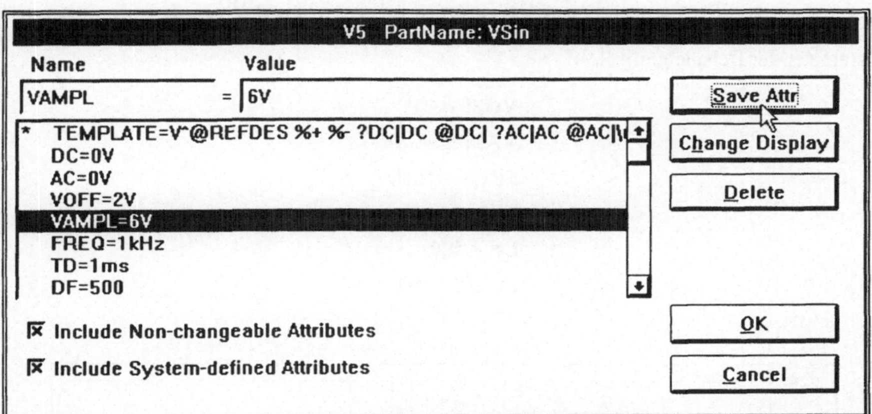

AC:	Wechselspannungsanteil für die AC-Sweep Analyse (Effektivwert)
DC:	Gleichanteil, der nur bei einer DC-Analyse verwendet werden darf (historisch bedingt)
VOFF/ IOFF:	Gleichanteil, der nur bei der Transientenanalyse benutzt wird
VAMPL:	Amplitude (peak amplitude)

$$AMPL = \sqrt{2} \cdot AC$$

FREQ:	Frequenz	Standardwert: $\dfrac{1}{TSTOP}$
TD:	Startverzögerung (delay)	Standardwert: 0s
DF:	Faktor für die Dämpfung (damping factor)	Standardwert: $0s^{-1}$
PHASE:	Phase in Grad	Standardwert: $0°$

TSTOP entspricht dem im Transienten Analyse-Menü unter „Final Time" eingetragenen Zeit-wert.

Im Zeitraum von TD bis TSTOP berechnet sich die Ausgangsspannung einer VSIN-Quelle nach folgender Formel:

$$V(t) = VOFF + VAMPL \cdot \sin(2\pi \cdot (FREQ \cdot (t - TD) + \frac{PHASE}{360°})) \cdot e^{-(t-TD)\cdot DF}$$

Parameter der Beispielgrafik 1:

$$VOFF = 2V$$
$$VAMPL = 6V$$
$$FREQ = 1kHz$$
$$TD = 1ms$$
$$DF = 500$$
$$PHASE = 90$$

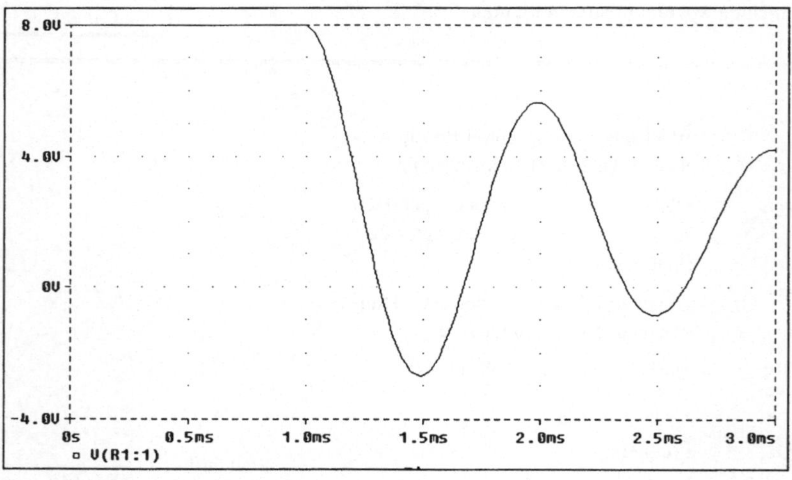

Parameter zur Beispielgrafik 2:

$$VOFF = 3V$$
$$VAMPL = 2V$$
$$FREQ = 0.5 \, Hz$$
$$TD = 1s$$
$$DF = 0.5$$
$$PHASE = 0$$

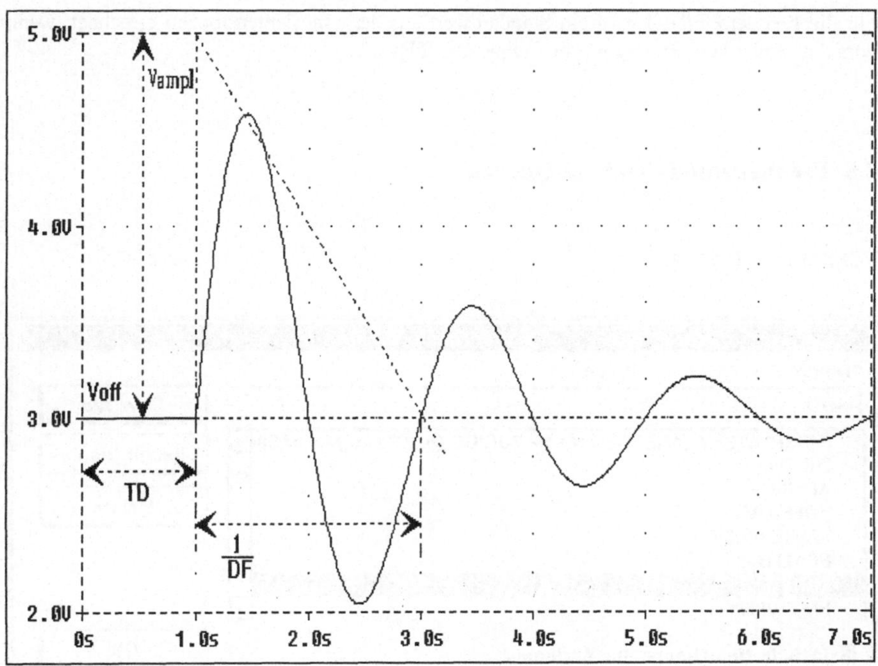

Die VSIN-Quelle ist hauptsächlich für den Einsatz in einer Transientenanalyse bestimmt. Bei einer AC SWEEP-Analyse werden im allgemeinen die VAC bzw. IAC-Quellen häufiger verwendet als die VSIN bzw. ISIN-Quellen. Wird z.B. die VSIN-Quelle innerhalb einer AC SWEEP-Analyse benutzt, so gibt es einige Punkte, die unbedingt beachtet werden müssen.

Hinweis:

Bei einer AC SWEEP-Analyse mit einer VSIN bzw. ISIN Quelle muß der Parameter für AC unbedingt ungleich 0V bzw. 0A betragen. Der bei VAMP zu notierende Wert hat auf die AC SWEEP-Analyse keinen Einfluß, obwohl dort ein Wert für die Amplitude gefordert wird. Wird allerdings eine Transientenanalyse durchgeführt, so ist der Wert, der bei VAMP steht, maßgebend und nicht der, der bei AC steht.

Es ist eine Eigenart des Programmes, daß bei der AC SWEEP-Analyse trotz des „Durchfahrens" eines Frequenzbereiches bei FREQ ein beliebiger fester Frequenzwert eingegeben werden muß, um die Simulation erfolgreich zu starten.

Bei DC, AC, VAMP, FREQ und VOFF sollte immer ein Eintrag erfolgen. Gegebenenfalls werden die entsprechenden Werte zu 0 gesetzt.

Für die Frequenz FREQ wird ein Standardwert aus der Transientenstopzeit errechnet, wenn vom Anwender kein Eintrag für die Frequenz erfolgt.

4.8 Frequenzmodulierbare Quellen

VSFFM bzw. **ISFFM**:

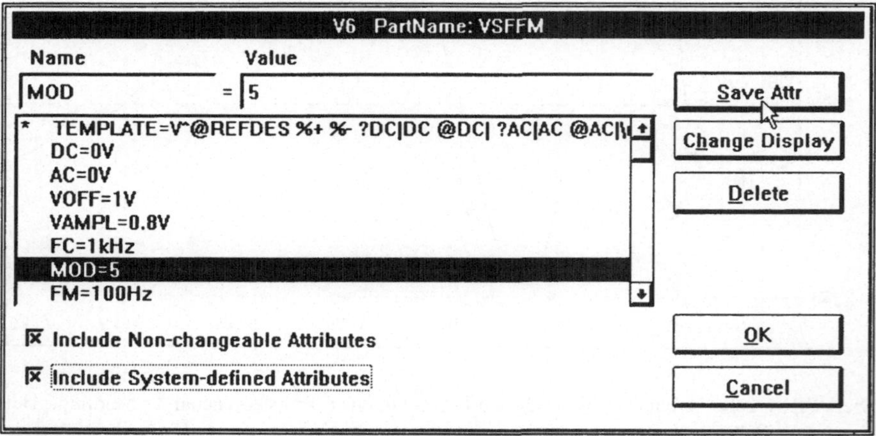

Hierbei handelt es sich um Quellen mit einem frequenzmoduliertem Signalverlauf.

VOFF: Offsetspannung

VAMPL: Amplitude

FC: Trägerfrequenz

$$\text{Standardwert: } \frac{1}{TSTOP}$$

MOD: Modulationsindex

FM: Modulationsfrequenz

$$\text{Standardwert: } \frac{1}{TSTOP}$$

TSTOP entspricht dem im Transienten Analyse-Menü unter „Final Time" eingetragenen Zeitwert.

Mathematischer Term für die Ausgangsspannung:

$$V_{SFFM} = VOFF + VAMPL \cdot \sin(2\pi \cdot FC \cdot t + \text{mod} \cdot \sin(2 \cdot \pi \cdot FM \cdot t))$$

Parameter zur Beispielgrafik:

$$VOFF = 1V$$
$$VAMPL = 0.8V$$
$$FC = 1kHz$$
$$MOD = 5$$
$$FM = 100Hz$$

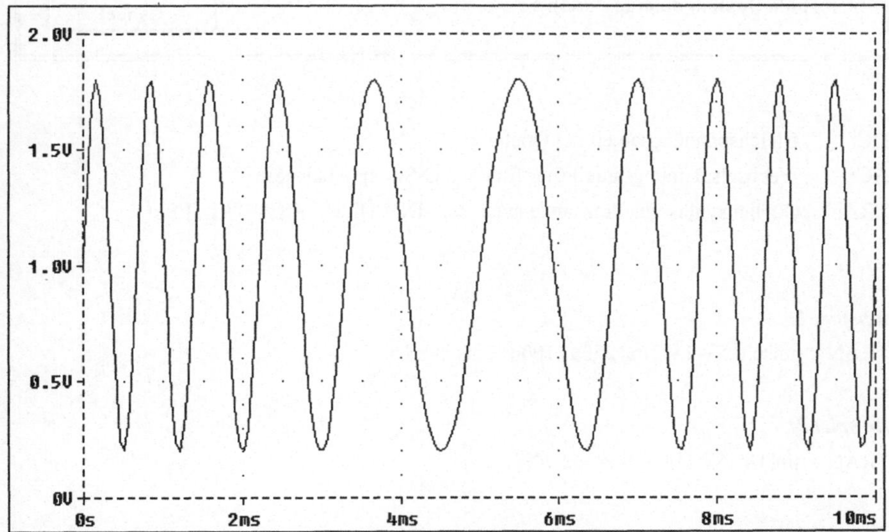

4.9 Universelle Quellen

VSRC bzw. **ISRC**:

Mit dieser Universalquellenart kann prinzipiell jede der zuvor aufgeführten Quellen nachgebildet werden. Der Anwender muß dazu im Attributmenü in der Zeile „TRAN=" die PSpice
Syntax für die gewünschte Quelle über die Tastatur eingeben.

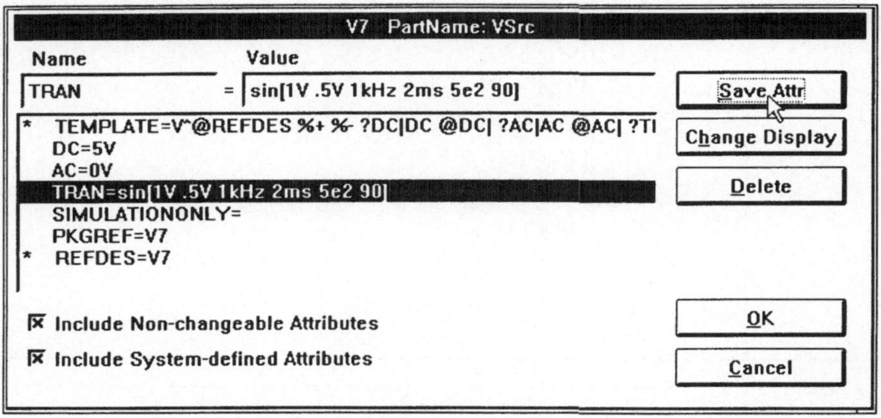

DC: Gleichspannungsanteil der Quelle

AC: Wechselspannungsanteil (nur für die AC-Sweep Analyse)

TRAN: Quellensyntax zur Transientenanalyse: SIN, PULSE, EXP, PWL, FFM

Beispiel 1:

TRAN = pulse[0.5V 1V 1ms 250us 100us 2ms 4ms]

Beispiel 2:

TRAN = sin[1V .5V 1kHz 2ms 5e2 90]

Beispiel 3:

TRAN = exp[.4V 2V 1ms 1ms 6ms .45ms]

Beispiel 4:

TRAN = pwl[0,.7V 2ms,1V 3ms,5V 5ms,7V 8ms]

Beispiel 5:

TRAN = sffm[.6V .35V 1kHz 5 100Hz]

5 Maßeinheiten und mathematische Operatoren

Für PSpice gilt folgende abkürzende Schreibweise für die Maßeinheiten:

Abkürzung		Potenz
G	Giga	10^9
MEG	Mega	10^6
K	Kilo	10^3
M	Milli	10^{-3}
U	Mikro	10^{-6}
N	Nano	10^{-9}
P	Piko	10^{-12}
F	Femto	10^{-15}

Nachstehende Werteangaben für einen $1\text{k}\Omega$ Widerstand werden beispielsweise vom PSpice Interpreter als gleichwertig akzeptiert:

1E3

1000

1000.0

1000Ohm

1k

1.0k

1.0kOhm

0.001MEG

Hinweis:

Zu beachten ist insbesondere die Schreibweise für die Zehnerpotenz Mega:
Statt M wird MEG verwendet, da M schon als Abkürzung für Milli benutzt wird.

Erlaubte mathematische Operatoren (z.B. zur Ausgabedatenverknüpfung in PROBE):

Zeichen	Bedeutung
+	Addition
−	Subtraktion

Tabelle Fortsetzung

*	Multiplikation
/	Division
~	Negation
|	boolesche ODER Verknüpfung
^	boolesche Exklusiv Oder Verknüpfung
&	boolesche Und Verknüpfung
==	Test auf Gleicheit
!=	Test auf Ungleichheit
>	"größer als"
>=	"größer gleich"
<	"kleiner als"
<=	"kleiner gleich"

6 Beschreibung der Bibliotheken und wichtigsten Kennbuchstaben der Schaltelemente

6.1 Kennbuchstaben

Die wichtigsten Kennbuchstaben zur Bezeichnung von Bauelementen sind:

Passive Bauelemente:

R	Ohmscher Widerstand
C	Kondensator
L	Induktivität
K	Übertrager

Halbleiterbauelemente:

D	Diode
J	Sperrschicht-FET
Q	Bipolartransistor
M	MOSFET
U	Digitale Grundmodelle (IC's usw.)

Quellen:

V	Unabhängige Spannungsquelle
I	Unabhängige Stromquelle
F	Stromgesteuerte Stromquelle
E	Spannungsgesteuerte Spannungsquelle

6.2 Bauteilübersicht der Testversion 6.2

Die Testversion 6.2 wird mit einer Auswahl von Bauteilmodellen geliefert, die zur Einarbeitung in MicroSim PSpice anhand von einfachen Schaltungen ausreichend ist.

Die Bibliothekbauteile der Testversion sind eine kleine Auswahl aus den mittlerweile über 10000 Bauteilen der Vollversion. Die Einbindung der ausgewählten Bauteile in die Bibliotheken der Testversion ist daher nicht identisch mit ihrer Zuordnung in der Vollversion.

Hinweis:

Die zu diesem Buch erhältlichen Simulationsbeispiele sind mit der Testversion erstellt worden und daher ohne Modifikation nur mit dieser lauffähig!

6.2.1 Die Bibliothek ABM

In der Bibliothek ABM.SLB sind mathematische Funktionen, Filter, Laplace-Glieder usw. enthalten. Es existiert zur ABM.SLB Datei keine Referenzdatei ABM.LIB.

ABM	Ungebundener Spannungs- ANALOG BEHAVIORAL MODELING (ABM) -Block
ABM1	Spannungs-ABM-Block mit einem Eingang
ABM2	Spannungs-ABM-Block mit zwei Eingängen
ABM3	Spannungs-ABM-Block mit drei Eingängen
ABM1/I	Strom-ABM Block mit einem Eingang
ABM2/I	Strom ABM Block mit zwei Eingängen
ABM3/I	Strom ABM Block mit drei Eingängen
ABS	Betrag $|x|$
ARCTAN	arcustangens (in Radiant)
ATAN	arcustangens (in Radiant)
BANDPASS	Bandpaß
BANDREJ	Bandsperre (band reject notch filter)
CONST	Konstante
COS	Cosinus (in Radiant)
DIFF	Subtrahierer (difference junction)
DIFFER	Differentiator (Differenzierschaltung)
EXP	e-Funktion
FTABLE	Lookup-Tabelle
GAIN	Verstärkungs-Block
GLIMIT	Begrenzer mit Verstärkung
HILO	Begrenzer mit Verstärkung
HIPASS	Hochpaßfilter
INTEG	Integrator
LAPLACE	Laplace-Glied (laplace numerator/denominator)
LIMIT	Begrenzer
LOG	Logarithmus

Tabelle Fortsetzung

LOG10	Zehnerlogarithmus
LOPASS	Tiefpaßfilter
MULT	Multiplizierer
PWR	$|x|^{Exp}$
PWRS	x^{Exp}
SIN	Sinus (in Radiant)
SOFTLIM	Weicher Begrenzer mit Verstärkung
SQRT	square root (Quadratwurzel)
SUM	Summierstelle (summing junction)
TABLE	Lookup-Tabelle
TAN	Tangens (in Radiant)
EFREQ	E device - FREQ form
ELAPLACE	E device -LAPLACE form für die Eingabe einer Laplace Übertragungs-funktion
EMULT	E device -multiplying
ESUM	E device -summing
ETABLE	E device -table form
EVALUE	E device -value form (dient zur Eingabe mathemat. Terme)
GFREQ	G device -FREQ form
GLAPLACE	G device -laplace form für die Eingabe einer Laplace Übertragungs-funktion
GMULT	G device -multiplying
GSUM	G device -summing
GTABLE	G device -table form
GValue	G device -value form

ANALOG BEHAVIORAL MODELING-Blöcke, kurz ABM Blöcke genannt, erlauben dem Anwender elektronische Schaltungskomponenten durch mathematische Ausdrücke oder durch sog. Look up-Tabellen mittels tabellarischer Wertzuweisungen zu beschreiben. ABM-Komponenten sind im Schaltplaneditor SCHEMATICS wie andere Bauteilsymbole in den Schaltplan einzubinden.

Beispiel 1:   Spannungs-ABM Block mit drei Eingängen

Referenzdatei: ABM.SCH

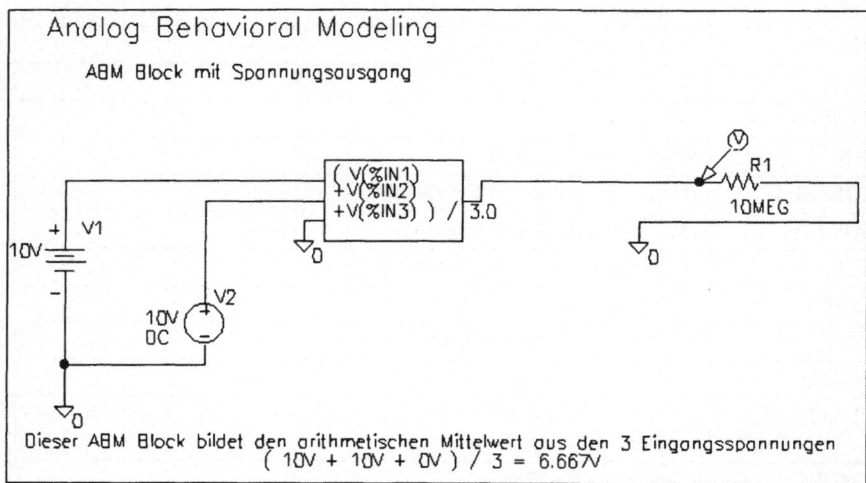

In diesem Fall wurde der Block ABM3 aus der Bibliothek ABM.SLB gewählt.

Die PROBE-Grafik bestätigt den errechneten Wert von 6,667 V im Anschluß an die Simulation.

Beispiel 2: Strom-ABM Block mit drei Eingängen

Referenzdatei: ABM2.SCH

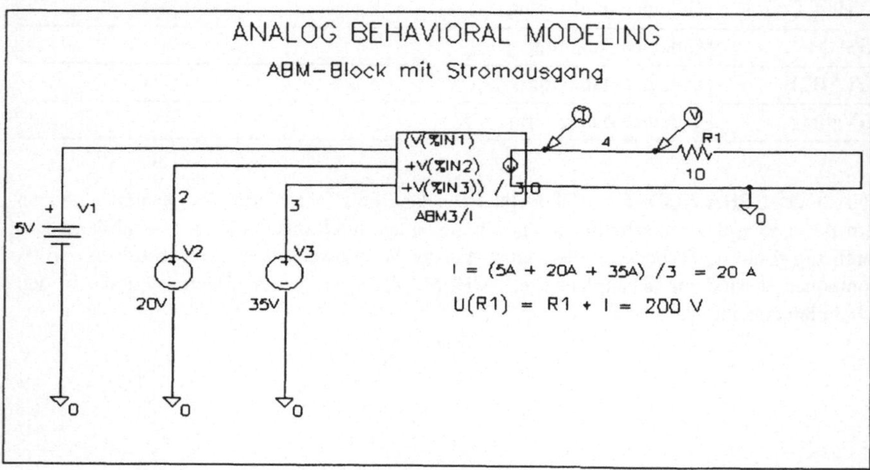

Auch hier werden die errechneten Werte von I = 20 A und U(R1) = -200 V durch die PROBE Grafik bestätigt, sofern die Simulation gestartet wird. Der Widerstand R1 hat auf die Stromhöhe keinen Einfluß, da der Ausgangsstrom eingeprägt wird.

Beispiel 3:

Referenzdatei: ABM3.SCH

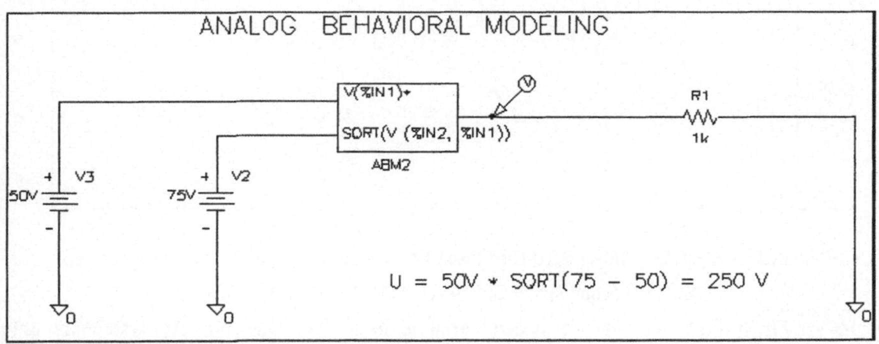

Die Attributeinstellungen im ABM2-Block müssen nach Doppelklicken auf die Parameter im Symbol folgendermaßen abgeändert werden:

Für den 1.Eingang: V(%IN1)*

Für den 2. Eingang: SQRT(V(%IN2,%IN1))

Der ABM-Block ermittelt nun die Quadratwurzel aus dem Differenzbetrag der beiden Eingangsspannungen und multipliziert diesen Wert mit 50V. Die PROBE Auswertung bestätigt den errechneten Ausgangspannungswert von 250V.

Die mathematischen Funktionen der ABM-Blöcke können beispielsweise zur Ansteuerung von steuerbaren Spannungs- oder Stromquellen dienen, um nichtlineare Bauelemente nachzubilden.

Die EVALUE und GVALUE-Bausteine erlauben die direkte Eingabe eines mathematischen Ausdrucks. Diese Bauteile wenden die im EXPR-Attribut spezifizierte Funktion auf das Eingangssignal an und stellen das Resultat an den Ausgangspins zur Verfügung.

Im Kapitel "Untersuchungen anhand von Standardschaltungen" ist beispielsweise mit Hilfe eines GVALUE Bausteines ein Oszillator für eine PSK (Phase Shifted Keyed) - Modulation erstellt worden. Zum besseren Verständnis soll aber zunächst nur das folgende einfache Beispiel zum GVALUE Bauteil dienen.

Referenzdatei: GVALUE.SCH

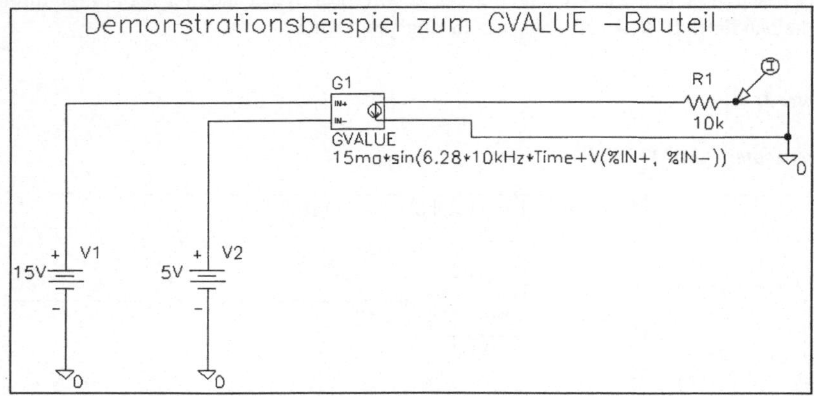

Als relevante Attributeinstellung wird für dieses Bauteil nachstehender Term eingegeben:

$$EXPR = 15ma*SIN(6.28*10kHz*TIME+V(\%IN+,\%IN-))$$

Dabei ist TIME die PSpice interne Sweep Variable, die in der Transienten Analyse gebraucht wird. Für alle anderen Analysearten ist TIME = 0. Die Spannung an den Eingangspins kann die Phase mit $1 \dfrac{Radiant}{Volt}$ verschieben.

Beispielsweise würde sich nach einer Zeit von 10µs am Gvalue-Bauteilausgang ein Strom von $15mA \cdot \sin(6.28 \cdot 10000 \cdot 10 \cdot 10^{-6} + 10) = $ -13,998mA ergeben.

Die PROBE-Grafik bestätigt den oben berechneten Ausgangswert.

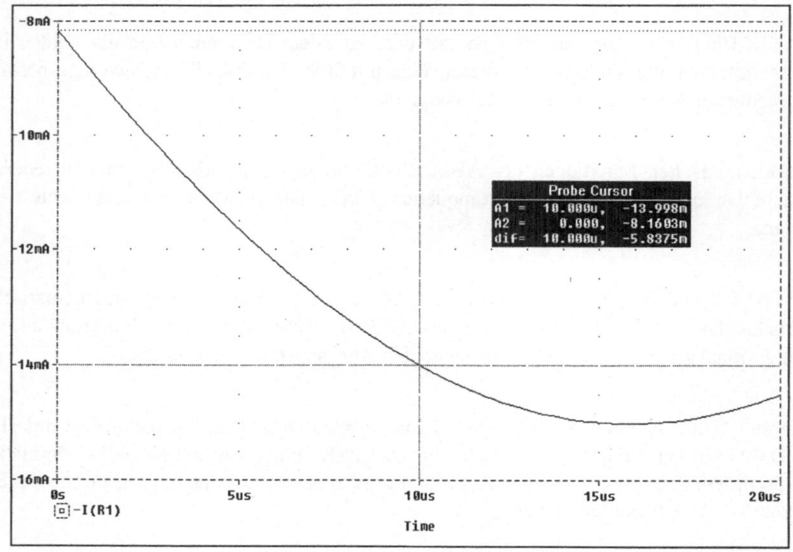

Ein LIMITER begrenzt die Ausgangsspannung auf fest eingestellte Werte. Dazu folgende einfache Schaltung:

*Referenzdatei:*LIMITER.SCH

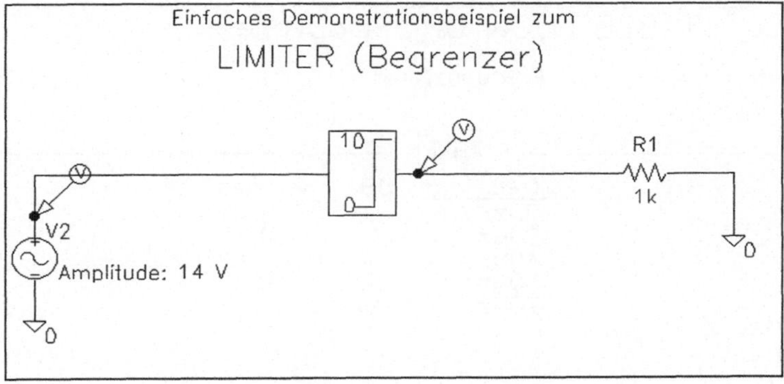

Mit einem Doppelklick auf die Zahlenwerte im Limiter Symbol öffnet sich ein Attributmenü zum Einstellen der Begrenzungswerte. Die Amplitude der Sinusquelle wird in diesem Beispiel zwischen 0V und +10V begrenzt:

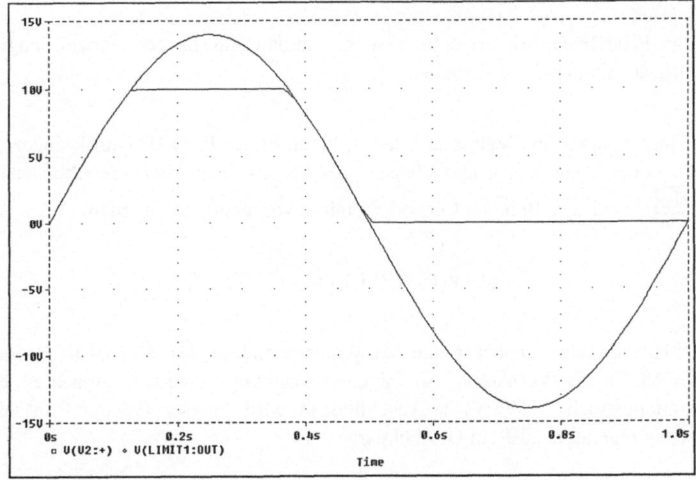

Übertragungsfunktionen, deren Verlauf zur Beschreibung mittels eines mathematischen Ausdruckes zu komplex sind, können bequem mit den sogennanten TABLE LOOK-UP Bauteilen definiert werden. Zu dieser Art von Bauteilen zählen unter anderem TABLE, FTABLE und GTABLE.

Eine Vorstellung über die Wirkungsweise der LOOK-UP Wertetabellen soll das folgende Beispiel vermitteln:

Referenzdatei: LOOKUP.SCH

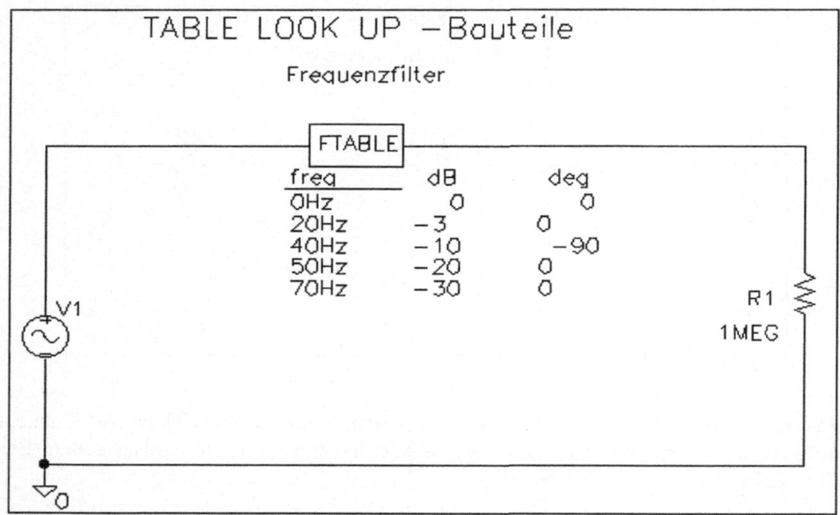

Wie aus der PROBE-Grafik ersichtlich wird, werden die in der Tabelle angegebenen Festpunkte linear miteinander verbunden.

Damit der Frequenzgang in Dezibel auf der Ordinate in der PROBE-Grafik angezeigt wird, muß in dem Trace Command Eingabefenster des Menüs *Trace/Add*, erreichbar auch durch den Button ▦ , für dieses Beispiel folgender Eintrag vorgenommen werden:

$$dB(V(FTABLE1:OUT)/V(V1:+))$$

Diese Befehlszeile setzt zunächst die Ausgangsspannung des FTABLE Bauelementes V(FTABLE1:OUT) ins Verhältnis zur Eingangsspannung (positiver Anschluß der Versorgungsspannungsquelle V(V1:+)). Anschließend wird dieser Quotient mit Hilfe des mathematischen Operators „dB" in Dezibel dargestellt.

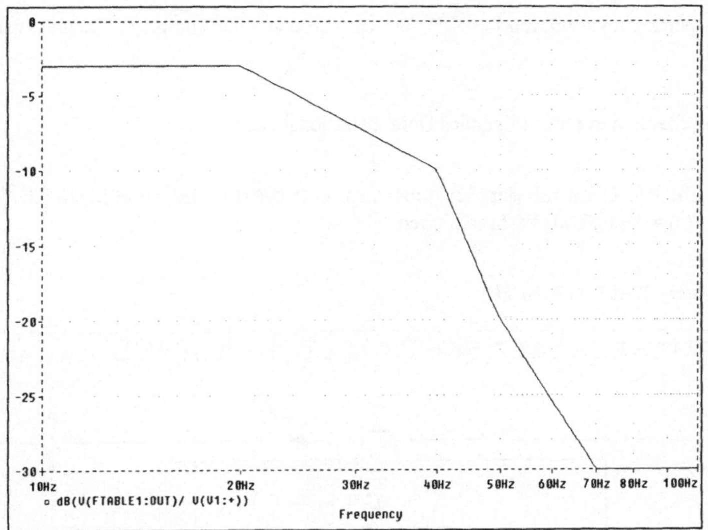

Das Ausgangssignal des ELAPLACE-Bausteins der Bibliothek ABM.SLB hängt von der Analyseart ab:

Das Ausgangssignal entspricht dem im Symbolattributmenü eingetragenen Wert bei XFORM multipliziert mit dem Wert, der bei EXPR steht. Dabei wird allerdings in XFORM das „s" zu 0 gesetzt.

Transienten Analyse:

Der Wert von EXPR wird zu jedem Zeitpunkt ausgewertet. Der Ausgang ist dann die mathematische Faltung (Convolution) aus den letzten EXPR-Werten mit dem Laplaceausdruck von XFORM.

AC Analyse:

Dieses ist das eigentliche Hauptanwendungsgebiet des ELAPACE (und des LAPLACE) - Symbols aus der Bibliothek ABM.SLB.

Bei der AC-Analyse wird der EXPR-Wert um den Arbeitspunkt (BIAS POINT) linearisiert. Die Ausgangsspannung ist dann das Produkt aus dem Eingangsspannungswert, dem EXPR-Wert und dem XFORM Übertragungsfunktionsterm.

Hinweis:

Der Wert von XFORM bei einer bestimmten Frequenz wird berechnet, indem „s" durch „jω" ersetzt wird (ω = 2πf).

Aus der Übertragungsfunktion bei XFORM wird so quasi der komplexe Frequenzgang F(jω) berechnet.

Zur Veranschaulichung hier folgendes Demonstrationsbeispiel:

Beispiel: Ein PT_1-Glied mit der Zeitkonstanten T_1 = 0,001s wird im Bildbereich durch die Funktion F(s) = 1/(1+0,001*s) beschrieben.

Referenzdatei: LAPLACE.SCH

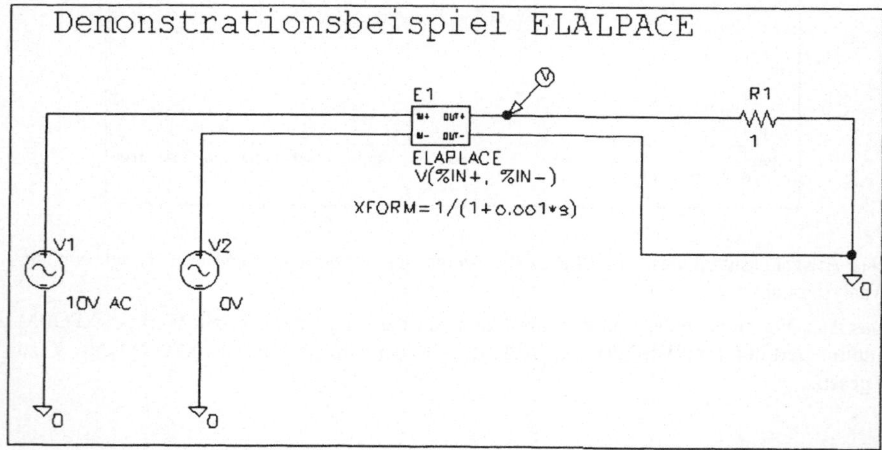

In der Netzliste lautet die Übertragungsfunktion:

V(%OUT+,%OUT-) = LAPLACE{V(%IN+,%IN-)} = (1/(1+0,001*s))

Die Ausgangsspannung wird betrachtet als eine Funktion der Spannungsdifferenz der Pins %OUT+ und %OUT-.

Zur internen Berechnung ersetzt PSpice den Laplace Operator „s" der Übertragungsfunktion im Bildbereich F(s) = XFORM = 1/(1+0,001*s) durch „jω":

$$F(j\omega) = \frac{1}{1+0,001 \cdot j\omega} = \frac{1}{1+10^{-6} \cdot \omega^2} - j \frac{0,001 \cdot \omega}{1+10^{-6} \cdot \omega^2}$$

$$\Rightarrow F(j\omega) = |F(j\omega)| = \sqrt{\left(\frac{1}{1+10^{-6}\,\omega^2}\right)^2 + \left(\frac{0,001\,\omega}{1+10^{-6}\,\omega^2}\right)^2}$$

Bei f = 100 Hz gelangt man dann zu folgendem Resultat:

$$\omega = 2\pi f = 628,32 \text{ Hz}$$

$$\Rightarrow F(j628,32) = \sqrt{0,514 + 0,203} = 0,847$$

Mit $U_a = F(j\omega) \cdot U_e$ ergibt sich eine Ausgangsspannung von $U_{OUT} = 0,847 \cdot 10V = 8,47V$

Im PROBE-Diagramm wird dieser Wert mit der *Probe Cursor* Funktion des Menüs *Tools* zu 8,4663V ermittelt:

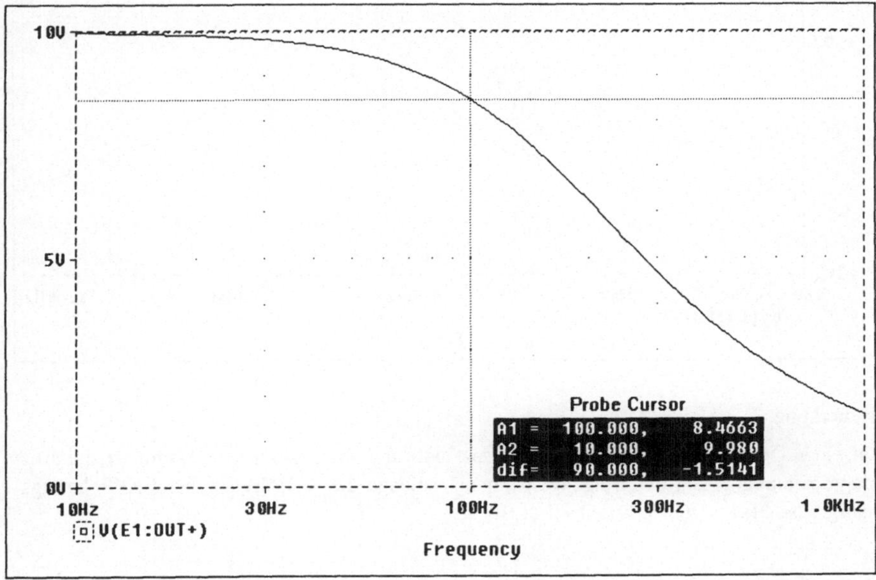

Bei f = 300Hz würde sich analog ergeben:

$$\omega = 1885 \text{ Hz}$$

$$\Rightarrow F(j1885) = \sqrt{0,048235 + 0,17139} = 0,469$$

Somit ergäbe sich bei einer Frequenz von 300Hz eine Ausgangsspannung am ELAPLACE Glied von etwa 4,69V.

Bei der Eckfrequenz f_g ist die Spannung auf $\dfrac{1}{\sqrt{2}}$ des Maximalwertes gesunken:

$$\frac{10V}{\sqrt{2}} = 7,071V$$

Aus dem PROBE-Diagramm ist eine Eckfrequenz von etwa 159 Hz zu ermitteln.

Auch die Phasencharakteristik dieses PT_1 Gliedes läßt sich im Diagramm darstellen:

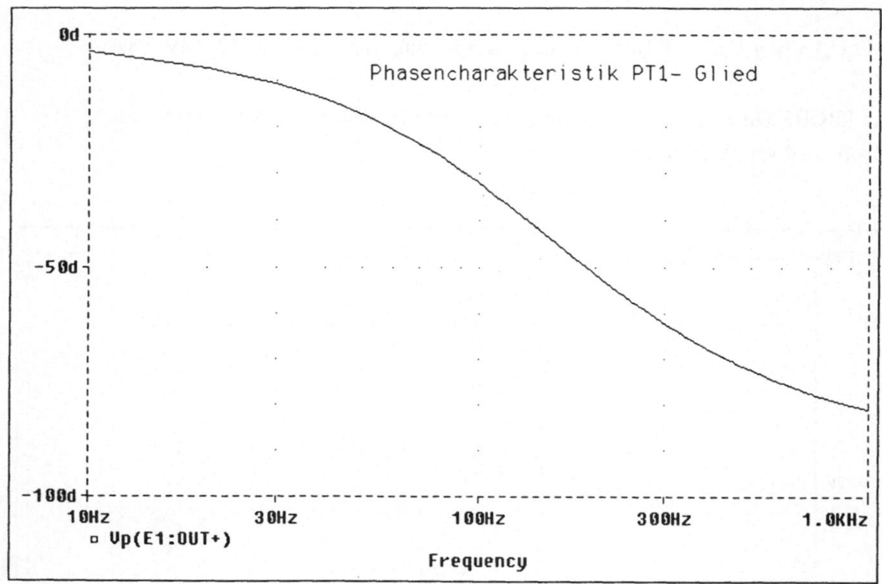

Anmerkung:

Bei einer DC Analyse ist die Kreisfrequenz $\omega=0$ und somit auch s=0. Damit ist die Ausgangsspannung gleich der Eingangsspannung, solange die Verstärkung bei EXPR betragsmäßig 1 ist. F(s) = 1/(1+0,001˙ s) = 1/(1+0) = 1

$U_a = 1 \cdot U_e$

6.2.2 Die Bibliothek ANALOG

C	Kondensator
C_var	Variable Kapazität
E	Spannungsgesteuerte Spannungsquelle
EPOLY	Spannungsgesteuerte Spannungsquelle mit Polynomfunktion
F	Stromgesteuerte Stromquelle
FPOLY	Stromgesteuerte Stromquelle mit Polynomfunktion

Tabelle Fortsetzung

G	Spannungsgesteuerte Stromquelle
GPOLY	Spannungsgesteuerte Stromquelle mit Polynomfunktion
H	Stromgesteuerte Spannungsquelle
HPOLY	Stromgesteuerte Spannungsquelle mit Polynomfunktion
L	Induktivität
R	Ohmscher Widerstand
R_var	Variabler ohmscher Widerstand
T	Übertragungsleitung (transmission line)
TLOSSY	Verlustbehaftete Übertragungsleitung
K_Linear	Übertragermodell mit diversen Wicklungen und Kern
XFRM_Linear	Gekoppelte Induktivitäten

6.2.3 Die Bibliothek BREAKOUT

In der Bibliothek BREAKOUT.SLB befinden sich ausschließlich Bauelemente, deren Modellparameter frei editierbar sind. Es ist so schnell möglich, einem Bauteil gewünschte Eigenschaften zuzuweisen.

Bbreak	GaAs- Anreicherungs-FET
Cbreak	Kondensator
Dbreak	Diode
Dbreak3	3-Anschluß Diode
DbreakCR	Stromreglerdiode
DbreakW	Kapazitätsvariationsdiode
DbreakZ	Zener-Diode
JbreakN	n-Kanal Anreicherungs-JFET (Sperrschicht-FET,)
JbreakP	p -Kanal Anreicherungs(selbstsperrend)-JFET
Kbreak	Übertragermodell mit diversen Wicklungen und Kern
Lbreak	Induktivität
MbreakN	n-Kanal Anreicherungs(enhancement)-MOSFET
MbreakN3	"
MbreakN4	"
MbreakP	p-Kanal Anreicherungs-MOSFET
MbreakP3	"

Tabelle Fortsetzung

MbreakP4	"
POT	Potentiometer (Standardwert 1KΩ)
QbreakL	pnp -Bipolartransistor
QbreakN	npn -Bipolartransistor
QbreakN3	"
QbreakN4	"
QbreakP	pnp -Bipolartransistor
QbreakP3	"
QbreakP4	"
Rbreak	Ohmscher Widerstand
Sbreak	Spannungsgeregelter Schalter
Wbreak	Stromgeregelter Schalter
XFRM Nonlinear	Nichtlinearer Magnetkern bzw. Spulenkern
ADC8break	8-Bit Analog/Digital Wandler
ADC10break	10-Bit Analog/Digital Wandler
ADC12break	12-Bit Analog/Digital Wandler
DAC8break	8-Bit Digital/Analog Wandler
DAC10break	10-Bit Digital/Analog Wandler
DAC12break	12-Bit Digital/Analog Wandler
RAM8kx8break	8k x 8 Bit statisches RAM
RAM8kx1break	8k x 1 Bit statisches RAM
ROM32kx8break	32k x 8 Bit ROM

In der Praxis sind viele Bauteile toleranzbehaftet und temperaturabhängig. Dieses kann die Simulation berücksichtigen, indem den Bauteilmodellen die entsprechenden Parameter wie Toleranzangaben und Temperaturkoeffizienten zugewiesen werden. Dazu wird das Bauteil mit der Maus markiert und mit *Model* im Menü *Edit* ein Eingabefenster geöffnet. Durch Betätigen der entsprechenden Schaltfläche „Edit Instance Model (Text)..." können die Modellparameter variiert werden.

Zu diesen „selbsterstellten" Bauteilen folgendes Beispiel:

Referenzdatei: WHEATDEM.SCH

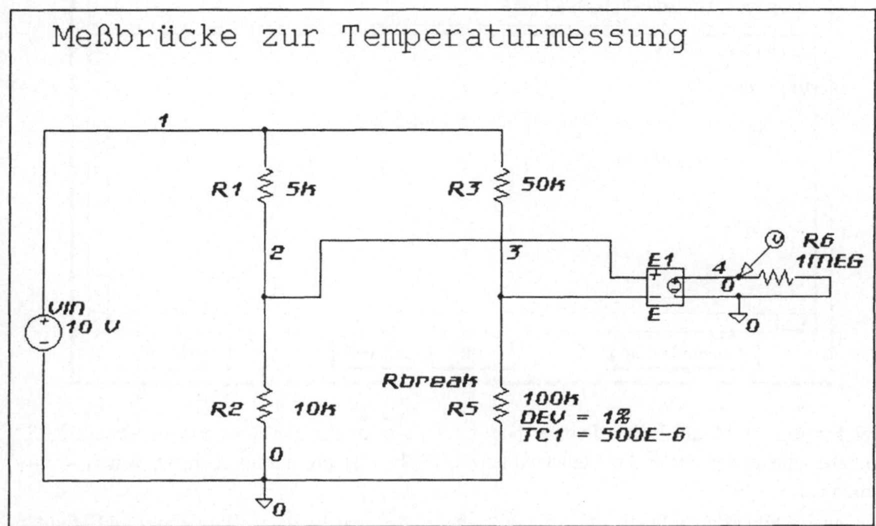

Die spannungsgesteuerte Spannungsquelle E1 repräsentiert innerhalb der Schaltung ein vereinfachtes Modell eines idealen Operationsverstärkers mit einer im Attributmenü festgelegten Verstärkung von 200 (GAIN = 200).

In dieser Wheatstoneschen Brücke ist der Widerstand R5 ein Breakout-Element. Nachdem dieser Widerstand markiert worden ist, wird mit *Edit/Model* folgendes Menüfenster geöffnet:

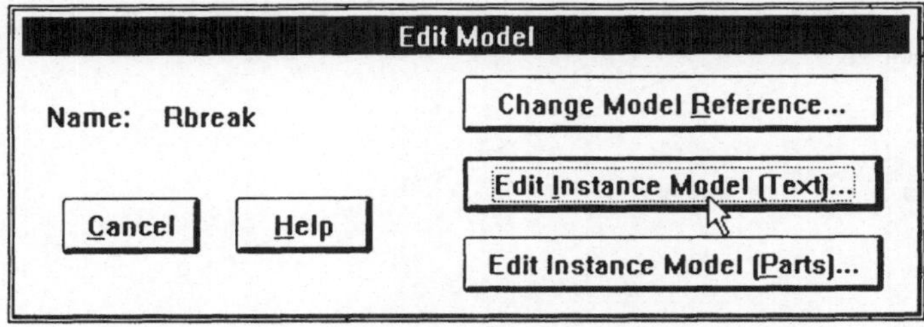

Jetzt wird „Edit Instance Model (Text)..." angeklickt, worauf das eigentliche Menüfenster zur Eingabe der anwenderspezifischen Modellparameter erscheint:

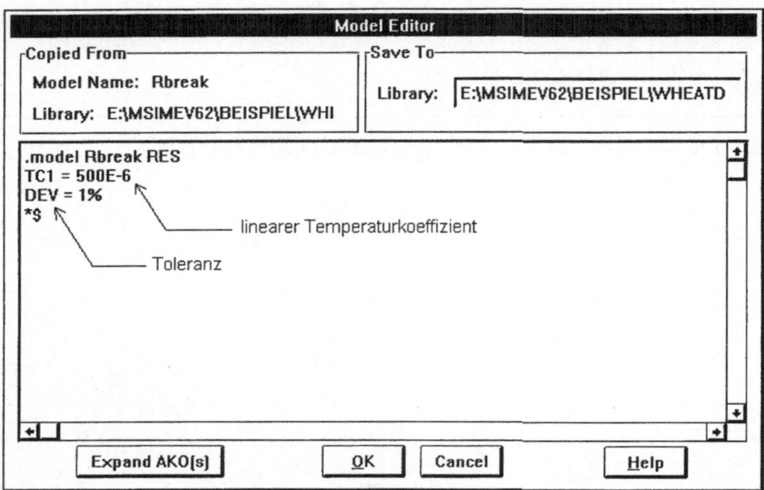

Der Eintrag im Model Editor Fenster beginnt standardmäßig mit der „.model Rbreak RES" Angabe, die ebenso wie die Steuersequenz „*$" bereits programmtechnisch schon vorgegeben ist.

Die nächsten Zeilen müssen die Toleranzangabe und den linearen Temperaturkoeffizienten des Widerstansmodelles Rbreak enthalten und sind vom Anwender über die Tastatur einzugeben.

Im Menü *Analysis/Analysis Setup* (Button ▣) wird die DC Sweep Analyse mit den entsprechenden Werten für die Temperatur eingestellt.

Das Endergebnis der Simulation sieht dann folgendermaßen aus:

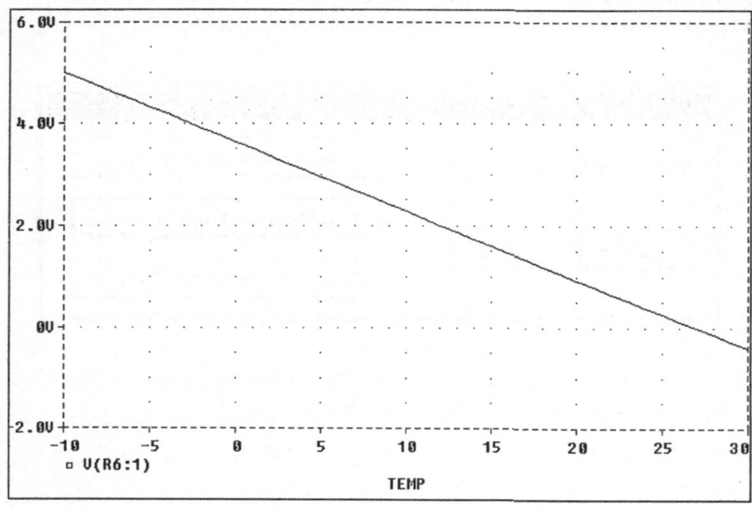

Es können je nach Bauteil eine Vielzahl von Parametern definiert werden (siehe auch Anhang Modellparameter). Hier eine kleine Auswahl für eine Diode und einen Transistor:

Diode: Bipolartransistor:

IS	Sättigungssperrstrom
BV	Durchbruchspannung
VJ	Diffussionsspannung
CJO	statische Sperrschichtkapazität bei 0V
RS	Bahnwiderstand
ISR	Rekombinationsstrom
EG	Bandabstandspannung
XTI	Temperaturexponent von IS

IS	Transportsättigungsstrom
NF	Vorwärts- Emissionskoeffizient
BF	maximale Vorwärtsverstärkung
BR	maximale Rückwärtsstromverstärkung
TF	Vorwärts-Transitzeit
XTI	IS -Temperaturexponent
KF	Funkelrauschkoeffizient

6.2.4 Die Bibliothek CONNECT

CONNECTOR	Anschluß-Pin
DB9	SUB-D Stecker (9-polig)
DB25	25 Pin-Stecker
EDGE62	62 Pin-Steckerleiste
EDGE40	40 Pin-Steckerleiste
DB25M	25 Pin-Stiftleiste (male)
male	Stecker
DB9M	9 Pin SUB-D Stecker
DB25F	25 Pol Buchse (female)
DB9F	SUB-D-Buchse (9-polig)
DIN5	5 Pin DIN Anschluß
DIN96	96 Pin DIN Anschluß

6.2.5 Die Bibliothek EVAL

Die in dieser Bibliothek enthaltenen Bauteile sind nach Datenblattangaben von Halb-
leiterherstellern spezifiziert. Eine Auswahl an marktüblichen elektronischen Bauteilen wie
Transistoren (z.B Q2N2222), Operationsverstärker (z.B. LM324) und TTL-Bausteine der 74er
Baureihe sind hier zu finden.

Zunächst folgt eine Zusammenstellung der in der Test-Version vorhandenen TTL-Bausteine
der 74er Baureihe:

NAND -Gatter:

7400	Vier NAND - Gatter mit je zwei Eingängen
7401	Vier NAND - Gatter mit je zwei Eingängen und offenem Kollektorausgang
7403	Vier NAND - Gatter mit je zwei Eingängen und offenem Kollektorausgang
7410	Drei NAND - Gatter mit je drei Eingängen
7412	Drei NAND - Gatter mit je drei Eingängen und offenem Kollektorausgang
7413	Zwei NAND - Gatter mit Schmitt - Trigger und je vier Eingängen
7420	Zwei NAND - Gatter mit je vier Eingängen
7422	Zwei NAND - Gatter mit je vier Eingängen und offenem Kollektorausgang
7426	Vier NAND - Gatter mit je zwei Eingängen und offenem Kollektorausgang
7430	NAND - Gatter mit acht Eingängen
7437	Vier NAND - Leistungsgatter mit je zwei Eingängen
7438	Vier NAND - Leistungsgatter mit je zwei Eingängen und offenem Kollektorausgang
7439	Vier NAND - Leistungsgatter mit je zwei Eingängen und offenem Kollektorausgang
7440	Zwei NAND - Leistungsgatter mit je vier Eingängen
74132	Vier NAND - Gatter mit Schmitt - Trigger und je zwei Eingängen

NOR - Gatter:

7402	Vier NOR - Gatter mit je zwei Eingängen
7423	Zwei NOR - Gatter (mit Strobe/Expander) und je 4 Eingängen
7425	Zwei NOR - Gatter mit Strobe und je 4 Eingängen
7427	Drei NOR - Gatter mit je drei Eingängen
7428	Vier NOR - Leistungsgatter mit je zwei Eingängen
7433	Vier NOR - Leistungsgatter mit je zwei Eingängen und offenem Kollektorausgang
74128	Vier 2-Eing. - NOR 50Ω Leitungstreiber

OR-GATTER:

7432	Vier OR - Gatter mit je zwei Eingängen

AND-Gatter:

7408	Vier AND - Gatter mit je zwei Eingängen
7409	Vier AND - Gatter mit je zwei Eingängen und offenem Kollektorausgang
7411	Drei AND - Gatter mit je drei Eingängen
74S11	Drei AND - Gatter mit je drei Eingängen in Schottky Bauweise

Exklusiv-OR-Gatter (Antivalenz):

7486	Vier XOR - Gatter mit je zwei Eingängen
74136	Vier XOR - Gatter mit je zwei Eingängen und offenem Kollektorausgang

Kombinationen:

7450	Zwei AND/NOR - Gatter mit je 2x2 Eingängen
7451	Zwei AND/NOR - Gatter mit je 2x2 bzw.2x3 Eingängen
7453	Zwei 2/2/2-Eing.- AND/NOR
7454	Zwei 2/2/2-Eing.- AND/NOR
7460	Zwei 4-Eing.- AND-Expander mit offenem Kollektorausgang
74265	Zwei Inverter u. zwei NAND -Gatter mit komplementären Ausgängen

Schieberegister:

7491A	8 Bit- Schieberegister (ser. Eing./ser. Ausgang)
7494	4 Bit- Schieberegister (par. Eing./ser. Ausgang)
7495A	4 Bit- Schieberegister (rechts/links; par.Eing. /par. Ausgang)
7496	5 Bit- Schieberegister (par. Eing./par. Ausg.)
74164	8 Bit- Schieberegister mit Parallelausgabe
74178	4 Bit- Schieberegister (par. Eing./par. Ausg.)
74179	4 Bit- Schieberegister (par. Eing./par. Ausg.) mit Clear
74194	4 Bit- bidirektionales Universal-Schieberegister (rechts/links, par.Eing./par. Ausgang)
74195	4 Bit- Schieberegister (par. Eing./par. Ausg.) mit Clear

Zähler:

7492A	4 Bit - Binärzähler / Teiler durch 12
7493A	4 Bit - Binärzähler
74160	Synchroner 4 Bit - Dezimalzähler (Clear)
74161	Synchroner 4 Bit - Binärzähler (Clear)
74162	Synchroner 4 Bit - Dezimalzähler
74163	Synchroner 4 Bit - Binärzähler
74176	Programmierbarer asynchroner Dezimalzähler (35MHz)
74177	Asynchroner 4 Bit - Binärzähler mit Preset
74190	Synchroner Vorwärts-/Rückwärts - Dezimalzähler
74196	50/30/100-MHz programmierbarer asynchroner Dezimalzähler
74197	50/30/100-MHz programmierbarer asynchroner 4 Bit - Binärzähler (vorwärts)
74290	Asynchroner 4 Bit - Dezimalzähler (vorwärts)
74293	Asynchroner 4 Bit - Binärzähler (vorwärts)
74390	Zwei asynchrone 4 Bit - Dezimalzähler
74393	Zwei asynchrone 4 Bit - Binärzähler
74490	Zwei 4 Bit - Dezimalzähler

Inverter:

7404	Sechs Inverter
7405	Sechs Inverter mit offenem Kollektorausgang
7414	Sechs Inverter mit Schmitt Trigger
7406	Sechsfache invertierende Treiberstufe mit offenem Kollektorausgang (30 V)
7416	Sechsfache invertierende Treiberstufe mit offenem Kollektorausgang (15 V)

Treiberstufen:

7407	Sechsfache Treiberstufe mit offenem Kollektorausgang (30V)
7417	Sechsfache Treiberstufe mit offenem Kollektorausgang (15 V)
74125	Vier Bus - Leitungstreiber (Tri-State)
74126	Vier Bus - Leitungstreiber (Tri-State)
74365A	Sechs Bus - Leitungstreiber mit Tri State Ausgang
74366A	Sechs Bus - Leitungstreiber mit Tri State Ausgang
74367A	Sechs Bus - Leitungstreiber mit Tri State Ausgang
74368A	Sechs Bus - Leitungstreiber mit Tri State Ausgang
74425	Vier Bus - Treiber mit Tri State Ausgang
74426	Vier Bus - Treiber mit Tri State Ausgang

Konverter & Dekoder:

7442A	4 Bit BCD zu Dezimal - Konverter
7443A	Excess 3 zu Dezimal- Konverter
7444A	Excess 3 Gray zu Dezimal Dekoder
7445	BCD-zu-Dezimal Dekoder/Treiber (30V Ausgang)
7446A	BCD-zu 7-Segment Dekoder/Treiber mit offenem Kollektorlausgang
7448	BCD-zu 7-Segment Dekoder/Treiber
7449	BCD-zu 7-Segment Dekoder/Treiber mit offenem Kollektorausgang
74147	Dezimal-zu-BCD Prioritätsenkoder
74148	8 aus 3 Dekoder
74184	BCD zu Binär-Codeumsetzer mit offenem Kollektorausgang
74185A	BCD zu Binär-Codeumsetzer mit offenem Kollektorausgang
74246	BCD zu 7-Segment Decoder/Treiber mit offenem Kollektorausgang (30V)
74248	BCD zu 7-Segment Decoder/Treiber
74249	BCD zu 7-Segment Decoder/Treiber mit offenem Kollektorausgang

Multiplexer/Demultiplexer:

74151A	8 zu 1 Multiplexer (Datenselektor)
54152A	8 zu 1 Multiplexer (mit Negation)
74153	Zweifacher 4 zu 1 Multiplexer
74154	4 Bit Decoder / Demultiplexer (4 zu 16)
74155	Zweifacher 2 Bit-Binärdekoder/Demultiplexer (2 zu 4)
74156	Zweifacher 2 Bit-Binärdekoder/Demultiplexer mit offenem Kollektorausgang (2-zu-4)
74157	Vier 2 zu 1-Multiplexer
74159	4 zu 16 Dekoder/Demultiplexer mit offenem Kollektorausgang
74251	8 zu 1 Multiplexer
74298	Vier 2 zu 1 Multiplexer mit Ausgangsspeicher
74351	Zwei 8 zu 1 Multiplexer

Flip-Flops / Monoflops:

7470	JK-Flipflop (Preset, Clear)
7472	JK-Master-Slave Flipflop (Preset, Clear); impulsgetriggert
7473	Zwei JK-Flipflops (flankengetriggert) mit Clear
7474	Zwei D-Flipflops mit Komplementärausgängen
7475	Vier Latches mit Komplementärausgängen

Tabelle Fortsetzung

7476	Zwei JK-Flipflops (Preset,Clear); impulsgetriggert
7477	Bistabiles 4 Bit - Latch
74100	Zwei 4 Bit - Latches
74107	Zwei JK- Flipflops (Clear); flankengetriggert
74109	Zwei $J\overline{K}$ - Flipflops (Preset,Clear), positiv flankengetriggert
74110	Zwei JK - Master-Slave Flipflops (Preset, Clear, JK-Sperre)
74111	Zwei JK - Master-Slave Flipflops (Preset, Clear, JK-Sperre)
74121	Monostabiler Multivibrator (Monoflop) mit Schmitt-Trigger Eingang
74122	Retriggerbares Monoflop
74123	Zwei retriggerbare Monoflops
74173	4 Bit D - Flipflop mit Tri State Ausgang
74174	Sechs D - Flipflop (gemeins. Takt und Clear)
74175	Vier D - Flipflops (gemeins. Takt und Clear) mit Komplementärausgängen
74259	8 Bit D - Latch (3 Bit-Adress-Eing.; Clear; Enable)
74273	Acht D - Flipflops mit gemeinsamem Takt und Clear
74276	Vier $J\overline{K}$ - Flipflops mit gemeinsamem Preset und Clear
74278	Kaskadierbares 4 - Bit - Prioritäts-Latch
74279	Vier $\overline{RS}$ - Flipflops
74376	Vier $J\overline{K}$ - Flipflops

Addierer:

7482	2 Bit - Volladdierer
7483A	4 Bit - Volladdierer mit schnellem Übertrag
74283	4 Bit - Volladdierer mit schnellem Übertrag

Komparatoren:

| 7485 | 4 Bit - Komparator |

Spezial TTL´s:

74180	9 Bit - Paritätsgenerator / 8 Bit- Paritätsprüfer
74181	4 Bit - ALU / Funktionsgenerator
74182	Übertrageinheit für Zähler (Look ahead carry generator)

Zusammenstellung der restlichen Bauteile in der Bibliothek EVAL.SLB:

2N1595	Thyristor 50V 1A
2N5444	TRIAC 200V 40A
D1N750	Zener Diode Durchbruchsspannung: 4,7V Leistung: 0,4 W
MV2201	Kapazitätsvariationsdiode
D1N4002	Universal - Silizium Diode 1A Sperrspannung: 100V
D1N4148	Si - Planar- Diode 100mA Sperrspannung: 100V
MBD101	Diode Durchbruchsspannung: 100V
IRF150	n-Kanal Anreicherungs - Power MOSFET $V_{DS} = 100V \quad I_D = 32A \quad R_{DS} = 0,06\Omega$
IRF9140	p-Kanal Anreicherungs - MOSFET HEXFET Leistungstransistor $V_{DS} = -100V \quad I_D = -19A \quad R_{DS} = 0,2\Omega$
J2N3819	n-Kanal Verarmungs - JFET Anwendung: Mehrfachverstärker 25V 10mA Verstärkung B = 2.....6,5
J2N4393	n-Kanal Verarmungs - JFET Schalttransistor mit niedriger Leistung 40V 50mA $R_{DS} < 100\Omega$
LM324	Low-Power-Vierfach Operationsverstärker Betriebsspannung $U_B = \pm 1,5V.....\pm 16V$ Leerlaufverstärkung $V_0 = 90$ dB Mittlerer Eingangsruhestrom $I_0 < 250nA$
LF411	JFET Eingangs- Operationsverstärker Betriebsspannung $U_B = \pm 18V$ Leerlaufverstärkung $V_0 = 100$ dB

Tabelle Fortsetzung

µA741	Universal-Operationsverstärker Betriebsspannung $U_B = \pm 3V$ .... $\pm 16V$ Leerlaufverstärkung $V_0 = 100$ dB Mittlerer Eingangsruhestrom $I_0 < 500$ nA
LM111	Spannungskomparator Betriebsspannung $U_B = \pm 18V$
Q2N2222	NPN -Schnellschalttransistor max. 30V max. 800mA Stromverstärkung B = 256 Verlustleistung $P_{TOT} = 500$mW
Q2N2907A	PNP -Schnellschalttransistor max. 60V max. Kollektorstrom 600mA Stromverstärkung B = 232 Verlustleistung $P_{TOT} = 500$mW Komplementär zu Q2N2222A
Q2N3904	NPN -Schnellschalttransistor max. 40V max. 200mA Stromverstärkung B = 416
Q2N3906	PNP -Schnellschalttransistor max. 40V max. 200mA Stromverstärkung B = 180 Komplementär zu Q2N3904
A4N25	Optokoppler $U_{CE\,max} = 30V$ / 80 mA LED Vorwärtsstrom
K3019PL_3C8	Nichtlinearer magnetischer (Spulen)-Kern
K502T300_3C8	Nichtlinearer magnetischer (Spulen)-Kern
K528T500_3C8	Nichtlinearer magnetischer (Spulen)-Kern
KRM8PL_3C8	Nichtlinearer magnetischer (Spulen)-Kern
555D	Mixed A/D Timerbaustein
Sw_tclose	Schalter, der zeitverzögert schließen kann
Sw_open	Schalter, der zeitverzögert öffnen kann
PAL20RP4B	PAL

6.2.6 Die Bibliothek PORT

AGND	Analoge Masse (analog ground)
EGND	Erde (earth ground)
+5V	+5V „Anschluß-Ring"
-5V	-5V „Anschluß-Ring"
BUBBLE	Connection bubble ("Anschluß-Ring")
GLOBAL	Allgemeine Steckverbindung (global connector)
OFFPAGE	Offpage counter
IF_IN	Interface input port (Signalzuweisung für Unterschaltpläne)
IF_OUT	Interface output port (Signalzuweisung für Unterschaltpläne)
INTERFACE	Interface port (Signalzuweisung für Unterschaltpläne)
HI	Digitaler High-Anschluß (digital HI port)
LO	Digitaler Low-Anschluß (digital LO port)
NC	Digitaler verbindungsloser Anschluß (digital no-connect port)
X	Digital X port
EXTERNAL_IN	Allgemeine Steckverbindung
EXTERNAL_OUT	Allgemeine Steckverbindung
EXTERNAL_BI	Allgemeine Steckverbindung (bidirektional)
GND_ANALOG	Analoge Masse (analog ground)
GND_EARTH	Masse, Erde (earth ground)

6.2.7 Die Bibliothek SOURCE

Diese Library enthält die Spannungsquellen und die Stromquellen:

ISTIM	Stromquelle für den Stimulus -Editor (StmED)
VSTIM	Spannungsquelle für den StmEd
DigStim	Digitale Stimulusquelle für den StmEd
DigClock	Digitaler Stimulus Taktgenerator
FileStim	Digitaler Stimulus aus einer Datei
IAC	Einfache AC - Stromquelle
IDC	Einfache DC - Stromquelle
IEXP	Exponentiell abklingende Stromquelle
IPULSE	Impulsstromquelle
IPWL_ENH	Erweiterte stückweise lineare Stromquelle
IPWL_FILE	Aus einer Datei konfigurierbare stückweise lineare Stromquelle

Tabelle Fortsetzung

IPWL	Stückweise lineare Stromquelle
ISFFM	Frequenzmodulierbare Stromquelle
ISIN	Sinusstromquelle
ISCR	Universelle Stromquelle (AC, DC, Transient kann spezifiziert werden)
STIM1	Digitaler Stimulus Einfachknoten (single node)
STIM4	Digitaler Stimulus 4-Bit Knoten
STIM8	Digitaler Stimulus 8-Bit Knoten
STIM16	Digitaler Stimulus 16-Bit Knoten
VEXP	Exponentiell abklingende Spannungsquelle
VPULSE	Impulsspannungsquelle
VPWL_ENH	Erweiterte stückweise lineare Spannungsquelle
VPWL_FILE	Aus einer Datei konfigurierbare stückweise lineare Spannungsquelle
VPWL	Stückweise lineare Spannungsquelle
VSFFM	Frequenzmodulierbare Spannungsquelle
VSIN	Sinusspannungsquelle
VSRC	Universelle Spannungsquelle (AC, DC, Transient kann spezifiziert werden)
VAC	Einfache AC Spannungsquelle
VDC	Einfache DC Spannungsquelle, Batterie

6.2.8 Die Bibliothek SPECIAL

CD4000_PWR	Definierbare Versorgungsspannung für CMOS-Schaltungen
DIGIFPWR	Definierbare Versorgungsspannung für Digitalschaltungen
ECL_100K_PWR	Definierbare ECL-Versorgungsspannung (100k)
ECL_10K_PWR	Definierbare ECL-Versorgungsspannung (10k)
IC1	Wird benötigt, um Anfangsbedingungen für einen Knoten festzulegen
IPRINT	.PRINT "Strom-Symbol" zur Ausgabe von Simulationsergebnissen in der *.OUT Datei
IPLOT	.PLOT "Strom-Symbol" zur Ausgabe von Simulationsergebnissen
IPROBE	Zeigt Zweigströme nach Simulation direkt im Schaltbild an
NODESET1	Wird benötigt, um einen geschätzten Knotenspannungswert zur Optimierung einzustellen
NODESET2	Wird benötigt, um einen geschätzten Knotenspannungswert zwischen 2 Knoten zur Optimierung einzustellen
OPTPARAM	Wird benötigt, um die Systemparameter für einen Optimierungsprozeß festzulegen

Tabelle Fortsetzung

PARAM	Parametersymbol zur Eingabe von Schaltungselementparametern
PRINT1	.PRINT "Symbol" für Werteausgaben in der *.OUT Datei
PRINTDGTLCHG	.PRINT "Symbol" für digitale Ausgangsvariablen
readme	Ermöglicht, umfangreichere Kommentartexte aus dem Schaltplan heraus aufzurufen
TITLEBLK	Titelblock
UNKNOWN	Platzhaltersymbol für noch unbekannte Schaltungselemente
VECTOR	Markierungsvektor, um digitale Zustände zu sichern
VIEWPOINT	Zeigt Knotenspannungen nach Simulation direkt im Schaltbild an
WATCH1	Überwachung digitaler Zustände
VPRINT1	Spannungssymbol zur numerischen Ausgabe von Simulationsergebnissen in *.OUT Dateien
VPRINT2	Spannungssymbol zum Anschluß an 2 Knoten zur numerischen Ausgabe von Simulationsergebnissen in *.OUT Dateien
VPLOT1	Spannungssymbol zur Ausgabe von Simulationsergebnissen als Zeilenplot in *.OUT Dateien
VPLOT2	Spannungssymbol zum Anschluß an 2 Knoten zur Ausgabe von Simulationsergebnissen als Zeilenplot in *.OUT Dateien
IPRINT 1	Stromsymbol zur numerischen Ausgabe von Simulationsergebnissen in *.OUT Dateien
IPLOT	Stromsymbol zur Ausgabe von Simulationsergebnissen als Zeilenplot in *.OUT Dateien
INCLUDE	Wird gebraucht, um eine PSpice Include Datei zu spezifizieren
LIB	Wird benötigt, um in SCHEMATICS eine Bibliotheksdatei zuzuweisen

Als besonders hilfreich haben sich bei der Entwicklung von Analogschaltungen die Symbole VIEWPOINT und IPROBE erwiesen (vgl. auch WATCH1 für Digitalschaltungen). Sie zeigen Knotenspannungen und Zweigströme nach den Simulationsläufen direkt im Schaltbild an.

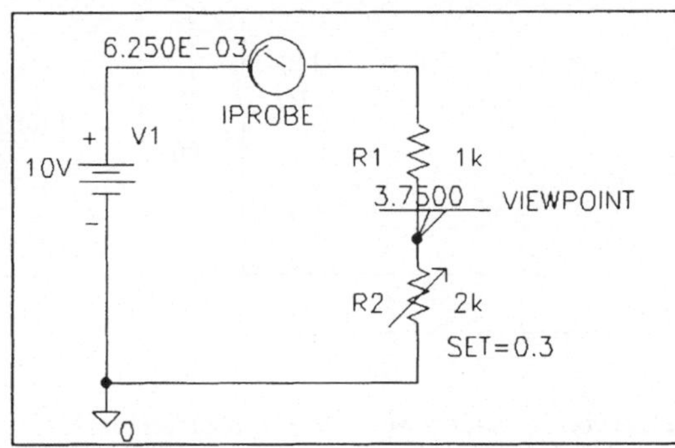

7   Marker

Auf die Knoten, die später im Programmmodul PROBE analysiert werden sollen, werden soge-
nannte Marker gesetzt. Im Menü *Markers* kann zwischen einem einfachen Spannungsmarker
(*Mark Voltage / Level*), einem Differentialmarkerpaar (*Mark Voltage Differential*) und einem
Strommarker (*Mark Current Into Pin*) ausgewählt werden.

Mark Voltage Level:

In PROBE wird die Spannung zwischen dem markierten Punkt und der Masse dargestellt.

Mark Voltage Differential:

Es wird die Spannungsdifferenz zwischen zwei Schaltungsknoten in PROBE dargestellt.

Mark Current Into Pin:

Durch diesen Strommarker zeigt PROBE den Strom, der in ein Bauteil hineinfließt, an. Das
Bauteil darf allerdings kein Block oder Makromodell (z.B. Operationsverstärker) sein. Der
Marker muß direkt an den Anschlußpin gesetzt werden. Wird er falsch plaziert, so erscheint
die Fehlermeldung:

> [8046] : Current marker will be ignored (not on a 2,3 or 4 terminal PSpice device)

Es ist bei Zweipolen nicht gleichgültig, an welchem Bauteilanschluß sich der Strommarker
befindet. Dieses soll folgendes Demonstrationsbeispiel verdeutlichen:

Referenzdatei : STROMMAR.SCH

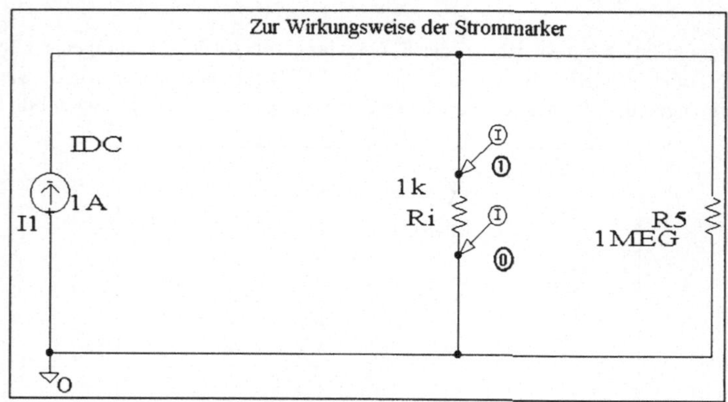

An die beiden Anschlüsse von R_i wurde jeweils ein Strommarker plaziert.

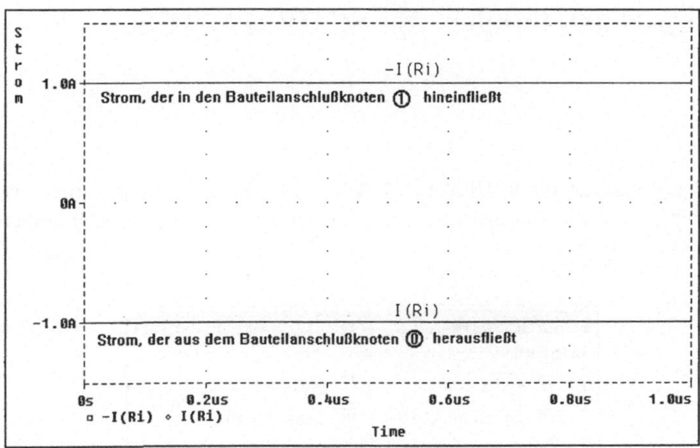

Die PROBE-Grafik zeigt deutlich, daß je nach Plazierung des Strommarkers die Funktionsbeschriftung als „-I" oder „I" dargestellt wird. Die aus den Bauteilanschlüssen austretenden Ströme werden auf der Ordinate als negative Werte aufgetragen, während hineinfließende Ströme stets im positiven Bereich der Ordinate erscheinen.

Abhängig von der internen Bauteilpinnummerierung des Anschlußkontaktes, an den der jeweilige Strommarker plaziert wurde, wird die Funktionsbeschriftung von PROBE durch ein positives oder durch ein negatives Vorzeichen gekennzeichnet. Soll z.B. der in einen Widerstand hineinfließende Strom analysiert werden, so ist diese Kennzeichnung davon abhängig, ob der Widerstand in „Normalposition" oder um 180 Grad gedreht in das Schaltbild eingefügt wurde.

Da Strommarker nur an Bauteilanschlüsse gesetzt werden dürfen, ist die Strombestimmung auf einem Leitungsabschnitt ohne Bauteilkomponenten nicht möglich. Eine Abhilfe bietet die Verwendung von sogenannten Nullspannungsquellen. Eine Anwendung hierzu befindet sich im Kapitel „Untersuchungen anhand von Standardschaltungen" in der Beispielschaltung „Symmetrisches Netz mit einphasigem Erdschluß".

Spezielle Marker finden sich im Menü *Markers/Mark Advanced...* die es ermöglichen, verschiedene Größen (z.B. Betrag oder Phase) eines Signals darzustellen.

VDB, IDB	→	Betrag in Dezibel
VPHASE , IPHASE	→	Phase
VREAL , IREAL	→	Realteil
VIMAGINARY , IIMAGINARY	→	Imaginärteil
VGROUPDELAY, IGROUPDELAY	→	Gruppenlaufzeit
POLARIS	→	EMV -Untersuchungen

8 Setup-Einstellungen von SCHEMATICS

Die Grundeinstellungen für SCHEMATICS können im Menü *Options* variiert werden. Im Wesentlichen erfolgt die Neueinstellung mit den Untermenüs *Display Options* und *Editor Configuration*:

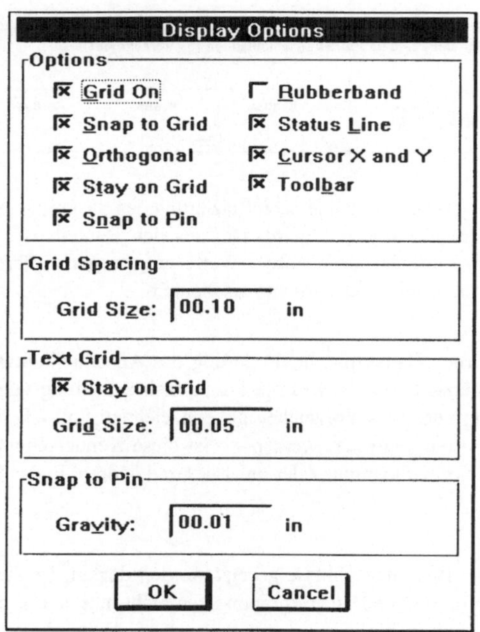

Grid On :

Bestimmt, ob die Gitternetzpunkte als Zeichenhilfe eingeschaltet sein sollen oder nicht.

Snap to Grid:

Ist dieser Schalter aktiviert, erscheint die Bewegung des Bauteils bei weit auseinanderliegenden Gitternetzpunkten diskontinuierlich, im ausgeschalteten Zustand kontinuierlich.

Orthogonal :

Im aktivierten Zustand können Leitungen nur horizontal oder vertikal verlegt werden.

Stay on Grid:

Ist dieser Schalter aktiv, so können Bauteile und Leitungen nur auf den Gitterpunkten plaziert werden.

Rubberband :

Markierte Bauteile oder Schaltungssegmente können bei aktiviertem Schalter unter Beibehaltung ihrer Leitungsverbindungen mit der Maus verschoben werden. Die Leitungen verhalten sich wie „Gummibänder".

Snap to Pin:

Diese Funktion sorgt dafür, daß z.B. Bauteilanschlüsse beim Verdrahtungsvorgang auch dann sicher verbunden werden, wenn der Anschlußpunkt nicht genau getroffen wird.

Status Line :

Stellt bei Bedarf die Statuszeile am unteren Fensterrand dar.

Cursor X and Y :

Je nach Einstellung wird die x-y Cursorposition in der Statuszeile angezeigt.

Toolbar:

Schaltet die Buttonleiste an oder aus.

Grid Spacing :

Legt den Abstand der Gitterpunkte fest.

Text Grid :

Festlegung des Gitterpunktabstandes für Texteingaben.

Snap to Pin Gravity:

Änderung der Qualität des Kontaktierungsfangmodus.

In dem Menü *Options/Editor Configuration* kann beispielsweise eine automatische Sicherung des Stromlaufplanes (*Autosave Interval*), eine Auswahl des Titelblock-Symbols für den Symbol Editor, eine Umschaltung auf Monochrombildschirme oder eine Abänderung der Standardschriftart (Fonts) vorgenommen werden.

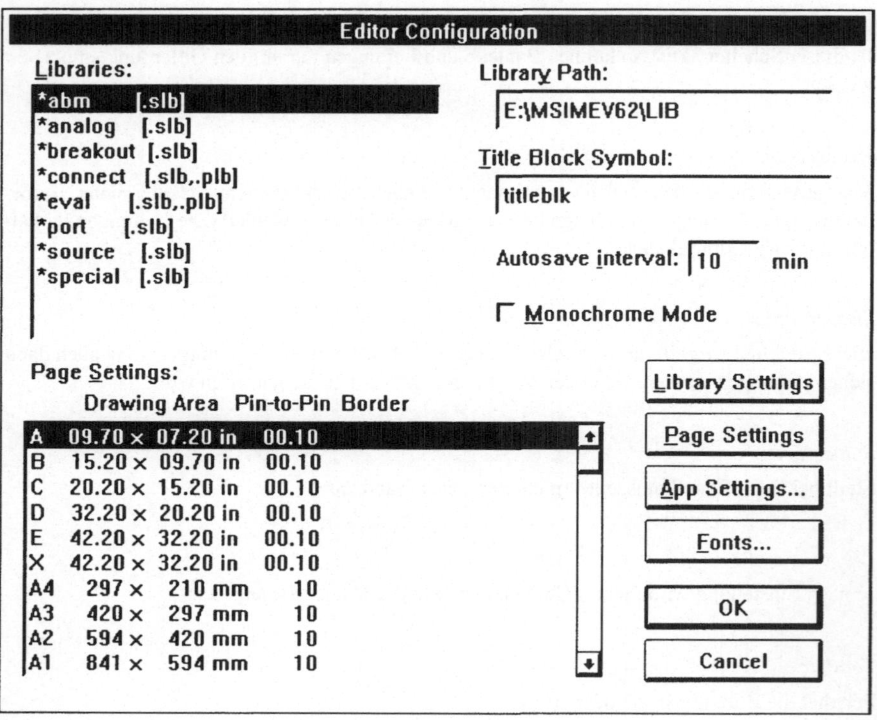

Mit der *Auto-Repeat* Funktion des *Options* Menüs kann festgelegt werden, ob durch die Leertaste der zuletzt ausgeführte Befehl wiederholt werden soll. Die *Auto-Naming*-Funktion regelt die selbständige Vergabe von Bauteilbezeichnungen. Eine Abänderung der Bauteilbezeichnung ist später im Attributmenü des jeweiligen Bauteils jederzeit möglich.

9 Auswahl der Simulationsarten

9.1 Das *Analysis/Setup* Menüfenster

In *Setup* des Menüs *Analysis* (Button 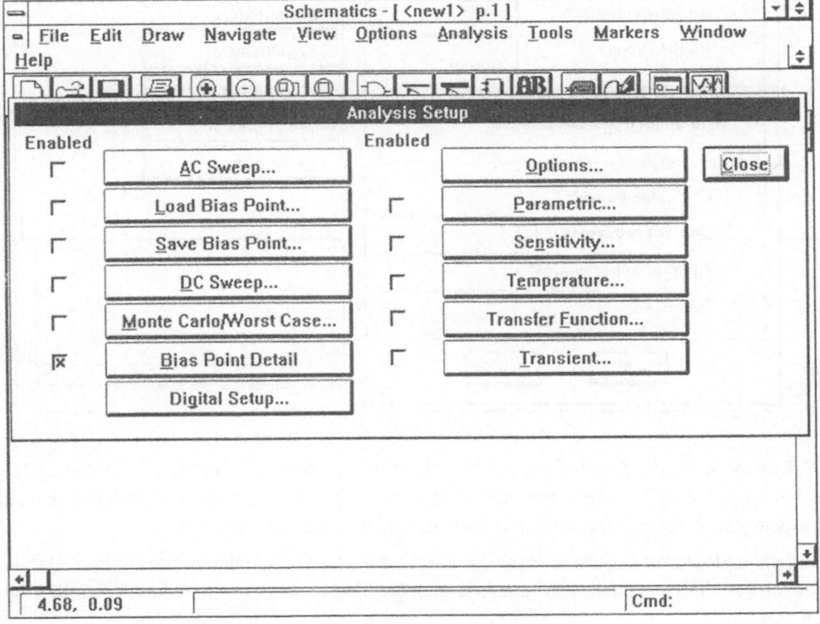) kann zwischen verschiedenen Analyseverfahren gewählt werden. Die Auswahl erfolgt durch Ankreuzen des entsprechenden Kästchens:

Durch Betätigen der entsprechenden Tastenfelder können in einem Menüfenster die Parameter für die gewählte Analyseart voreingestellt werden. In den folgenden Kapiteln wird darauf noch eingehend Bezug genommen.

Die am häufigsten verwendeten Analysearten sind sicherlich die Transientenanalyse, sowie die AC Sweep- und DC Sweep-Analysen.

9.2 Transientenanalyse (Analyse im Zeitbereich)

Die Spannungen, Ströme und digitalen Schaltungszustände werden bei der Transientenanalyse in Abhängigkeit von der Zeit berechnet.

Anklicken des Tastenfeldes „Transient" eröffnet ein Fenster zur Einstellung weiterer Analyseparameter:

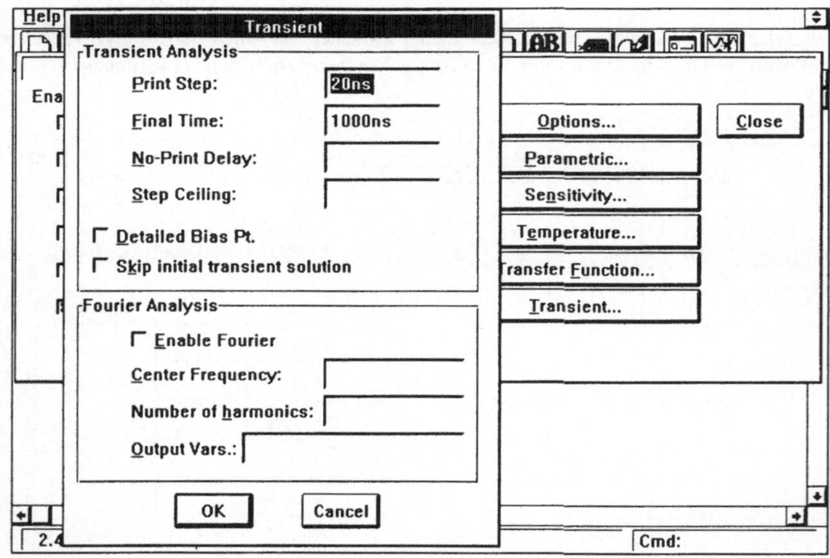

Die Schrittweite für die Darstellung der Simulationsergebnisse in den *.OUT Ausgabedateien wird bei „Print Step" eingetragen. Diese stimmt nicht mit der internen Berechnungszeitschrittweite, die PSpice während der Transientenanalyse ausführt, überein.

Außerdem legt die eingegebene Print Step Schrittweite die Standardwerte einiger Quellenparameter fest, falls in den Attributmenüs der Quellen vom Anwender keine Werte eingegeben wurden.

Diese Eigenschaft wird deshalb gesondert erwähnt, weil daraus erfahrungsgemäß eine häufige Fehlerquelle resultiert. Der Kurvenverlauf der Signalquelle wird in seiner Charakteristik durch Übernahme der Standardwerte oft entscheidend verändert. (vgl. Kapitel „Beschreibung der zur Verfügung stehenden Quellen" , Standardwert TSTEP)

Die Simulationsergebnisse werden aufgrund der eingegebenen Print Step Schrittweite in der Ausgabedatei *.OUT als eine Auflistung von Zahlenwerten ausgegeben. Die Wirkungsweise der Print Step Schrittweite zeigt das folgende Beispiel. In der Schaltung ist das Symbol VPRINT1 der Bibliothek PORT.SLB wie ein Marker an die entsprechende Stelle plaziert worden. Beispiel:

___*Referenzdatei:* STEP.SCH

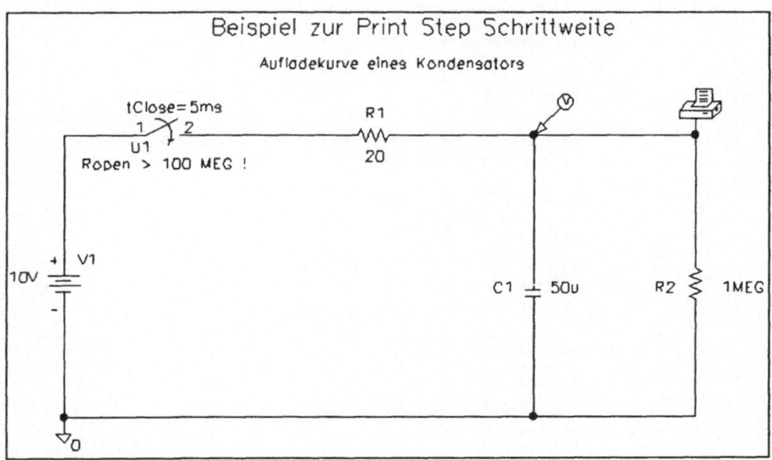

Das Setup Menü für die Transientenanalyse wird entsprechend nachstehender Abbildung eingestellt:

Die eingestellte Print Step Schrittweite von 1ms wird auch in der Ausgabedatei STEP.OUT bestätigt, wenn das Menü *Analysis/Examine Output* aufgerufen wird:

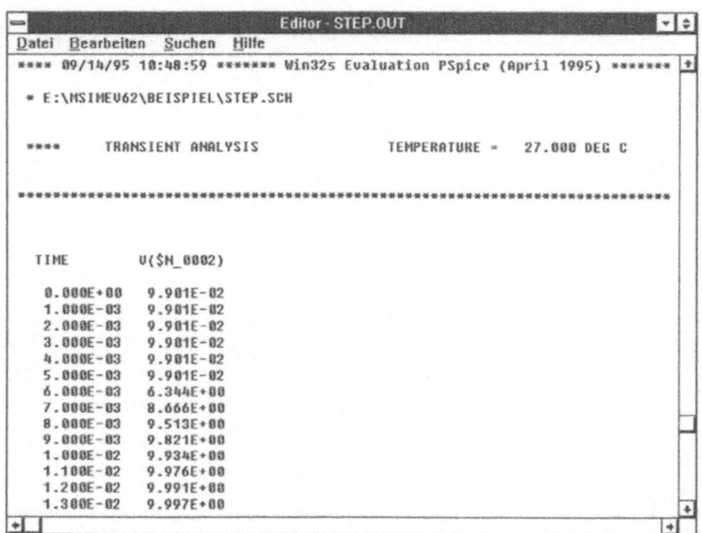

Wie bereits erwähnt, dienen die intern berechneten Punkte als Grundlage für die grafische Ausgabe unter PROBE, während die in der *.OUT Datei aufgelisteten Werte lediglich eine Teilmenge davon ausmachen.

Alle von PSpice intern berechneten Punkte können durch Aktivieren des „Mark Data Points" Schalters im PROBE Menü *Tools/Options* oder durch Betätigen des Buttons ⌐ im Diagramm sichtbar gemacht werden.

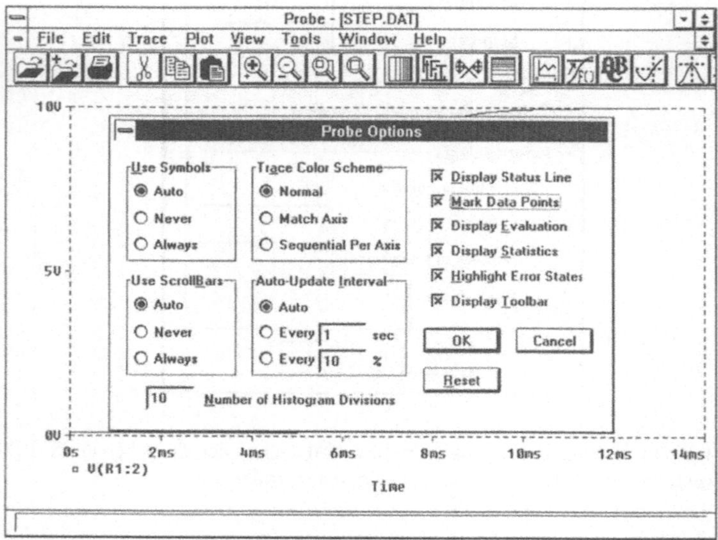

Aus dem nachstehenden Diagramm wird deutlich, daß PROBE die berechneten Datenpunkte mit Geraden verbindet.

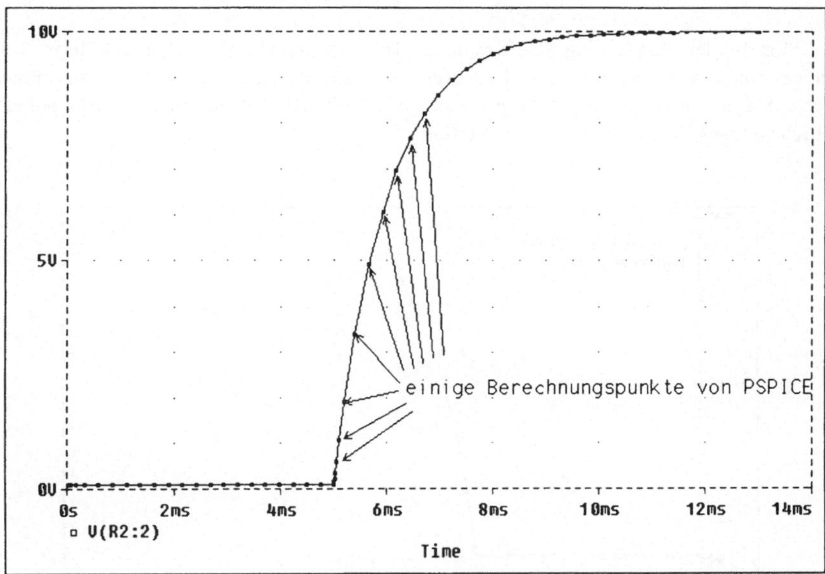

Weiterhin ist aus den in der Kurve markierten Berechnungspunkten ersichtlich, daß die Transientenschrittweite variiert. Der PSpice-Simulator berechnet eine analoge Schaltung mit Hilfe von nichtlinearen Netzwerkgleichungen. Diese Gleichungen sollen das tatsächliche Schaltungsverhalten möglichst genau beschreiben. PSpice benutzt zur Lösung dieser Gleichungen das iterative Newton Raphson Verfahren. Die Iteration ist ein Verfahren der schrittweisen Annäherung an die Lösung der Netzwerkgleichung, wobei derselbe Rechenvorgang solange wiederholt unter Einbeziehung des vorhergehenden Rechenergebnisses abläuft, bis eine vorgegebene Toleranzfehlergrenze unterschritten wird.

Bei „Step Ceiling" wird die interne Rechenschrittweite auf einen maximal zulässigen Zeitwert begrenzt. Ergeben sich in der grafischen Auswertung mit PROBE beispielsweise bei einer Sinuskurve keine abgerundeten Kurvenverläufe, so kann die Step Ceiling Schrittweite verringert und dadurch ein „Glätten" in der Kurvendarstellung bewirkt werden. Wird hier kein Wert eingetragen, so berechnet das Programm einen Standardwert durch Division des „Final Time" Wertes durch 50.

Eine Reduzierung der maximalen Rechenschrittweite auf einen Wert unterhalb des Default-Wertes erhöht also die Ausgabequalität der PROBE-Grafik aufgrund der größeren Menge von errechneten Datenpunkten aber leider auch die Rechenzeit. Das letzte Diagramm macht deutlich, daß die maximale Schrittweite von 13ms / 50 = 0.26ms (Default-Wert) niemals überschritten wird.

Eine Erhöhung der maximalen Rechenschrittweite kann zum Abbruch der Simulation aufgrund von Konvergenzproblemen führen. Abhilfemaßnahmen sind explizit im Kapitel „Konvergenzprobleme" beschrieben.

Bei Erhöhung der Step Ceiling Schrittweite auf 1ms bezogen auf obengenanntes Beispiel der Kondensatoraufladekurve erscheint die Kurve aus einzelnen Geradenabschnitten zusammengesetzt und in ihrem Verlauf weniger abgerundet. PROBE hat zur linearen Interpolation deutlich weniger Datenstützpunkte zur Verfügung.

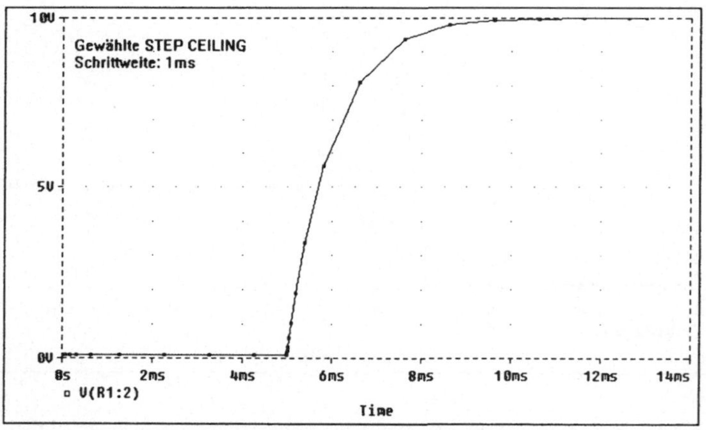

Bei „Final Time" wird der Endwert des Zeitbereiches eingetragen, der durch die Transientenanalyse untersucht werden soll.

„No-Print Delay" startet die Werteausgabe mit einer Zeitverzögerung.

PSpice beginnt mit der Simulation in jedem Fall bei t=0s. Wird die Funktion No-Print Delay aktiviert, so hat dieses hat zur Folge, daß die errechneten Werte bis zum eingetragenen Zeitpunkt nicht gesichert werden. Die spätere Auswertung beginnt erst nach dieser Zeit, da erst ab hier Daten zur Verfügung stehen. Mit dieser Funktion ist es z.B. möglich, in der grafischen Auswertung durch PROBE Einschwingvorgänge auszublenden.

„Bias Point Detail" gibt bei Aktivierung in der *.OUT Datei detaillierte Informationen über die von PSpice durchgeführte Arbeitspunktermittlung.

„Skip initial transient solution" läßt PSpice bei Aktivierung den Vorgang der Arbeitspunktanalyse überspringen. Das Programm setzt alle Anfangswerte zu Null und greift allein auf zuvor in der Schaltung mit Hilfe der Symbole IC1 bzw. IC2 aus der Bibliothek SPECIAL.SLB festgelegte Anfangsbedingungen zurück.

Hinweis:

Print Step　　➜　Schrittweite nur für die Darstellung der Simulationsergebnisse in den
*.OUT Ausgabedateien.

➜　Beeinflußt die Standardwerte der Quellenparameter.

➜　Hat keinen Einfluß auf die interne Rechenschrittweite.

Step Ceiling　➜　Maximal zulässige interne Rechenschrittweite

➜　Ohne Eintrag wird automatisch eine maximal zulässige Schrittweite
mittels Division des Final Time Wertes durch 50 errechnet.

➜　Ein Verringern von Step Ceiling unterhalb des Default-Wertes bewirkt
eine Erhöhung der Auflösung des Kurvenverlaufes, verlängert aber die
Rechenzeit.

➜　Ein Erhöhen von Step Ceiling über den Default-Wert verringert die Auflösung, kann aber zu Konvergenzproblemen führen.

Es besteht die Möglichkeit, von PSpice nach erfolgreicher Transientenanalyse vom Programm
eine Fourieranalyse der berechneten Signale durchführen zu lassen. Aus einer periodischen
Schwingung wird dabei standardmäßig die 1. bis 9. Harmonische sowie der Gleichanteil
berechnet.

Enable Fourier: Der Modus Fourieranalyse wird eingeschaltet.

Center Frequency: Hier benötigt PSpice die Angabe der Grundwellenfrequenz.

Number of harmonics: Festlegung der gewünschten Anzahl der zu berechnenden Harmonischen (Oberwellen). Fehlt hier eine Angabe, so wird automatisch bis zur 9. Harmonischen
berechnet.

Output Vars.: Spezifizierung des mittels der Fourierzerlegung zu analysierende Ausgangs-
signals.

Ein Anwendungsbeispiel zur Fourieranalyse findet sich im Kapitel „Untersuchungen anhand
von Standardschaltungen".

9.3 AC Sweep- und Rauschanalyse

Untersucht wird bei dieser Analyseart das Verhalten eines Netzwerkes, das mit sinusförmigen Quellen gespeist wird und frequenzabhängige Bauteile enthält. Es lassen sich Frequenzgänge, Grenzfrequenzen, Übertragungsfunktionen, Verstärkungen, Dämpfungsfaktoren u.ä. untersuchen.

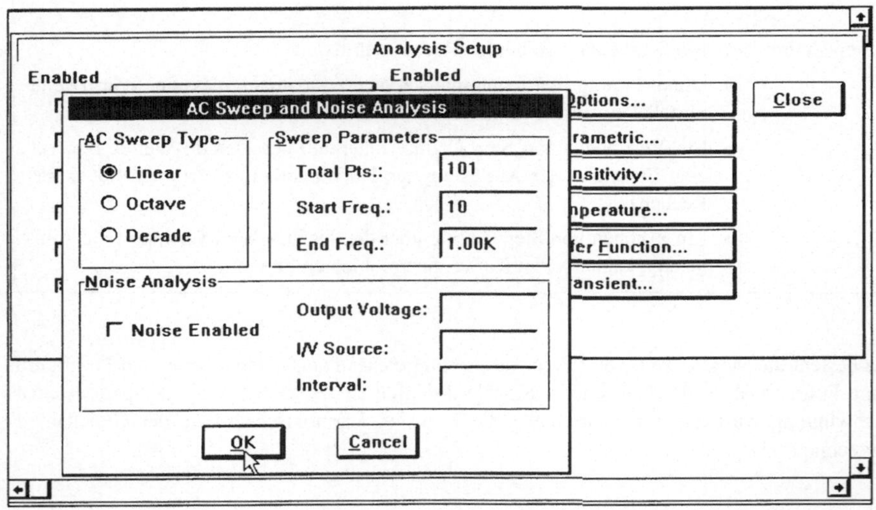

Exemplarisch wurde in dem Einführungsbeispiel dieser Dokumentation eine AC Sweep Analyse mit einem RLC-Reihenschwingkreis durchgeführt.

Hinweis:

Voraussetzung für die AC Sweep Analyse ist eine Wechselspannungs- bzw. Wechselstromquelle (z.B. VAC, IAC, VSCR, ISCR, VSIN und ISIN). Dabei muß der im Attributmenü eingetragene Wert für den Effektivwert der Wechselspannung AC stets ungleich 0 V sein.

Bei der AC Analyse gelten gewissermaßen alle Spannungsquellen als Kurzschluß und alle Stromquellen als Isolator, solange im Attributmenü AC nicht definiert oder AC = 0V gesetzt ist.

Einzustellende Parameter bei der AC Sweep Analyse:

Linear: Lineares Durchlaufen (Sweep) der Frequenz von der Startfrequenz bis zur
                   Endfrequenz

Total Pts: Gesamtzahl der Berechnungspunkte zwischen den Werten Start Freq. und
                   End Freq. bei Einstellung „Linear"

Octave: Logarithmisches Durchlaufen des definierten Frequenzbereiches
                   (Logarithmus zur Basis 2)

Pts/Octave: Zahl der Berechnungspunkte pro Oktave bei Einstellung „Octave"

Decade: Logarithmisches Durchlaufen des definierten Frequenzbereiches
                   (Logarithmus zur Basis 10)

Pts/Decade: Zahl der Berechnungspunkte pro Dekade bei Einstellung „Decade"

Hinweis:

Die Endfrequenz und Startfrequenz müssen beide stets größer als Null sein. Zudem ist es
nicht erlaubt, die Endfrequenz kleiner als die Startfrequenz zu wählen.

Als Bestandteil der AC Sweep Analyse wird zudem noch die Möglichkeit einer Rauschanalyse geboten.

„Rauschen" entsteht durch Wärmebewegung der Elektronen im Leiter (thermisches
Rauschen) bzw. durch Rekombination und Generation von Löchern und Elektronen im Halbleiter. Physikalisch kann Rauschen als ein Frequenzgemisch angesehen werden.

Soll eine Rauschanalyse durchgeführt werden, so ist eine in der Schaltung bereits vorhandene
unabhängige Quelle als Ort, an dem die Rauschberechnung vom Programm erfolgen soll, zu
definieren. Die Bezeichnung der unabhängigen Quelle im Schaltbild ist im Feld „Noise
Analysis" bei „I/V Source" anzugeben und der Modus Rauschanalyse durch Markieren des
Kästchens „Noise Enabled" mit einem Kreuz einzuschalten.

Bei „Output Voltage" werden die Knoten vermerkt, über die die Summe der Rauschbeiträge
gebildet werden soll z.B. V(3,4).

In der Eingabezeile „Interval" kann festgelegt werden, ob und in welchen Abständen in der
*.OUT Datei eine Tabelle ausgegeben werden soll, welche Angaben über die Rauschbeiträge
der einzelnen Komponenten enthält. Werden solche Tabellen gewünscht, so bedingt der
Eintrag einer dimensionslosen Zahl n eine Tabellenausgabe zu jedem n-ten Frequenzwert.

Die Rauschanalyseergebnisse können dann in PROBE z.B. mit ONOISE (Rauschspannung
am Ausgang) im *Add* Menü von *Trace* grafisch dargestellt werden.

9.4 DC Sweep Analyse

Bei der DC Sweep Analyse variiert das Eingangssignal (Strom, Spannung), ein Schaltungsparameter oder die Temperatur über einen Bereich.

Als Gleichspannungsquelle wird eine Quelle des Typs VSCR (bzw. ISCR) mit dem Attribut DC = 0V gewählt.

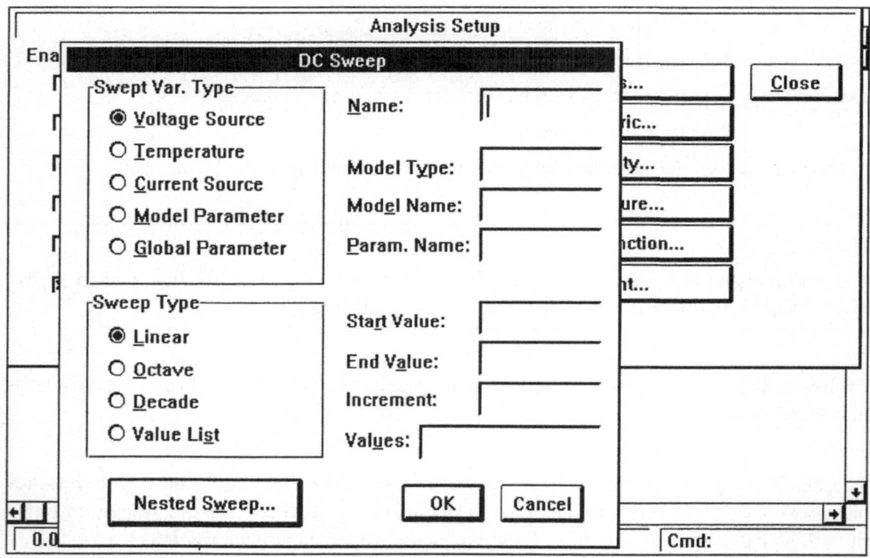

Zuerst wird der Name der Quelle (z.B. Vin) in das Eingabefeld „Name" eingetragen. Dann werden der Startwert (Start Value), der Endwert (End Value) und die Schrittweite (Increment) eingegeben.

Eine Liste von einzelnen Eingabestützwerten kann anstelle eines kontinuierlichen „Sweep" im Fenster „Values" eingetragen werden, nachdem bei „Sweep Type" der Kreis vor „Value List" markiert worden ist.

Übersicht der in der Analyseart DC Sweep einzustellenden Parameter:

Voltage Source: Die Ausgangsgröße der Spannungsquelle, deren Bezeichnung im Feld „Name" steht, wird als veränderliche Größe festgelegt.

Temperature: In der Simulation wird die Temperatur im hier angegebenen Bereich variiert; die Bauteilwerte werden für jeden einzelnen Temperaturwert neu errechnet.

Current Source: Die Ausgangsgröße der Stromquelle, deren Bezeichnung im Feld „Name" steht, wird als veränderliche Größe festgelegt.

Model Parameter: Für Analysen mit variablen Bauteilparametern sind im Feld „Model Type" der Modelltyp (z.B.: D für Diode), im Feld „Model Name" der Modellname (z.B.: D1N750) und im Feld „Param. Name" der variable Bauteilparameter (z.B. IS für Sättigungssperrstrom) einzutragen.

Global Parameter: Diese Einstellung dient der Analyse mittels Variation globaler Bauteilparameter. Sie findet beispielsweise Anwendung für Potentiometer, Trimmkondensatoren usw.. In diesem Zusammenhang findet das Bauteil PARAM aus der Library SPECIAL.SLB Anwendung, das in der Nähe des zu variierenden Bauteils plaziert werden kann. Ein Doppelklick mit der Maus auf das Param-Symbol öffnet ein Eingabefenster in dem ein Para-metername (z.B. POTI) eingetragen werden kann. Dieser wird auch im Feld „Name" des DC Sweep Fensters vermerkt (vgl. Kapitel Para-meteranalyse).

Linear: Der Laufparameter wird in Schritten mit konstanten Schrittweiten (increment) vom Startwert bis zum Endwert linear erhöht.

Octave: Logarithmisches Durchlaufen des Eingangsparameters (Logarithmus zur Basis 2)

Decade: Logarithmisches Durchlaufen des Eingangsparameters (Logarithmus zur Basis 10)

Value List: Nur die Stützwerte, die in diesem Feld aufgelistet sind, werden zur Berechnung herangezogen.

Nested Sweep: Verschachteltes „Sweep": Es eröffnet sich ein zweites Fenster zur optionalen Eingabe eines weiteren, zusätzlich zu verändernden Parameters.

Zur internen Berechnung werden im Rahmen der Arbeitspunktfestlegung Induktivitäten durch einen Kurzschluß und Kapazitäten durch eine Unterbrechung ersetzt.

Beispiel:

Referenzdatei: DCSWEEP.SCH

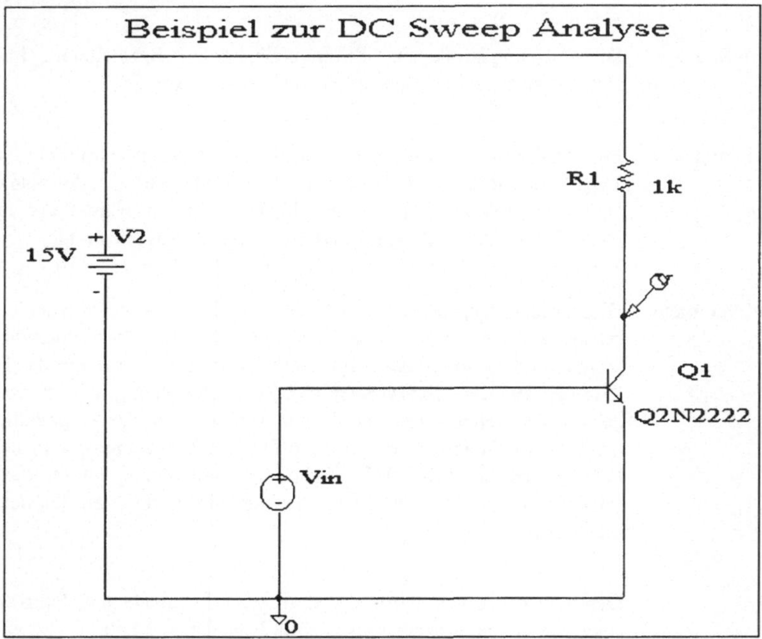

Einstellung des DC SWEEP Menüs:

Aus der PROBE-Grafik kann der Durchschaltbereich des Transistors abgelesen werden:

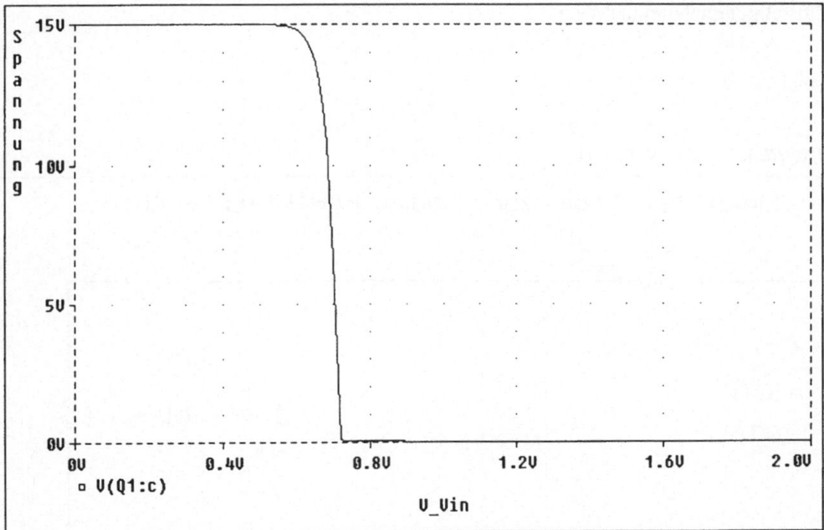

Die DC Sweep Analyse wird auch in einem Beispiel zur Temperaturanalyse im Kapitel
„Untersuchungen anhand von Standardschaltungen" angewendet.

9.5 Parameter (Parametric)-Analyse

Mit der Parameter Analyse werden die Bauteilwerte einzelner oder mehrerer Bauelemente
variiert. Dazu wird zunächst das Symbol PARAM der Bibliothek SPECIAL.SLB entnommen
und auf der Arbeitsoberfläche plaziert. Ein Doppelklick auf dieses Symbol gibt Zugang zu
seinem Attributmenü.

Vorgehensweise bei den Parameteranalysearten:

Globale Parameter:

1. Unter „Name1" im Attributmenü des Symbols PARAM wird ein Parametername (z.B.
   VARIABLE) eingetragen.

2. Im Attributmenü des Bauteils, dessen Bauteilwert durch den globalen Parameter ersetzt
   werden soll, wird eine mathematische Verknüpfung innerhalb zweier geschweifter Klammern eingetragen, z.B. {VARIABLE * 1} für einen Widerstand oder {VARIABLE * 1n}
   für einen Kondensator.

3. Anschließend wird zur Einstellung der Analyseart im Menü *Analysis/Setup* (Button 🖳)
   die „Parametric" Schaltfläche angeklickt, um im erscheinenden Menü die entsprechenden
   Einstellparameter einzutragen.

Beispiel:

Referenzdatei: PARAM.SCH

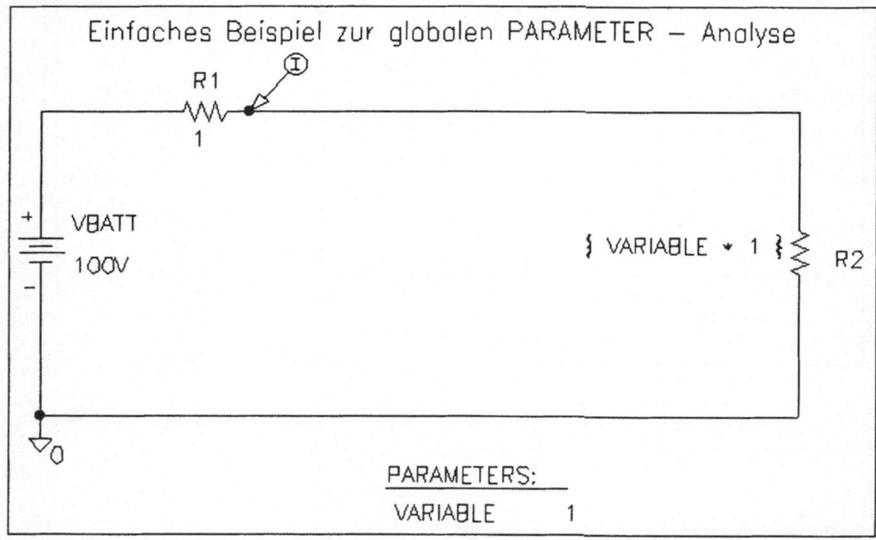

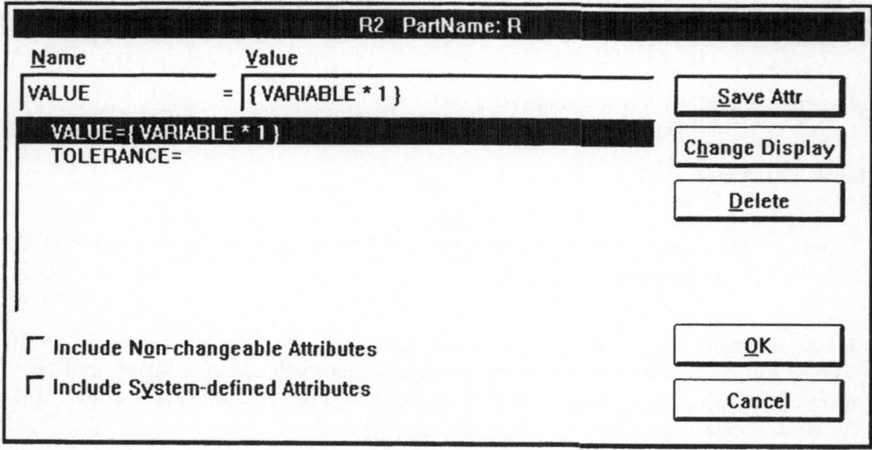

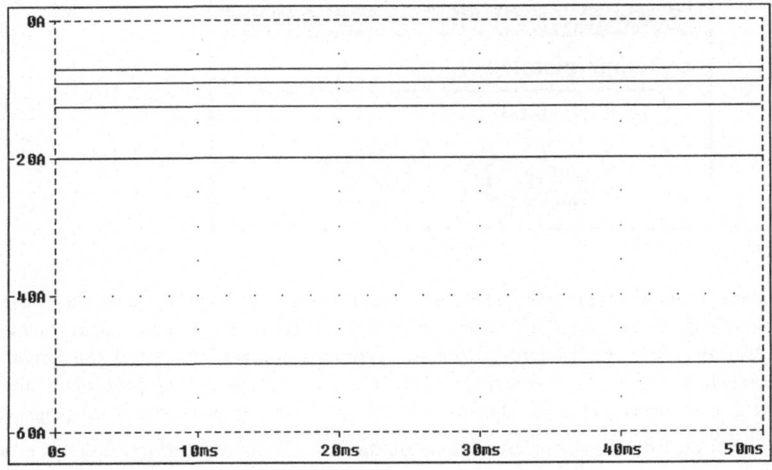

Wie bei den zuvor beschriebenen Analysearten kann auch bei der Parameteranalyse zwischen einer linearen (Linear) und einer logarithmischen (Oktave bzw. Decade) Parametervariation unter „Sweep Type" gewählt werden. Es ist ebenfalls möglich direkt Einzelwerte im Eingabefeld Values anzugeben, falls vorher bei „Sweep Type" „Value List" selektiert wurde.

Im Feld „Swept Var. Type" wird „Global Parameter" markiert. Dies ermöglicht das gleichzeitige Verwenden des globalen Parameters für mehrere Bauteile, z.B. zugleich für Quellen, Widerstände, Spulen, Transformatoren etc..

Beim Start der PROBE Auswertung erscheint ein *Available Sections* Menü, in dem zunächst „All" und dann „OK" angeklickt wird. PROBE gibt dann für jeden der gewählten Widerstandsparameter eine getrennte Stromkurve aus.

Modellparameter:

Eintragungen in das Parametric Fenster im Menü Analysis/Setup (Button 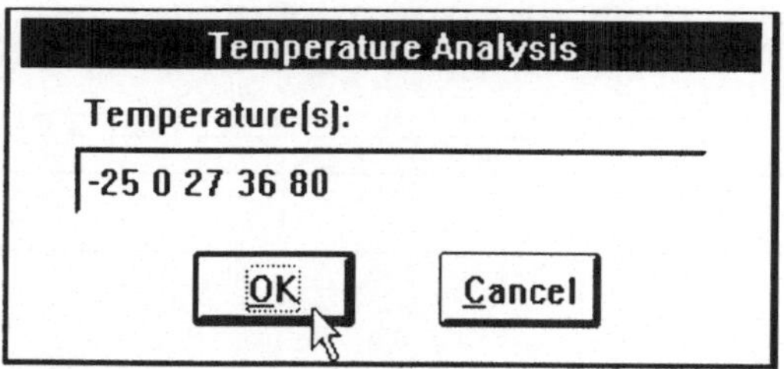):

Im Eingabefeld „Swept Var. Type" wird „Model Parameter" ausgewählt. Der Modellname des Bauteiles, das z.B. der Bibliothek BREAKOUT.SLB entnommen wurde, wird auch im Feld „Model Name" eingetragen.

Beispiel:

Model Type: RES

Model Name: RBREAK

Param. Name: R

Zur Änderung des Widerstandswertes braucht dann nur der Multiplikationsfaktor im Modell angepaßt zu werden.

9.6 Temperaturanalyse

Mit der Temperaturanalyse im *Analysis/Setup* Menü (Button 🔲) ist es möglich, allen Bauteilen einer Schaltung zugleich eine Temperatur vorzugeben. Als Temperaturstandardwert setzt das Programm automatisch alle Bauteile auf 27°C. Eine Umstellung auf einen anderen Standardwert kann im Menü *Analysis/Setup/Options* unter der Bezeichnung TNOM erfolgen.

Sind mehrere Temperaturen angegeben, werden sämtliche Analysen bei jeder der angegebenen Temperaturen durchgeführt. Beim Starten von PROBE können in einem Auswahlfenster *Available Sections* die interessierenden Temperaturkurven zur jeweiligen Schaltung durch Mausklick ausgewählt werden. Gilt das Interesse allen zuvor angegebenen Temperaturen, wird das Tastenfeld „All" betätigt. Durch Wahl der gewünschten Ausgangsgröße (z.B.V(OUT)) im PROBE-Menü *Trace/Add* (Button 🖾) beginnt die grafische Darstellung.

In der Grafik erscheint eine Kurvenschar: Zu jeder eingegebenen Temperatur wird eine eigene Kurve ausgegeben. Es darf jedoch neben der Temperaturanalyse höchstens eine weitere Analyseart (DC, AC, PARAM, TRAN) pro Schaltung durchgeführt werden.

Durch das Verwenden von Modellparametern kann der Nachteil, daß die Temperaturvorgabe stets für alle Bauteile gilt, umgangen werden. Somit wird z.B. die inhomogene Temperaturverteilung in Leistungsverstärkerstufen in der Analyse handhabbar.

Beispiel :

Referenzdatei : TEMP.SCH

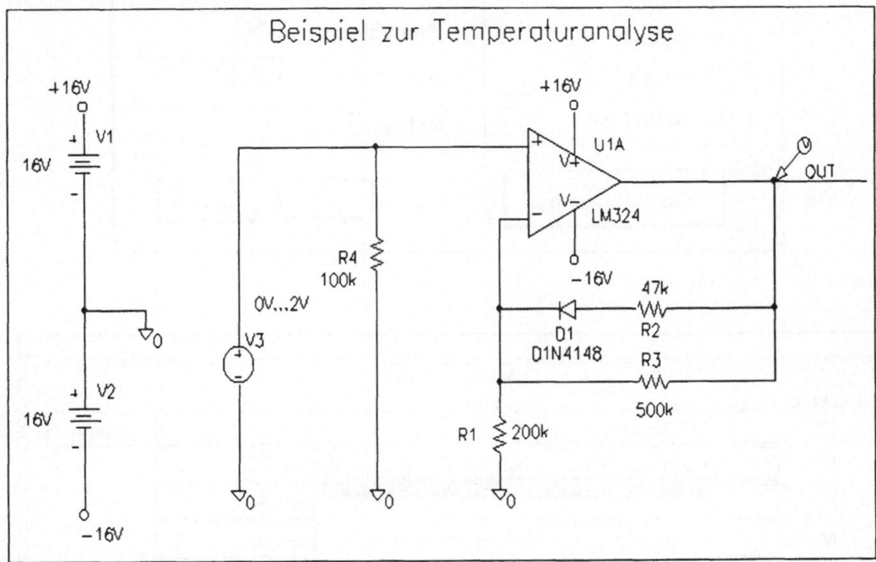

Für die Verstärkung im oben wiedergegebenen Schaltungsbeispiel ist das Widerstandsverhältnis des gesamten Rückführungszweiges bestehend aus R2, R3, und D1 zum Widerstand R1 bestimmend. Da der Operationsverstärker u.a. durch seine Differenzverstärkereingangsstufe relativ gut temperaturkompensiert ist, wird die Diode D1 den größten Einfluß auf die Temperaturstabilität der Schaltung haben.

Im *Analysis/Setup* Menü (Button ▣) werden das „DC Sweep"- und das „Temperature"-Untermenü folgendermaßen eingestellt:

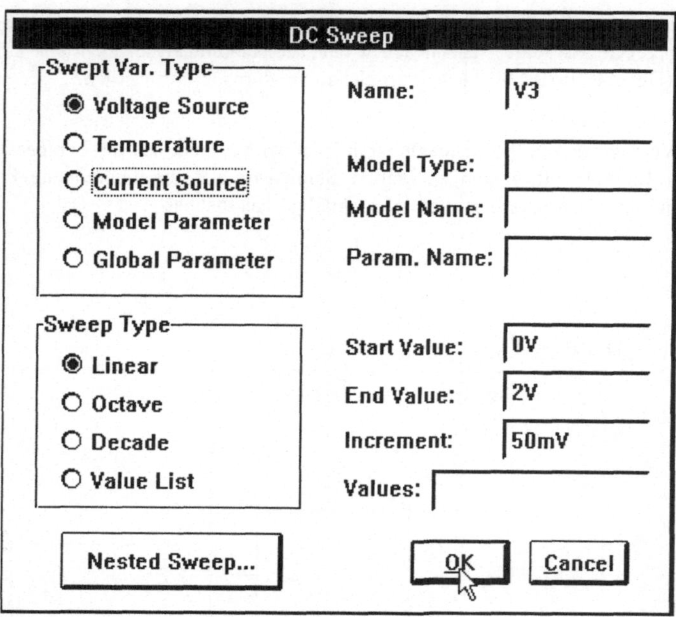

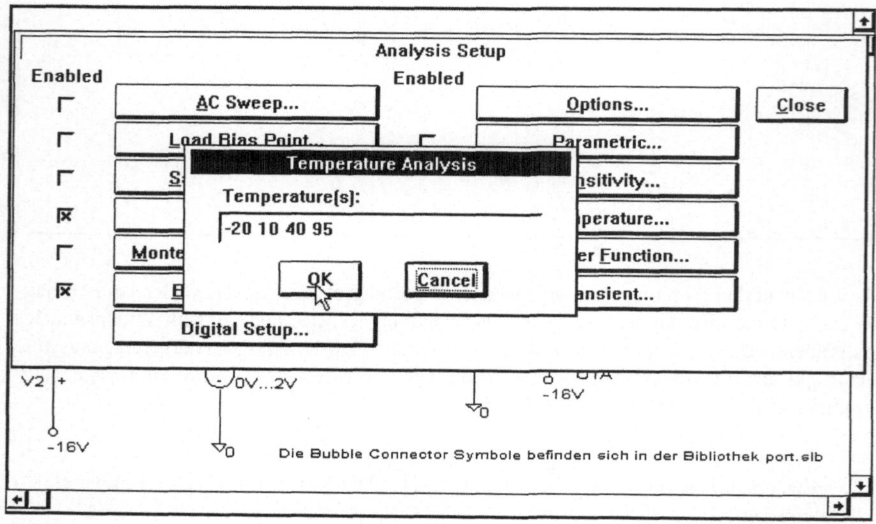

Nach der Simulation erscheint in PROBE ein „Availabe Sections" Auswahlfenster, in dem mittels der Schaltfläche „All" eine Ausgabe für alle zuvor eingegebenen Temperaturwerte angefordert wird.

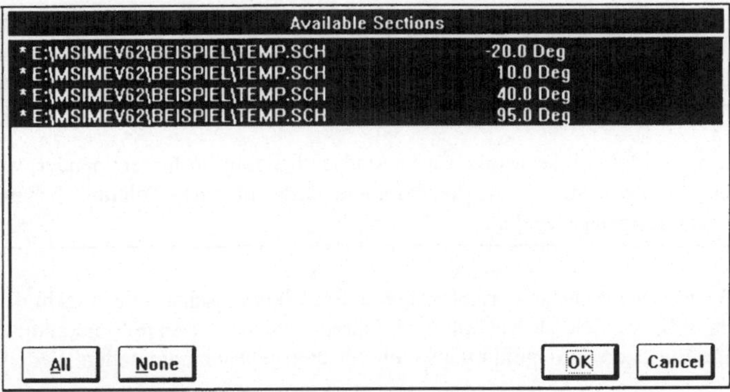

Als Ergebnis werden in PROBE die Transferkennlinien in Abhängigkeit von der Temperatur dargestellt:

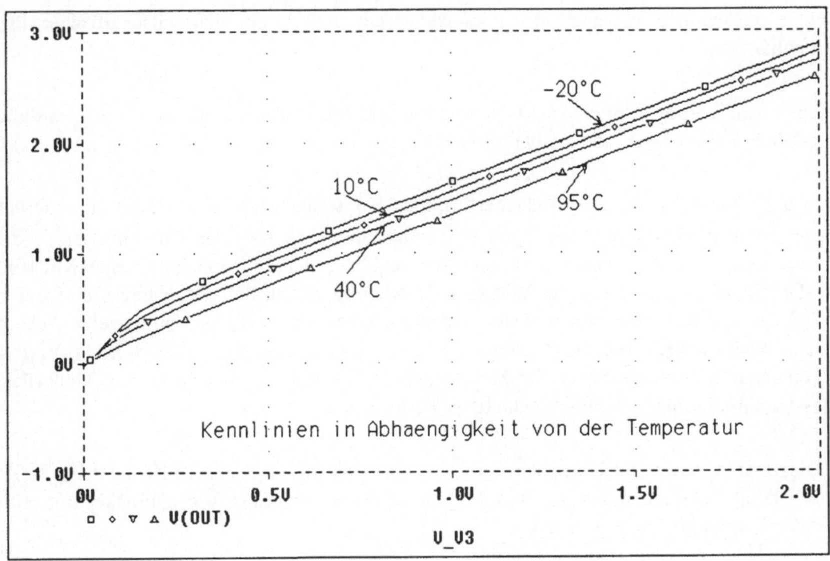

9.7 Monte Carlo-Analyse, Performance Analyse und Worst Case Analyse

9.7.1 Monte Carlo-Analyse

Die Monte Carlo-Analyse ist ein Verfahren, bei dem durch zufallsbedingte Parameterveränderungen statistische Streuungen von Bauteilkennwerten nachgebildet werden können. Statistische Analysen ermöglichen bereits in der Entwurfsphase eine Bewertung, welche

Auswirkungen produktionsübliche und alterungsbedingte Toleranzen auf die Schaltung haben
werden.

Hinweis:

Die Simulation erfolgt bei der Monte Carlo-Analyse beliebig oft hintereinander, wobei bei
jedem neuen Simulationsdurchlauf die Parameter, die mit einer Toleranz behaftet sind,
durch Zufall neu festgelegt werden.

In der PROBE Grafikauswertung ergibt sich eine Signalkurvenschar. Die Anzahl der Kurven
richtet sich danach, wieviele Durchläufe durchfahren werden. Der erste Simulationsdurchlauf
wird stets ohne Variation durchgeführt, also mit den angegebenen nominellen Werten.

Dieser Sachverhalt soll am Beispiel einer Schaltung mit einem Dehnungsmeßstreifen (DMS)
demonstriert werden. Bei dieser Meßmethode wird die Beziehung zwischen der mecha-
nischen Dehnung $\varepsilon = \Delta l / l$ (z.B. eines metallischen Werkstückes) und der daraus resultieren-
den Änderung des elektrischen Widerstandes eines applizierten Dehnungsmeßstreifens $\Delta R =
R \cdot k \cdot \varepsilon$ ausgenutzt, wobei Δl die Längenänderung und k ein materialspezifischer Pro-
portionalitätsfaktor ist.

Folgende Ausführungsformen von Dehnungsmeßstreifen finden in der Praxis Anwendung:
Draht-DMS, Folien-DMS und Halbleiter-DMS.

Durch die Längenzunahme des mäanderförmigen Konstantandrahtes innerhalb eines Draht-
Dehnungsmeßstreifens um Δl verringert sich zwangsläufig auch dessen Durchmesser, so daß
bei Ausdehnung der Widerstandswert zunehmen und bei Stauchung abnehmen muß. Mit Hilfe
einer Brückenschaltung kann die Widerstandsänderung meßtechnisch ausgewertet werden.
Vier gleiche Widerstände, von denen mindestens einer ein DMS ist, bilden eine Wheat-
stonsche Meßbrücke. Brückenschaltungen mit nur einem einzigen DMS werden Viertel-
brücken genannt. Sind zwei oder vier Meßstreifen als Widerstände innerhalb einer Meßbrücke
eingesetzt, spricht man von Halbbrücken bzw. Vollbrücken.

Die Diagonalspannung der abgeglichenen Meßbrücke ist im ungedehnten Zustand $U_M = 0V$.
Treten jedoch Dehnungen auf, so kann die Diagonalspannung einer Viertelbrücke mit Hilfe
folgender Formel berechnet werden:

$$U_M = \frac{U}{4} \cdot \frac{\Delta R}{R} = \frac{U}{4} \cdot k \cdot \varepsilon$$

Mit dem nun folgenden Simulationsbeispiel soll eine Viertelbrücke, gebildet aus drei Festwiderständen von jeweils 300Ω und einem DMS (ebenfalls 300Ω im unbelasteten Zustand)
näher untersucht werden. Die auftretende Dehnung soll maximal $\varepsilon = 1000\mu m/m$ betragen.

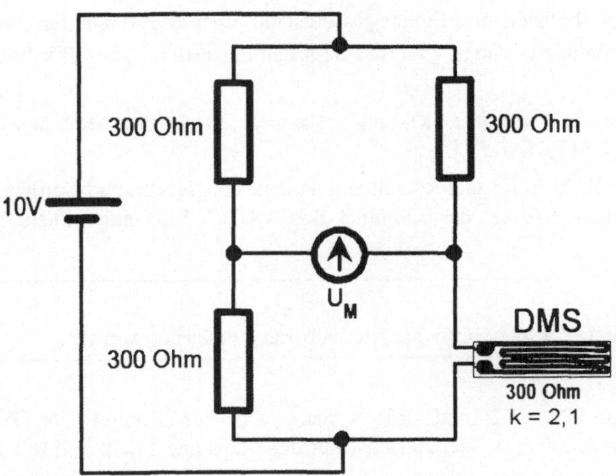

Mit den gegebenen Werten errechnet sich die theoretisch maximal meßbare Brückenspannung ohne Berücksichtigung der Bauteiltoleranzen zu:

$$U_M = \frac{10V}{4} \cdot 2,1 \cdot 1000 \cdot 10^{-6} = 0,00525V = 5,25mV$$

In der Simulationsschaltung sollen die Toleranzen aller Widerstände aber mit in die Monte
Carlo-Analyse einfließen, damit die Simulation möglichst realitätsnah abläuft.

Referenzdatei : DMS.SCH

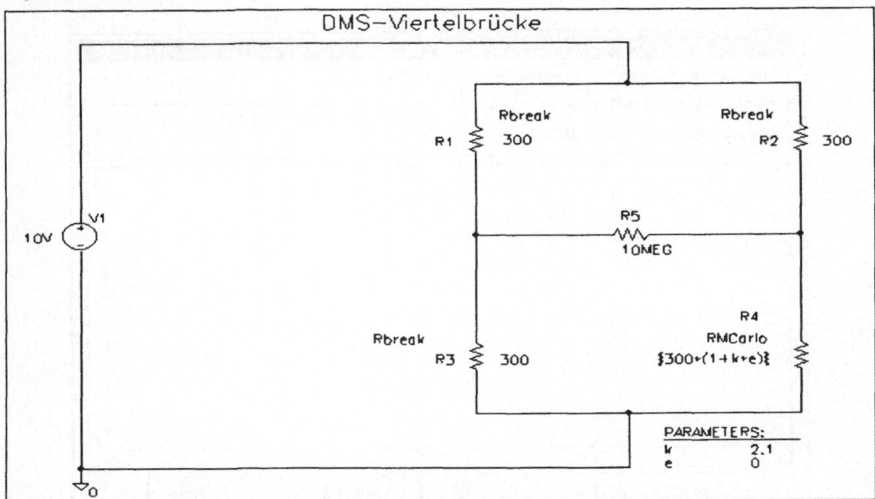

Der Widerstand R5 symbolisiert den Eingangswiderstand eines Meßverstärkers und nimmt aufgrund seines hochohmigen Wertes von 10 MΩ schaltungsbedingt kaum Einfluß auf das Simulationsergebnis.

Die genaue Definition der Parameter „k" und „e" erfolgt im Attributmenü des PARAM-Symbols der Bibliothek SPECIAL.SLB.

Alle vier Widerstände R1, R2, R3 und R4 sollen toleranzabhängig sein und werden somit als Widerstandsmodellbauteil „Rbreak" der Bibliothek BREAKOUT.SLB entnommen.

Hinweis:

Es können bei der Monte Carlo-Analyse nur Modellparameter variiert werden.

Die drei Widerstände R1, R2 und R3 werden, wie im Kapitel zur Bibliothek BREAKOUT.SLB beschrieben wurde, zunächst mit der Maus angeklickt und mit *Edit/Edit Model* Edit Instance Model (Text)... öffnet sich ein Menü zur Eingabe der Modellparameter. Da diesen drei Widerständen dieselbe Modellreferenz „Rbreak" zugrunde liegt, genügt die Eingabe der Parameter bei nur einem einzigen der drei Widerstände.

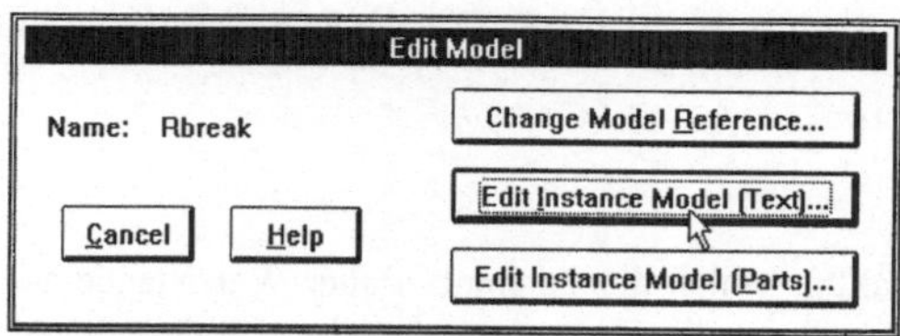

Die Parameter werden gemäß folgender Abbildung in dieses Menü eingetragen:

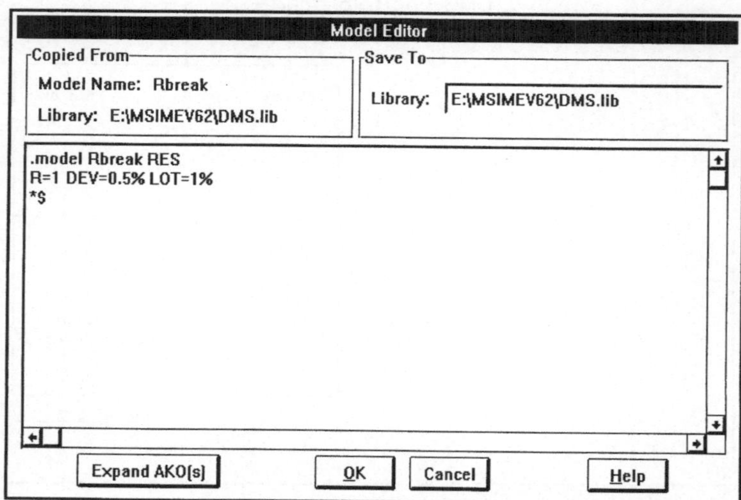

R=1 definiert einen Multiplikator von 1 für den Widerstandswert.

Dem so definierten Widerstandsmodell „Rbreak" wird im obigen Beispiel eine statistisch unabhängige, individuelle Bauteiltoleranz (Device tolerance) von DEV = 0,5% und eine statistisch abhängige Bauteilgruppentoleranz (Lot tolerance) von 1 % zugewiesen. Das DEV Attribut erzeugt somit für jeden Widerstand einen zufälligen Wert Die Widerstände des Modells „Rbreak" haben also eine individuelle Variation von ± 0,5 %.

Die Angabe einer LOT-Gruppentoleranz ist angebracht, wenn die Parameter integrierter Bauteile miteinander korrelieren. Selbstverständlich können auch, wie hier geschehen, Kombinationen beider Toleranzarten angegeben werden. Die maximal mögliche Abweichung vom nominellen Wert des Widerstandes würde somit 0,5%+1%=1,5 % betragen.

Der Eintrag R = 1   DEV=0.5 % legt fest, daß die Standard-Verteilungsfunktion gebraucht wird.

Würde die Gauss Verteilungsfunktion (±σ = 0.5 %) verwendet, so müßte R = 1 DEV/GAUSS = 0.5% eingetragen sein.

In der Beispielschaltung wird allen drei Festwiderständen in deren Attributmenü der gleiche Widerstandswert von 300Ω zugewiesen.

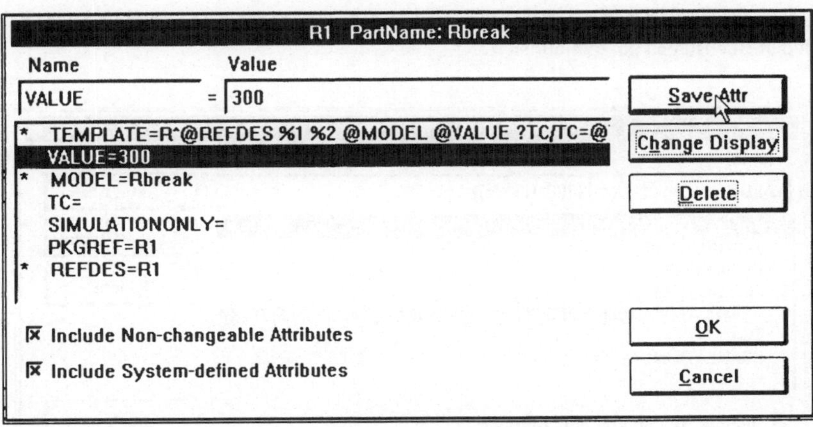

Analog ist beim Widerstand R4 vorzugehen. Die Modellreferenz Rbreak wird allerdings in RMCarlo geändert und auf die LOT-Toleranz soll hier ganz verzichtet werden.

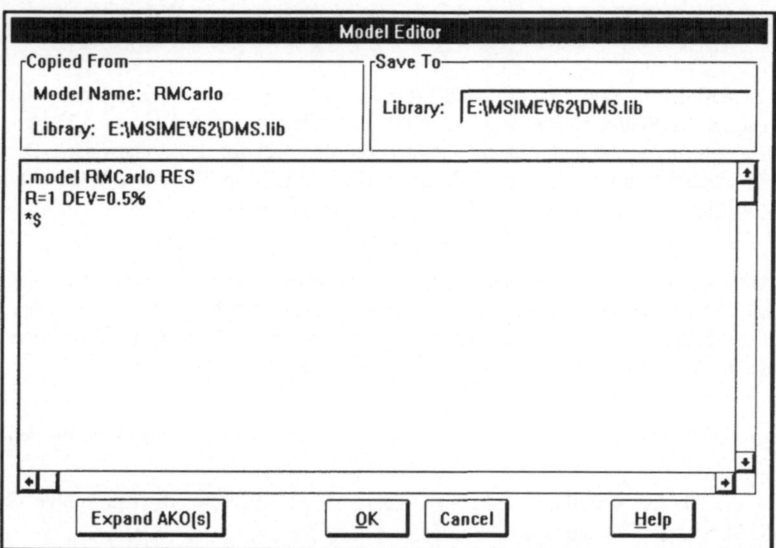

Die Dehnungsmeßstreifenwiderstandsänderung gehorcht der Beziehung:

$\Delta R = 300\Omega \cdot (1+k \cdot \varepsilon)$.

Daher wird der Term {300*(1+k*e)} für die Abhängigkeit des Meßstreifenwiderstandes von der Dehnung ε ins Attributmenü des Widerstandes R4 eingetragen. Die Dehnung ε wird dabei durch den Buchstaben „e" symbolisiert.

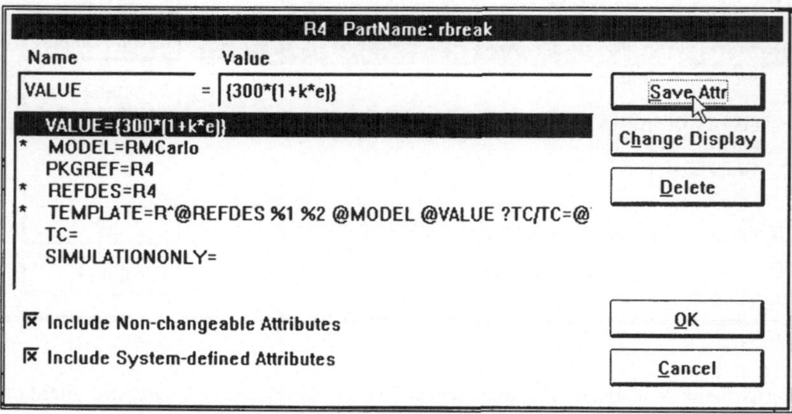

Um alle relevanten Bauteilwerte auf der SCHEMATICS-Arbeitsoberfläche neben den Bauteilsymbolen selbst sichtbar zu machen, kann mit der „Change Display"-Option des jeweiligen Bauteilattributmenüs ausgewählt werden, welche Bauteilwerte und Bauteilbezeichnungen im Schaltplan erscheinen sollen.

Das Markieren der „Value only" Funktion unter „What to Display" bewirkt, daß auch der eingetragene Value-Wert neben dem Widerstand R4 im Schaltplan sichtbar wird. Zudem können unter der Funktionsgruppe „Display Characteristics" die Textgröße, Orientierung und Justierung festgelegt werden.

Die Einstellungen im DC Sweep Menü von *Analysis /Setup* (Button ⊞) erfolgen gemäß nachstehender Abbildung:

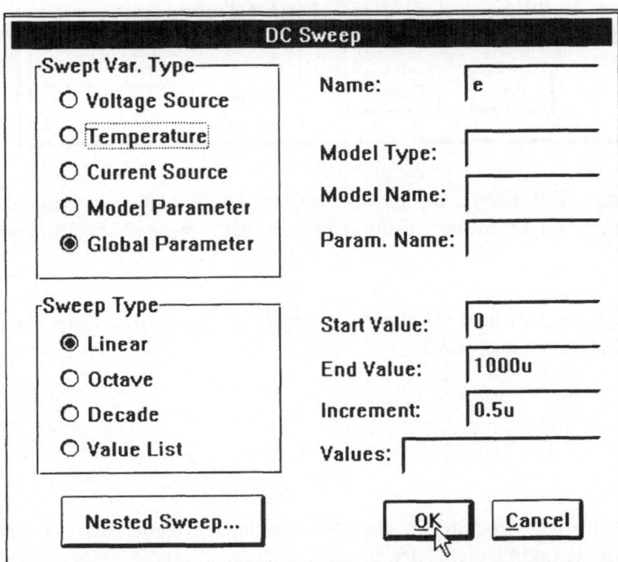

Die Dehnung „e" wird dabei als globaler Parameter definiert und ist bei der Option „Name"
anzugeben.

Nun kann die eigentliche Einstellung für die Monte Carlo-Analyse vorgenommen werden.

Dazu wird die Schaltfläche „Monte Carlo/Worst Case" im *Analysis/Setup* Menü (Button 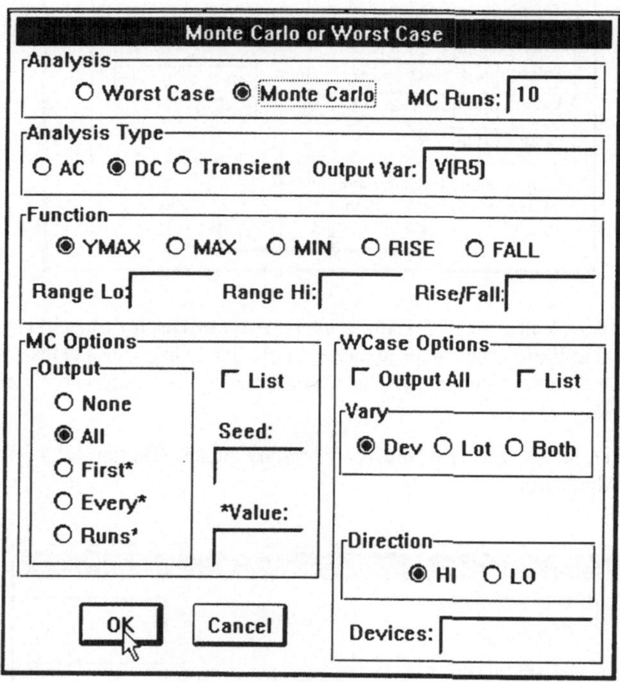)
selektiert und die Monte Carlo-Analyse gemäß nachstehender Abbildung voreingestellt:

Unter „MC Runs" wird die Anzahl der Monte Carlo Läufe festgelegt. Es können maximal
2000 Durchgänge erfolgen, wobei davon in PROBE nicht mehr als 100 Kurven dargestellt
werden können.

Folgende Funktionen sind bzgl. der Ergebnisausgabe in der *.OUT Datei im Rahmen der
Monte Carlo-Analyse optional wählbar.

Function:

YMAX:

Ausgabe der maximalen Differenz zwischen den berechneten Werten des 1. Durchlaufes und
allen weiteren Monte Carlo Durchläufen.

MAX:

Gibt den Maximalwert einer jeden Kurve aus.

MIN:

Gibt den Minimalwert einer jeden Kurve aus.

RISE: <Zahlenwert >

Dokumentiert das erstmalige Überschreiten des vorgegebenen Schwellwertes.

FALL: <Zahlenwert>

Dokumentiert das erstmalige Unterschreiten des vorgegebenen Schwellwertes.

Range Lo: Dient zum optionalen Festlegen einer Untergrenze, oberhalb der die o.a. Funktionen Gültigkeit besitzen.

Range Hi: Dient zum optionalen Festlegen einer Obergrenze, unterhalb der die o.a. Funktionen Gültigkeit besitzen.

Darüberhinaus stehen weitere Optionen im Menüfenster „Monte Carlo or Worst Case" zur Verfügung.

MC Options

Output:

None:

Nur die Analyseergebnisse des ersten Durchlaufes (ohne Berücksichtigung von Toleranzen) werden ausgegeben.

All:

Ausgabe der Ergebnisse aller Durchläufe

First < n Durchläufe>:

Ausgabe der ersten n Monte Carlo Läufe

Every <n. Durchlauf>:

Ausgabe jedes n-ten Monte Carlo Laufes

Runs <Durchlaufnummer >:

Gibt die Simulationsergebnisse der in „Value" angegebenen Läufe aus; maximal dürfen 25 Läufe spezifiziert werden.

List:

Listet zu Beginn eines jeden Simulationsdurchlaufes die für diesen Lauf aktuellen Modell-parameter auf.

Seed:

Die hier eingegebene ungerade ganze Zahl im Bereich von 1 bis 32767 dient dem Zufalls-generator als Basis zur Ermittlung der Zufallszahlen für die Monte Carlo Analyse. Erfolgt hier kein Eintrag, wird mit dem Standardwert 17533 gerechnet.

Sind alle beschriebenen Voreinstellungen erfolgt, sollte vor der Simulation unbedingt eine Speicherung vorgenommen werden.

Beim Abspeichern der Beispielschaltung werden von SCHEMATICS die zwei Dateien DMS.LIB und DMS.IND generiert. Erstere enthält die Modellbeschreibung während die zweite Datei Hilfsvektoren zum Auffinden der Modellbibliothek beinhaltet.

Mit der Taste F11 oder dem Button ▨ wird die Simulation in gewohnter Weise gestartet.

Sind sämtliche Monte Carlo Durchläufe abgeschlossen, wird der Anwender zunächst von PROBE in einem Menü aufgefordert, die Läufe anzugeben, die grafisch dargestellt werden sollen.

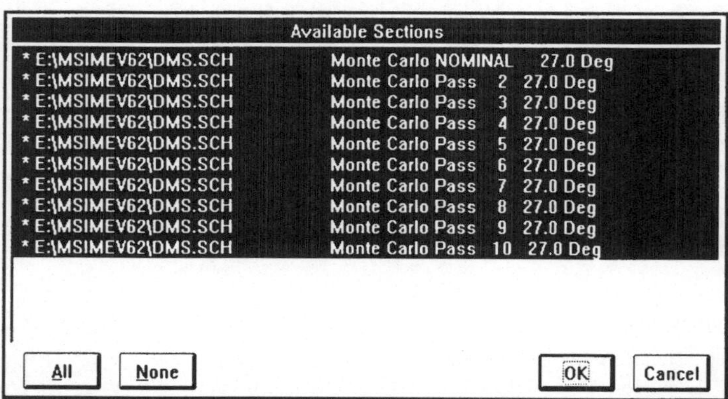

Im PROBE Menü *Trace/Add..* (Button ▨) wird in der „Trace Command" Zeile mit dem Eintrag V(R5:2)-V(R5:1) die Spannung über dem Widerstand R5 zur Ausgabe bestimmt.

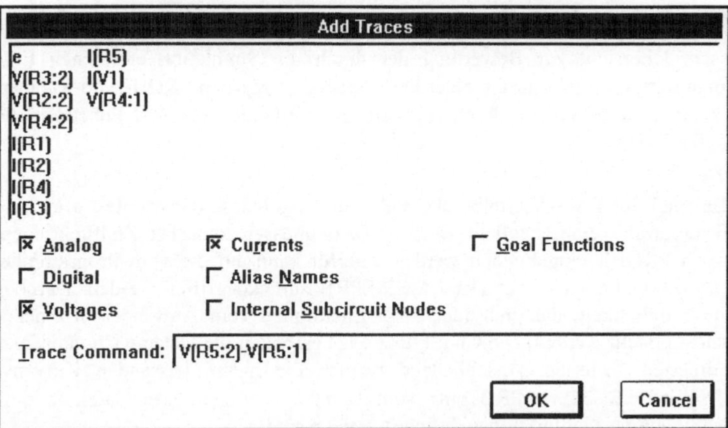

Für das Beispiel Dehnungsmeßstreifen könnte nach 10 Monte Carlo Simulationsdurchläufen das mittels PROBE grafisch ausgegebene Ergebnis wie folgt aussehen:

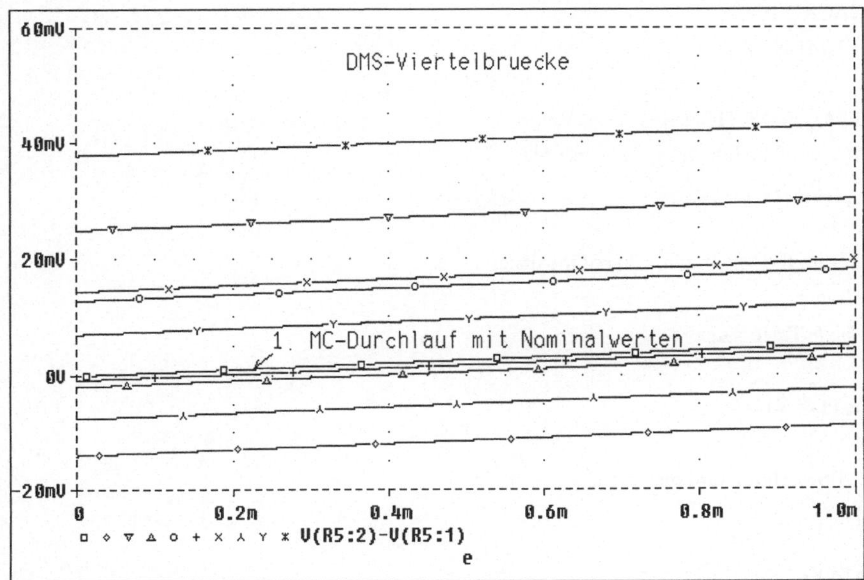

Im PROBE-Diagramm wird im ersten Durchlauf bei der Dehnung von $\varepsilon = 1000\mu m/m$ der theoretisch berechnete Wert für die Brückenspannung von 5,25mV bestätigt.

Die weiteren Monte Carlo Durchläufe vermitteln einen Eindruck, wie sich die Bauteiltoleranzen negativ auf die Meßgröße auswirken können.

9.7.2 Performance Analyse

Eine bessere Übersicht zur Bewertung der durch die Simulation erhaltenen Ergebnisse gewinnt man mittels Durchführung einer Performance Analyse in PROBE. Im Rahmen dieser Analyse können die Meßdaten durch sogenannte Zielfunktionen (Goal Functions) zur Darstellung aufbereitet werden.

Für das Beispiel der DMS-Viertelbrücke sollen die Ergebnisse der Monte Carlo-Analyse in einem Histogramm veranschaulicht werden. Dazu müssen zunächst Zielfunktionen (Goal Functions) in PROBE eingebunden werden. Hierfür kann auf die vom Programmhersteller mitgelieferten Funktionen in der Datei MSIM.PRB zurückgegriffen werden. Darüberhinaus besteht die Möglichkeit, daß individuelle Zielfunktionen vom Anwender in einer Makrosprache selbst erstellt werden. Die Goal Functions bearbeiten die Daten nach ganz speziellen, zuvor definierten Kriterien. Anschließend werden die hierzu passenden Kurvenverläufe ermittelt. So ist z.B. MSIM.PRB eine vom Hersteller mitgelieferte Datei, in der schon standardmäßig einige Zielfunktionen definiert worden sind.

Eine Vorstellung von der Syntax dieser Goal Functions, kann anhand eines Auszuges aus der Datei MSIM.PRB gewonnen werden:

```
[MACROS]
pi=3.14159265


[GOAL FUNCTIONS]
*** Goal functions for general use ***

* Max
* Return the Maximum value of the trace.
* Usage:
* Max(<Trace name>)
*
Max(1) = y1
  {
    1|Search forward max !1;
  }


* MAXr
* Return the maximum value of the trace within the specified
* range.
* Usage:
* MAXr(<trace name>,<X_range_begin_value>,<X_range_end_value>)
*
```

```
MAXr(1,Begin,End)=y1
  {
    1| search forward (Begin,End) max !1 ;
  }
```

```
* Min
* Return the minimum value of the trace.
* Usage:
*Min(<Trace name>)
*
```

```
Min(1) = y1
  {
    1|Search forward min !1;
  }
```

```
* MINr
* Return the minimum value of the trace within the specified
* range.
* Usage:
*MINr(<trace name>,<X_range_begin_value>,<X_range_end_value>)
*
```

```
MINr(1,Begin,End)=y1
  {
    1| search forward (Begin,End) min !1 ;
  }
```

Im *Tools/Options* Menü von PROBE bei „Number of Histogram Divisions" ist die Anzahl der Klasseneinteilungen für das spätere Histogramm einzugeben (z.B. 50). Im Histogramm soll jeder dieser Klassen ein Brückenausgangsspannungsbereich zugeordnet sein. Unter Zurhilfenahme der Maximum-Zielfunktion kann die aus jedem Monte Carlo Durchlauf ermittelte, maximale Brückenspannung ihrer entsprechenden Klasse zugewiesen werden. Das Histogramm gibt dann prozentual die Anzahl der gefundenen Spannungswerte pro Klasse wieder.

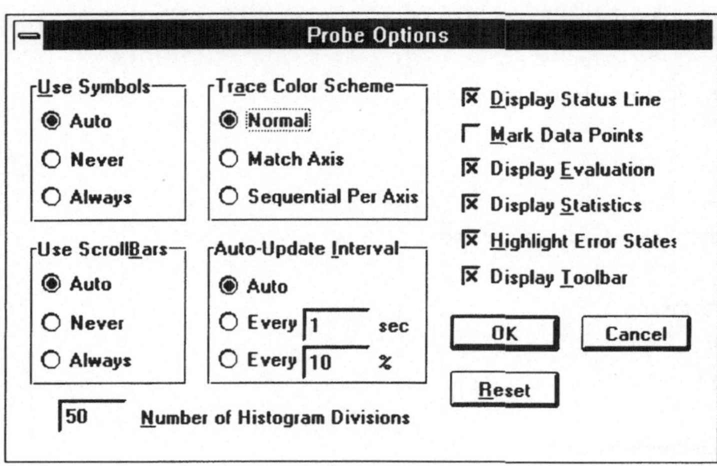

Im Menü *Plot/X Axis Settings* wird die Schaltfläche Performance Analysis aktiviert.

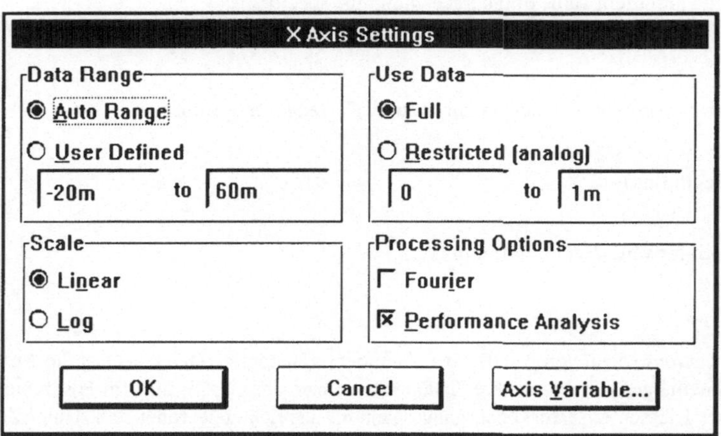

Im Menü *Trace/Add* entsprechend dem Button oder *Trace/Eval Goal Function* wird in der Trace Command-Eingabezeile „Max (V(R5:2)-V(R5:1))" eingegeben. Damit wird die Zielfunktion „Max" auf die Brückenausgangsspannung (Spannung über Widerstand R5 angewendet.
wendet.

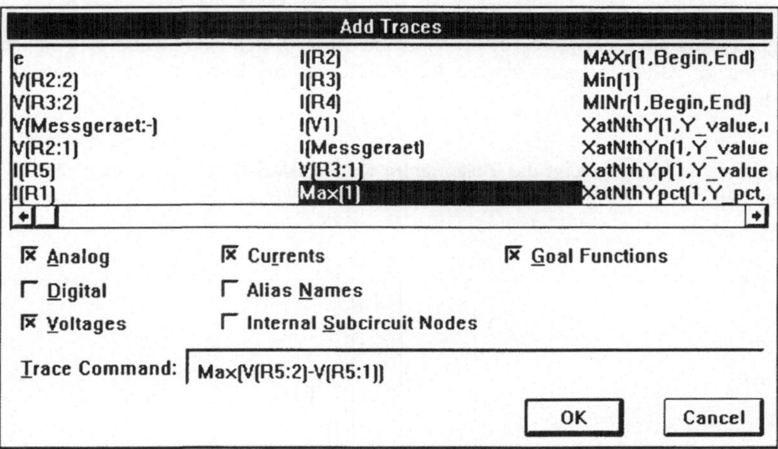

Ob das Programm PROBE korrekt auf die Zielfunktionen zugreifen kann, wird aus der Markierung des Kästchens vor „Goal Functions" ersichtlich. Ist dieses automatisch mit einem Kreuz versehen, kann PROBE wunschgemäß arbeiten und das Histogramm ausgeben.

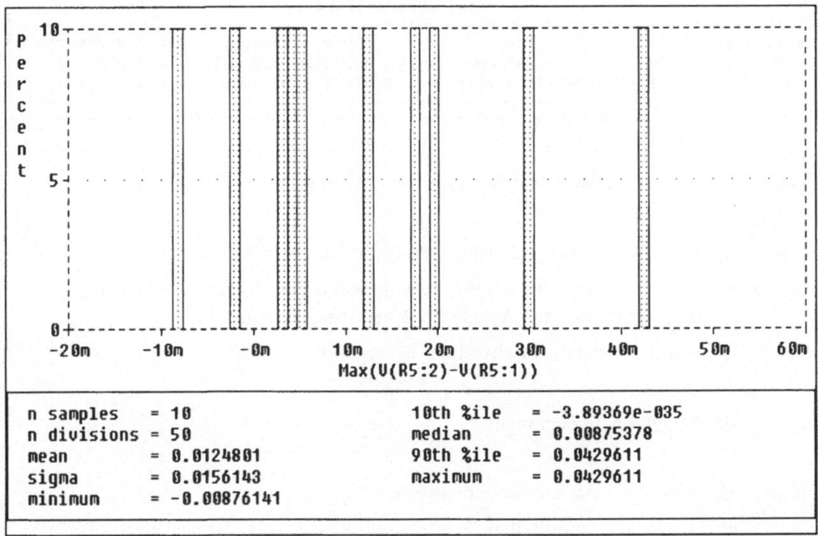

Der Wertebereich der Meßbrückenspannung ist auf der Abszisse aufgetragen und in 50 sogenannte Klassen unterteilt worden (n divisions = 50). Bei denjenigen Klassen, in die die in den Monte Carlo Durchläufen ermittelten Maximalwerte der Brückenspannungen fallen, gibt die Höhe einer Säule die Häufigkeit der in dieser Klasse anzutreffenden Maximalwerte in Bezug auf die Gesamtzahl aller ermittelten Maximalwerte in Prozent an.

Aus den lediglich 10 Monte Carlo Simulationsdurchläufen kann natürlich kein aussage-
kräftiges Histogramm entstehen. In der Praxis lassen erst viele Durchläufe eine statistische
Bewertung zu. Grenzen setzen da die Rechenzeit und die Kapazität der Massenspeicher
(Festplatte).

Die folgende Abbildung zeigt das Histogramm für die DMS-Brückenschaltung mit 50 MC-
Durchläufen.

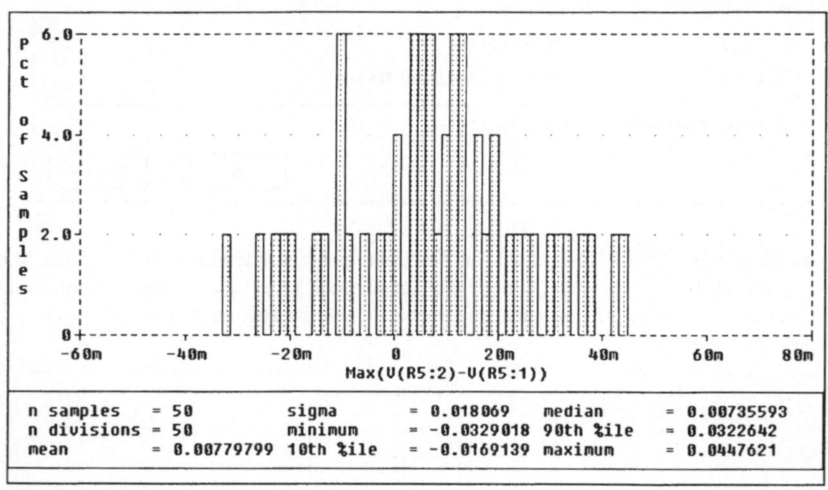

Die Kommentarzeilen unterhalb des Histogrammes haben folgende Bedeutung:

n samples   ➜ Anzahl der verwendeten Monte Carlo Durchläufe

n divisions ➜ Entspricht der im *Tools/Options* Menü bei Number of Histogram
Divisions notierten Anzahl der Klasseneinteilungen

mean   ➜ Arithmetischer Mittelwert der Ergebnisse

sigma   ➜ Standardabweichung $\sigma = \sqrt{\dfrac{1}{n-1}\left[\displaystyle\sum_{j=1}^{n} x_j^2 - \frac{1}{n}\left(\sum_{j=1}^{n} x_j\right)^2\right]}$

minimum ➜ Minimum der Zielfunktionswerte

10th percentile ➜ 10% aller ermittelten Werte sind kleiner als dieser Wert (10%-
Schranke)

median ➜ 50% - Schranke

90th percentile ➜ 90% - Schranke

maximum ➜ Maximum der Zielfunktionswerte

Detailliertere Zahlenangaben zu den Ergebnissen der Monte Carlo-Analyse werden auch in die Ausgabedatei *.OUT der jeweiligen Schaltung geschrieben und können mit *Analysis/Examine Output* überprüft werden.

**** 09/28/95 16:22:27 ******* Win32s Evaluation PSpice (April 1995) *********

 * E:\MSIMEV62\DMS.SCH

****   SORTED DEVIATIONS OF V(R_R5)   TEMPERATURE = 27.000 DEG C

        MONTE CARLO SUMMARY

****
***

Mean Deviation = -8.0397E-03
Sigma   =   .0154

RUN   MAX DEVIATION FROM NOMINAL

Pass 10   .0377 (2.45 sigma) lower at e =   1.0000E-06
                (718.5400E+03% of Nominal)

Pass 3   .0248 (1.61 sigma) lower at e =   1.5000E-06
                (315.4000E+03% of Nominal)

Pass 7   .0144 (.93 sigma) lower at e =   1.5000E-06
                (182.7500E+03% of Nominal)

Pass 2   .014   (.91 sigma) higher at e = 918.0000E-06
                (-190.9 % of Nominal)

Pass 5   .0128 (.83 sigma) lower at e =   4.5000E-06
                (54.3400E+03% of Nominal)

Pass 8   7.5993E-03 (.49 sigma) higher at e =   1.0000E-03
                (-44.904% of Nominal)

Pass 9   7.0192E-03 (.46 sigma) lower at e =   1.0000E-06
                 (133.8000E+03% of Nominal)

Pass 4   1.9683E-03 (.13 sigma) higher at e =   1.0000E-03
                 (62.469% of Nominal)

Pass 6   831.0300E-06 (.05 sigma) higher at e = 970.0000E-06
                 (83.664% of Nominal)

JOB CONCLUDED

Wurde im Setup-Fenster zur Monte Carlo-Analyse unter „MC Options" durch eine Markierung „List" aktiviert, so erscheinen in der *.OUT Datei zusätzlich die für jeden MC-Durchlauf aktuellen Bauteilparameter.

9.7.3 Worst Case Analyse

Nach Durchführung der Monte Carlo-Analyse soll nun auf das Beispiel der DMS-Meßbrücke die Worst Case Analyse Anwendung finden.

Der erste Simulationsdurchlauf wird bei der Worst Case Analyse mit den Parameternennwerten gestartet. Es folgen Simulationsläufe, bei denen jeweils nur die toleranzbehafteten Parameter eines Bauteils variiert werden, um, bezogen auf das zu untersuchende Ausgangssignal, die größtmögliche Abweichung zu finden. Im zuletzt stattfindenden Simulationsdurchlauf erhält so jedes Bauteil den Parameter, der den größten Einfluß auf das Analyseergebnis ausübt.

Folgende Einstellungen sind zur Durchführung der Worst Case Analyse vorzunehmen:

Zunächst wird die „Monte Carlo/Worst Case"-Schaltfläche im *Analysis/Setup* Menü (Button ▣) betätigt, um im Fenster „Monte Carlo or Worst Case" die Analyseart auf „Worst Case" umzustellen. Die Monte Carlo-Analyse und die Worst Case Analyse können nur nacheinander ausgeführt werden.

```
                   Monte Carlo or Worst Case
  ┌Analysis──────────────────────────────────────────────┐
  │    ● Worst Case   ○ Monte Carlo    MC Runs: [      ]  │
  ┌Analysis Type─────────────────────────────────────────┐
  │  ○ AC  ● DC  ○ Transient   Output Var: │ V(R5)        │
  ┌Function──────────────────────────────────────────────┐
  │    ● YMAX   ○ MAX   ○ MIN   ○ RISE   ○ FALL           │
  │  Range Lo:[      ]  Range Hi:[      ]  Rise/Fall:[   ] │

  ┌MC Options──────────────┐     ┌WCase Options───────────┐
  │ ┌Output──────┐  ☐ List │     │  ☐ Output All    ☐ List │
  │ │ ○ None     │         │     │ ┌Vary──────────────────┐ │
  │ │ ● All      │  Seed:  │     │ │ ● Dev ○ Lot ○ Both   │ │
  │ │ ○ First*   │ [     ] │     │ └──────────────────────┘ │
  │ │ ○ Every*   │  *Value:│     │ ┌Direction─────────────┐ │
  │ │ ○ Runs'    │ [     ] │     │ │     ● HI   ○ LO       │ │
  │ └────────────┘         │     │ └──────────────────────┘ │
  │   [ OK ]   [ Cancel ]  │     │  Devices: [          ]   │
  └────────────────────────┘     └──────────────────────────┘
```

Mit der eingeschalteten Option „Output All" werden zusätzlich zum Ergebnis der Worst Case Analyse alle dazugehörigen Bauteilparameter in der *.OUT Datei ausgegeben und nicht nur die Nominalwerte. Die Markierung von „List" läßt PSpice in der *.OUT Datei ein Protokoll über die aktuellen Parameter eines jeden Durchlaufes erzeugen.

Durch Aktivieren des „Dev"-Schalters wird die statistisch unabhängige Bauteiltoleranz (Device Tolerance) verwendet. Würde hier „Lot" markiert, so würde der Simulator nur die Parameter der Bauelemente gleicher Modellnamen als Gruppe variieren. Wird „Both" aktiviert, so fließen sowohl die Gruppentoleranz als auch die individuelle Bauteiltoleranz in die Simulation mit ein.

Steht der Schalter „Direction" auf „Hi", so legt dieser fest, daß bei der Worst Case Analyse die größte Abweichung in positiver Richtung oberhalb des Nominalwertes gesucht werden soll.

Soll die Worst Case Analyse auf bestimmte Schaltungselemente eingeschränkt werden, sind diese im Eingabefeld „Devices" zu spezifizieren. Erfolgt hier kein Eintrag, besitzen die beschriebenen Voreinstellungen zu dieser Analyseart uneingeschränkte Gültigkeit für die gesamte Schaltung.

In der PROBE-Auswertungsgrafik ergeben sich also zwei Kurvenverläufe:

Nomineller Kurvenverlauf: Die Analyse wurde mit den Nennwerten durchgeführt.

Worst Case Kurvenverlauf :   Das Analyseergebnis zeigt die größtmögliche Abweichung
                                 vom nominellen Kurvenverlauf.

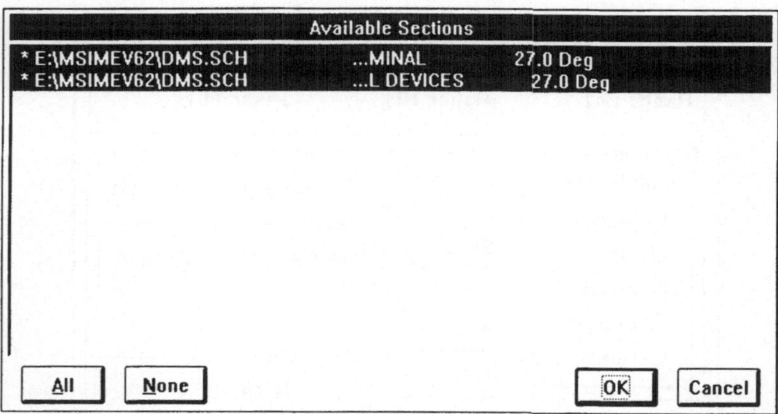

Als PROBE-Grafik ergibt sich:

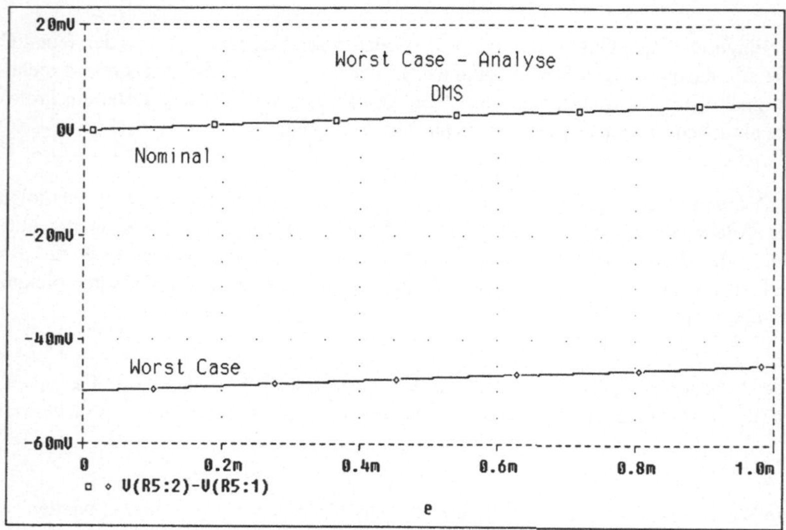

Jetzt kann der Schaltungsentwickler entscheiden, ob die Qualität der Bauteile in einer Schaltung ausreicht, um seinen Anforderungen gerecht zu werden.

9.8 Sensitivitätsanalyse (Empfindlichkeitsanalyse)

Diese Analyseart kann ausschließlich mit folgenden Bauteilmodellen durchgeführt werden:

> Bipolartransistoren
>
> Widerständen
>
> Dioden
>
> Unabhängige Spannungs- und Stromquellen
>
> Spannungs- und stromgesteuerte Schalter

Bei der Sensitivitätsanalyse wird jeweils ein einzelner Modellparameter innerhalb der Schaltung variiert und der Funktionsverlauf bezüglich einer spezifizierten Ausgangsvariablen um den Arbeitspunkt linearisiert. Somit kann für jeden Modellparameter im Hinblick auf die Ausgangsvariable die jeweilige Empfindlichkeit berechnet werden.

In das Einstellungsfenster der Empfindlichkeitsanalyse gelangt man über die Schaltfläche „Sensitivity..." des *Analysis/Setup* Menüs (Button ▣). Die durch Komma oder Leerzeichen voneinander getrennten Ausgangsgrößen werden in das „Sensitivity Analysis" Eingabefenster unter „Output Variable(s)" eingetragen.

Dazu folgendes kleine Beispiel:

Referenzdatei: EMPFIND.SCH

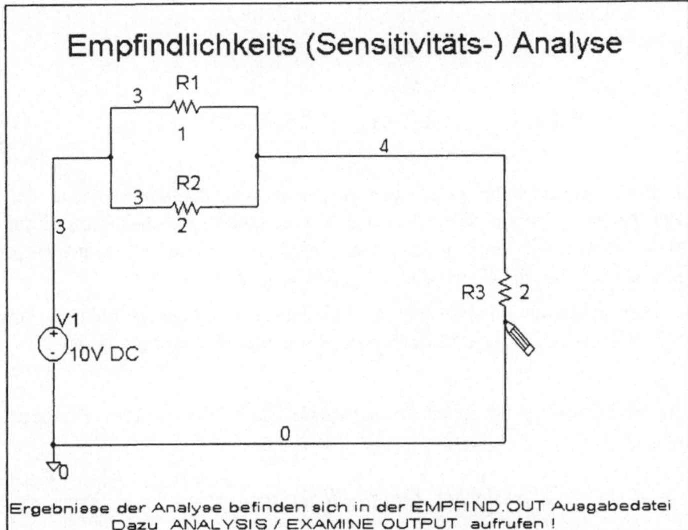

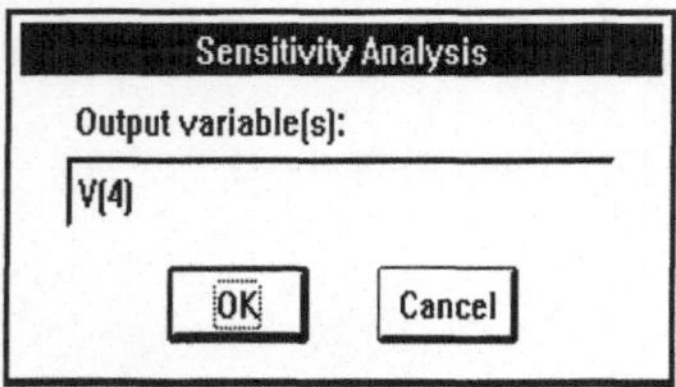

Nach der Simulation befinden sich in der EMPFIND.OUT Ausgabedatei zur Empfindlichkeit folgende Angaben:

```
****    DC SENSITIVITY ANALYSIS        TEMPERATURE =  27.000 DEG C



**************************************************************************
***



DC SENSITIVITIES OF OUTPUT V(4)


    ELEMENT       ELEMENT        ELEMENT      NORMALIZED
    NAME          VALUE         SENSITIVITY   SENSITIVITY
                                (VOLTS/UNIT) (VOLTS/PERCENT)


      R_R1        1.000E+00      -1.250E+00    -1.250E-02
      R_R2        2.000E+00      -3.125E-01    -6.250E-03
      R_R3        2.000E+00       9.375E-01     1.875E-02
      V_V1        1.000E+01       7.500E-01     7.500E-02
```

Einblick in diese Ausgabedatei erhält der Anwender mit *Examine Output* des *Analysis* Menüs. In der Spalte „Element Name" steht das Bauelement, welches Einfluß auf die Ausgangsvariable V(4) nehmen kann. In der Spalte „Element Sensitivity" steht eine prozentuale Angabe, die Auskunft über die Größe dieses Einflusses gibt.

Aus dieser Spalte geht zum Beispiel hervor, daß sich eine Spannungsänderung am Eingang (V_V1) mit 75 %iger Änderung am Leitungsstück 4 bemerkbar machen würde.

Die Werte in der letzten Spalte geben die normierte Empfindlichkeit an. Sie berechnet sich nach folgender Formel :

$$Normierte \;\; Empfindlichkeit = \frac{Empfindlichkeit \cdot Bauteilwert}{100}$$

In Schaltungen mit vielen Bauteilen kann die Ausgabedatei *.OUT bei einer Sensitivitätsanalyse sehr groß werden.

9.9 Bias Point Detail

Mit Aktivierung dieser Schaltfläche werden Detailinformationen der Arbeitspunktberechnung in der *.OUT Datei protokolliert. In diesem Menüpunkt können keine Setup Einstellungen vom Anwender vorgenommen werden. Der Arbeitspunkt wird berechnet, egal ob der „Bias Point Detail"-Befehl aktiviert wurde oder nicht. Ist dieser Menüpunkt mit einem Kreuz versehen, werden folgende Informationen zur Arbeitspunktberechnung in die *.OUT Ausgabedatei geschrieben:

– Liste aller analoger Knotennamen

– Liste aller digitalen Knotenzustände

– Die Ströme aller Spannungsquellen und ihre Gesamtleistung

– Liste der Kleinsignalparameter für alle Bauteile

Falls der „Bias Point Detail" Menüpunkt nicht aktiviert ist, werden Informationen nur zu den analogen Knotenspannungen und den digitalen Knotenzuständen ausgegeben.

9.10 Load Bias Point / Save Bias Point

Mit diesen beiden Menüpunkten können die Befehle .LOADBIAS bzw. .SAVEBIAS als Steueranweisung für PSpice in die *.CIR Simulationsnetzlistendatei aufgenommen werden. Je nach Art der Analyse werden so alle Knotenspannungen im Arbeitspunkt in einer Datei abgespeichert bzw. aus einer Datei geladen.

Im „Save Bias Point" Fenster sind zur Speicherung des Arbeitspunktes abhängig von der Analyseart (DC-Sweep, Gleichstromarbeitspunkt, Transient) folgende Einträge vorzunehmen:

File Name   → Vom Anwender frei zu wählender Dateiname zur Speicherung der Arbeitspunktdaten während der Simulation.

NOSUBCKT   → Je nach Aktivierung bleiben die Knotenspannungen der Unterschaltkreise für die Sicherung unberücksichtigt oder nicht.

Step   → Bezeichnung des Parametervariationsschrittes, für den die Arbeitspunktsicherung erfolgen soll.

MC Run   → Bezeichnung des Monte Carlo Durchlaufes, für den die Arbeitspunktsicherung erfolgen soll.

Temp   → Angabe des Temperaturwertes, für den die Arbeitspunktsicherung erfolgen soll.

DC1   → Spezifizierung des DC Sweep-Wertes, zu dem die Arbeitspunktdatenspeicherung gewünscht wird.

DC2   → Spezifizierung eines zweiten (abhängigen) DC Sweep-Wertes, zu dem die Arbeitspunktdatenspeicherung gewünscht wird.

Time   → Zeitpunkt einer Transientenanalyse, für den die Arbeitspunktwerte in einer Datei abgelegt werden sollen.

Time REPEAT → Bezeichnung der Zeit einer Intervallänge, nach der periodisch eine Arbeitspunktdatensicherung erfolgen soll. Die bestehenden Daten werden nach jedem Intervall überschrieben.

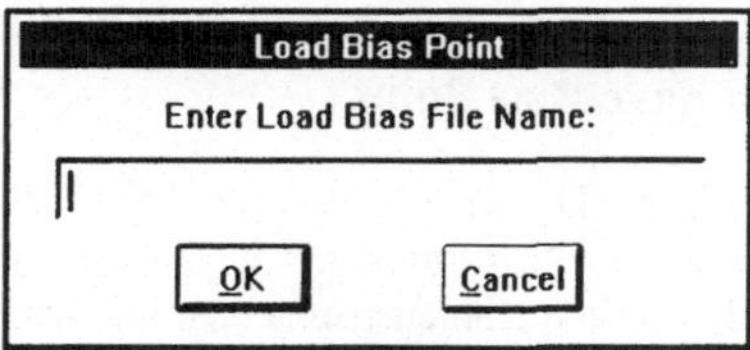

Die abgespeicherten Arbeitspunktdaten besitzen ASCII-Format. Exemplarisch kann eine solche Datei wie folgt aussehen:

```
****************************************************************************
*                                  *
* PSpice Bias Point Save File from:              *
*                                  *
* CIRCUIT:   "DCSWEEP.CIR"                    *
* TITLE:     "* E:\MSIMEV62\BEISPIEL\DCSWEEP.SCH"       *
* DATE OF RUN: 09/29/95                *
* TIME OF RUN: 14:18:32                *
* ANALYSIS:  "DC Sweep (DC)"             *
* TEMP:     27.0                 *
* DC SWEEP:   .02                     *
```

```
*                                      *
************************************************************************
.NODESET
+ V($N_0001)  = .0200000000
+ V($N_0002)  = 14.9999999790
+ V($N_0003)  = 15.0000000000
+ V(0)        = 0.0000000000
************************************************************************
```

9.11 Options - Menü zum Setzen globaler Systemparameter

Im *Analysis/Setup/Options* Menü können globale Parametereinstellungen für den PSpice Simulator vorgenommen werden.

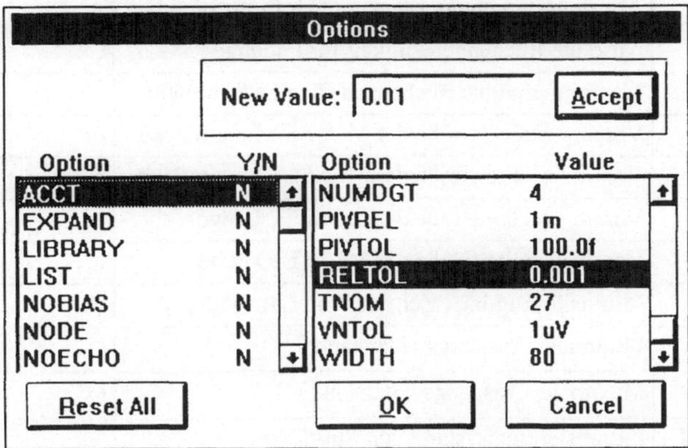

Die folgenden Einstellungen sind hier möglich:

Option	Bedeutung
ACCT	Ausgabe einer umfassenden Information über den Simulationslauf
EXPAND	Inhaltsauflistung der Arbeitspunktdatei sowie Unterschaltkreis-informationen
LIBRARY	Auflistung von Modellparameterzeilen aus den verwendeten Modell-bibliotheken
LIST	Erstellung einer Bauteilliste
NOBIAS	Gleichstromarbeitspunktsausgaben werden unterdrückt
NODE	Ausgabe einer vollständigen Knotentabelle

Tabelle Fortsetzung

NOECHO	Keine Ausgabe des „Circuit"- Dateiinhaltes innerhalb der *.OUT Datei
NOMOD	Verhindert das Auflisten von Modellparametern der verwendeten Bauteile in der *.OUT Datei
NOOUTMSG	Unterdrückt Fehlermeldungen in der *.OUT Datei
NOPRBMSG	Verhindert die Ausgabe von Fehlermeldungen in den Plotdateien
NOPAGE	Seitenformatierungen u. Sektionsüberschriften werden unterdrückt
NOREUSE	Unterdrückt das automatische Speichern und Laden der Arbeitspunktwerte
OPTS	Listenausgabe aller PSpice Optionswerte

Parameteroptionen mit numerischer Eingabe:

Option	Bedeutung	Einheit	Default
ABSTOL	Absolute Berechnungsgenauigkeit für Ströme	A	1pA
CHGTOL	Absolute Rechengenauigkeit für Ladungen	C	0.01pC
CPTIME	Maximal erlaubte Rechenzeit für eine Simulation	s	1e6
DEFAD	Voreingestellte Größe der MOSFET Drainfläche	m^2	0
DEFAS	Voreingestellte Größe der MOSFET Sourcefläche	m^2	0
DEFL	Voreingestellte Größe der MOSFET Länge	m	100u
DEFW	Voreingestellte Größe der MOSFET Breite	m	100u
DIGFREQ	Minimaler digitaler Zeitschritt in 1/DIGFREQ	Hz	10GHz
DIGDRVF	Minimaler Ausgangswiderstand	Ω	2
DIGDRVZ	Maximaler Ausgangswiderstand	Ω	20kΩ
DIGINITSTATE	Initialisierungszustand von Flipflops 0 = CLEAR 1 = SET 2 = unbestimmt		2
DIGIOLVL	Vier Schnittstellenmodelle: 1 Standardmodell mit Rise, Fall und X 2 wie 1 ohne Zwischenzustände 3 komplexeres Modell mit Rise, Fall und X 4 wie 3 ohne Zwischenzustände		1
DIGMNTYMX	Gatterlaufzeit: 1=min 2=typ 3=max. 4=Worst Case		2
DIGMNTY-SCALE	Skalierungsfaktor für die Berechnung der minimalen Gatterlaufzeit aus der typischen		0.4
DIGTYMX-SCALE	Skalierungsfaktor für die Berechnung der maximalen Gatterlaufzeit aus der typischen		1.6
GMIN	Minimaler Verbindungsleitwert	Ω^{-1}	1e12

Tabelle Fortsetzung

ITL1	Maximale Zahl an Iterationsschritten zur Berechnung des Arbeitspunktes		150
ITL2	Maximale Zahl an Iterationsschritten zur Berechnung des Arbeitspunktes bei gegebenen Anfangsbedingungen		20
ITL4	Maximale Zahl an Iterationsschritten zur Berechnung eines Schrittes bei der Transientenanalyse		10
ITL5	Maximale Anzahl an Iterationsschritten des gesamten Transientenanalysedurchlaufes (0 bedeutet ∞)		0
LIMPTS	Maximale Anzahl der Einträge in PRINT oder PLOT-Tabellen (0 bedeutet ∞)		0
NUMDGT	Anzahl der auszugebenden Nachkommastellen von Simulationsergebnissen in *.OUT Dateien		4
RELTOL	Relative zulässige Toleranz von Spannungs- und Stromwerten, innerhalb deren Grenzen der jeweils iterierte Wert konvergieren muß		0.001
TNOM	Globale Temperatur, gültig für alle Analysearten	°C	27
VNTOL	Höchste Genauigkeit für Spannungen	V	1uV
WIDTH	Festlegung der Spaltenanzahl zur Darstellung innerhalb der Ausgabedateien (*.OUT)		80

Kommt es bei der Transientenanalyse zu einem Konvergenzproblem, so kann durch Variation von ABSTOL, ITL4, RELTOL und VNTOL das Problem in vielen Fällen umgangen werden. Dabei können allerdings keine allgemeingültigen Richtwerte für die einzustellenden Parameter angegeben werden, da diese der jeweiligen Analyseproblemstellung anzupassen sind (vgl. auch Kapitel „Maßnahmen zur Behebung von Konvergenzproblemen").

10 PSpice – Setup und Syntax

10.1 PSpice – Setup

Zusammen mit dem Start des PSpice Simulators durch Aufruf der PSPICE.EXE Datei können optional Systemsteueranweisungen angefügt werden. Diese sind im Menü *Options/Editor Configuration/App Settings* zu spezifizieren.

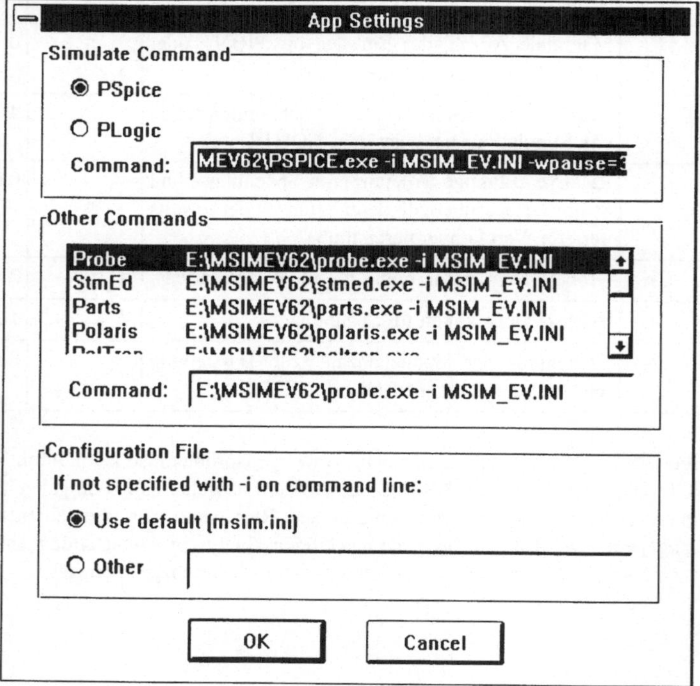

Das Format der Befehlszeile für PSpice lautet:

pspice.exe *[option][input file][output file][command file][data file]*

Optionen können entweder mit einem " - " oder "/ " abgetrennt werden. Hier eine Auswahl der wichtigsten Einstellungen:

-i<Datei>	Spezifiziert die Initialisierungsdatei (Default: MSIM_EV.INI)
-@<command file>	Spezifiziert den Namen der abzuarbeitenden Command Datei *.CMD
-wOUT = <suffix>	Ermöglicht, die Extentions der Simulationsausgabedateien anwenderspezifisch festzulegen. Falls keine Angaben erfolgen, wird *.OUT als Standardeinstellung verwendet.
-wDAT = <suffix>	Spezifiziert die Extentions für die PROBE Datenfiles. Falls keine Angaben erfolgen, wird *.DAT als Standardeinstellung verwendet.
-wONLY	Beendet PSpice, nachdem alle angegebenen Dateien erstellt wurden.
-wTEMP	Erlaubt die genaue Angabe eines Verzeichnisses, in das PSpice temporäre Dateien zwischenspeichern kann.
-wPAUSE=<seconds>	Gibt die maximale Zeit an, die die Statusdialogbox angezeigt werden soll. Wenn die angegebenen Sekunden verstrichen sind, bevor der Anwender einen der Buttons angeklickt hat, wird der Dialog in der Annahme beendet, daß mit OK geantwortet wurde.
-wTXT=<suffix>	Ermöglicht, die Extentions der Simulationdatendateien im CSDF-Format anwenderspezifisch festzulegen. Falls keine Angaben erfolgen, wird *.TXT als Standardeinstellung verwendet (Voreinstellungen im Menü *Analysis/Probe Setup*).

Auftretende Dateiformen:

input file	Zu simulierende Circuit Datei (voreingestellt *.CIR) für PSpice
output file	Ausgabedatei (voreingestellt *.OUT)
command file	Name der Kommandodatei (voreingestellt *.CMD)
data file	PROBE Grafikauswertedatei (voreingestellt *.DAT)
	Ausgabe auch als Textfile (voreingestellt *.TXT) möglich

10.2 Struktur der Simulationsnetzlisten

Als Grundlage zur Simulation benötigt PSpice eine Simulationsnetzliste, die die Schaltung in einer speziellen Syntax beschreibt. Diese Netzliste kann durch Übersetzungsroutinen z.B. von SCHEMATICS oder „von Hand" mittels eines Texteditors erstellt worden sein. Eine mit einem Texteditor erstellte *.CIR Datei kann zum einführenden Schaltungsbeispiel des Reihenschwingkreises wie folgt aussehen:

```
.LIB NOM.LIB
.AC DEC 500 1kHz 1GHz
.OP
```

```
.PROBE V(R1)


C1 2 3 1n
L1 1 2 10uH
R1 3 0 1k
V1 1 0 AC 10V 0 SIN(0V 14.14V 50Hz 0 0 0)
.END
```

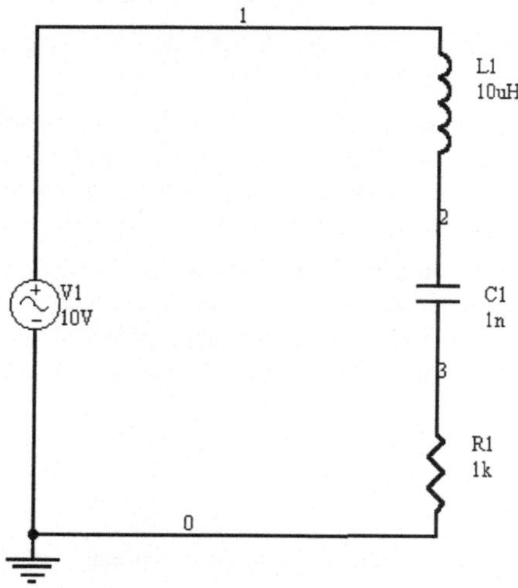

Die „.AC DEC 500 1kHz 1GHz" Anweisung besagt, daß eine Kleinsignalanalyse im Frequenzbereich zwischen 1 kHz und 1 GHz durchgeführt werden soll, wobei 500 Punkte pro Dekade berechnet werden sollen. Die Angabe DEC bewirkt dabei eine logarithmische Frequenzänderung.

Die Steueranweisung .OP erzeugt detaillierte Angaben zur Berechnung des Arbeitspunktes in der Ausgabedatei *.OUT.

Da eine grafische Ausgabe der Spannung über R1 gewünscht wird, veranlaßt die Anweisung .PROBE V(R1) die Erzeugung einer *.DAT Binärdatei mit Daten über die Spannung am Widerstand R1 (Knoten 3) gegen Masse.

Zum Schluß folgt vor der .END Anweisung die eigentliche Schaltungsbeschreibung durch die Simulationsnetzliste. Hinter der Bauteilbezeichnung z.B. R1 folgen die Knotennummern zwischen denen sich das Bauteil befindet. Anschließend wird dann der Bauteilwert mit eventuell weiteren Bauteilparametern aufgeführt. Bezogen auf das obige Beispiel hat der Widerstand R1 also den Wert von 1kΩ und liegt in der Schaltung zwischen den Knoten 3 und 0.

> Hinweis:
> Auf die Reihenfolge der Bauteilauflistung und auf die Groß- oder Kleinschreibung braucht nicht geachtet zu werden. Allerdings ist die Reihenfolge der Bauteilparameter nicht beliebig. Es muß hier nach jedem Eintrag stets ein Leerzeichen vorhanden sein.

Im Vergleich sei die zu diesem Schaltungsbeispiel von SCHEMATICS generierte *.CIR Datei wiedergegeben.

Referenzdatei: SCHWINGK.CIR

```
* E:\MSIMEV62\BEISPIEL\SCHWINGK.SCH

* Schematics Version 6.2 - April 1995
* Wed Aug 30 09:14:02 1995


** Analysis setup **
.ac DEC 500 1kHz 1G
.OP


* From [SCHEMATICS NETLIST] section of msim.ini:
.lib nom.lib

.INC "SCHWINGK.net"
.INC "SCHWINGK.als"


.probe


.END
```

Auffallend ist, daß nur die Steueranweisungen direkt vorhanden sind. Die eigentliche Netzliste und die Knotenzuweisungen werden als getrennte Dateien *.NET sowie *:ALS mittels der .INC Anweisung eingebunden.

Inhalt der Datei SCHWINGK.NET:

```
* Schematics Netlist *



V_V1            1 0 DC 0V AC 10V
+SIN 0V 14.14V 50Hz 0 0 0
L_L1            2 1  10uH
C_C1            3 2  1n
R_R1            0 3  1k
```

Inhalt der Datei SCHWINGK.ALS:

```
* Schematics Aliases *


.ALIASES
V_V1            V1(+=1 -=0 )
L_L1            L1(1=2 2=1 )
C_C1            C1(1=3 2=2 )
R_R1            R1(1=0 2=3 )
_      _(1=1)
_      _(2=2)
_      _(3=3)
.ENDALIASES
```

10.3 PSpice – Syntax der wichtigsten Quellen und Bauteile

Aufgrund der Vielzahl von Bauelementen und Modellparametern soll im Folgenden nur ein grober Überblick über deren Syntax innerhalb der Simulationsnetzlisten gegeben werden. Der interessierte Leser sei hier auf die Spezialliteratur verwiesen.

Die Angaben in Klammern [ ] stellen eine Option dar und können je nach Bedarf auch entfallen.

Gleichspannungs- bzw. Gleichstromquelle:

Vxxx   k+ k- [DC] wert   xxx = Platzhalter für Label

bzw.

Ixxx   k+ k- DC wert

mit

k+ = Knotennummer Pluspol

k- = Knotennummer Minuspol

wert = Spannungs-/Stromwert

Beispiel: V2 1 2 1V

Sinusquellen (für die AC-Analyse):

Vxxx   k+ k- AC spwert [p]

Ixxx   k+ k- AC stwert [p]

mit

k+ = Knotennummer Pluspol

k- = Knotennummer Minuspol

spwert = Spannungswert als Spitzenwert

stwert = Stromwert als Spitzenwert

p = Phase in Grad

Beispiel: VAC1 2 3 AC .01V 90

Pulsquellen:

Vxxx k+ k- PULSE <Parameterliste>

Ixxx k+ k- PULSE <Parameterliste>

mit

k+ = Knotennummer Pluspol

k- = Knotennummer Minuspol

und der Parameterliste

v1   Anfangsspannung

v2   Spitzenspannung

il   Anfangsstrom

i2   Spitzenstrom

td   Verzögerungszeit zu Beginn

tr   Anstiegszeit

tf   Abfallzeit

pw   Pulsweite

per   Periodendauer

Beispiel: PULSE 0.4V 2V 1ms 300us 100us 2ms 4ms

Gesteuerte Quellen:

Exxx k+ k- s+ s- sf   (spannungsgesteuerte Spannungsquelle)

Hxxx k+ k- spq sr   (stromgesteuerte Spannungsquelle)

Gxxx k+ k- s+ s- sl   (spannungsgesteuerte Stromquelle)

Fxxx k+ k- spq sf   (stromgesteuerte Stromquelle)

mit

k+ = Knotennummer Pluspol der gesteuerten Quelle

k- = Knotennummer Minuspol der gesteuerten Quelle

s+ = Knotennummer Pluspol der Steuerspannung

s- = Knotennummer Minuspol der Steuerspannung

sf = Steuerfaktor

sl = Steuerleitwert

sr = Steuerwiderstand

spq = Bezeichnung der modellinternen stromdurchflossenen Spannungsquelle

Beispiel: Esp 1 2 3 4 200

Ohmsche Widerstände:

Rxxx k+ k- (<model>) wert (TC = <TCl, TC2>)

mit

model = Modellname

wert = Widerstandswert

TCl = linearer Temperaturkoeffizient

TC2 = quadratischer Temperaturkoeffizient

Beispiel: R1 10 12 10k TC=0.023, -.004

Kondensatoren:

Cxxx k+ k- (<model>) wert (IC = <vorsp>)

mit
model = Modellname
wert = Kapazität
vorsp = Vorspannung (zur Zeit t = 0)

Beispiel: C1 1 2 CBREAK 10n

Spulen:

Lxxx k+ k- (<model>) wert (IC = <init>)

mit
model = Modellname
wert = Induktivitätswert
init = Initialisierungsstrom

Beispiel: L13 1 2 LBREAK 2E-6 IC = 1mA

Dioden:

Dxxx k+ k- (<model>)
mit
model = Modellname

Beispiel: D11 1 3 DBREAK

Bipolartransistor:

Qxxx c b e f (<model>)

mit

c = Kollektorknoten

b = Basisknoten

e = Emitterknoten

f = Substratknoten (wenn vorhanden)

model = Modellname

Bsp.: Q1 1 2 3   NPNMOD

MOSFET:

Mxxx d g s bs

mit

d = Drainknoten

g = Gateknoten

s = Sourceknoten

bs = Substratknoten

Beispiel: M1 10 5 4 1 PNOM

10.4 Syntax der PSpice Steueranweisungen

Zur Festlegung von Art und Ablauf der Analyse sind in den *.CIR Dateien Steueranweisungen erforderlich. Eine Übersicht über die wichtigsten Sequenzen soll die folgende
Aufstellung geben.

AC Sweep Analyse:

.AC { LIN / DEC /OCT } points start stop

Kleinsignalanalyse im Frequenzbereich zwischen Start- und Stopfrequenz

mit

LIN, DEC, OCT = Art des Sweep: linear, logarithmisch zur Basis 10 bzw. 2

points = Anzahl der zu berechnenden Punkte

start = Startfrequenz

stop = Stopfrequenz

Beispiel: .AC DEC 50 1kHz 100kHz

Die Analyse wird mit logarithmischer Frequenzänderung im Bereich von 1kHz bis 100kHz
mit 50 Punkten pro Dekade durchgeführt.

DC Sweep Analyse:

.DC varname start stop schritt

mit

varname = Variablenname

start = Startspannung

sp = Endspannung

schritt = Schrittweite

Beispiel: .DC VS -.5 .4 .03

Die Gleichspannung VS wird beginnend von -0,5V in Schritten von 0,03V bis zu einem Wert von 0,4V geändert.

END Befehl:

.END

Bildet den Abschluß der PSpice Eingabedatei (*.CIR).

ENDS Befehl:

.ENDS sub

mit

sub = Name des Unterschaltkreises

Beispiel: .ENDS DARLINGTON

Dieser Befehl dient zur Abgrenzung von Unterschaltkreisnetzlisten innerhalb der Netzlisten in der *.CIR Datei. Die Einleitung erfolgt vorher durch den .SUBCKT Befehl. DARLINGTON ist der Subcircuit Name.

Fourieranalyse:

.FOUR freq [harmon] outvar

mit

freq = Frequenz der Grundwelle

harmon = Anzahl der zu berechnenden Harmonischen

outvar = Ausgangsvariable(n)

Befehl zur Durchführung der Fourier Analyse

Beispiel: .FOUR 50Hz 7 V(2,3)

FUNC Befehl:

.FUNC name (argument(e)) formel

mit

name = Funktionsname

argument(e) = Übergebene Argumente anderer Funktionen

formel = Arithmetischer Ausdruck

Der Befehl dient zur Gliederung langer arithmetischer Ausdrücke in Unterfunktionen

Beispiel: .FUNC KUB(x) x*x*x

IC Befehl:

.IC outvar = wert

mit

outvar = Ausgangsvariable

wert = Startwert

Legt einen Arbeitspunktes fest.

Beispiel: .IC V(4) = 10 V

INC Befehl:

.INC <Suchpfad> <Dateiname.extension>

Einbinden von Dateien

Beispiel:
.INC SCHWINGK.NET

LIB Befehl:

.LIB <Suchpfad> <Dateiname.extension>

Aktiviert eine Modell- oder Subcircuit-Library

Wird der Suchpfad und der Dateiname nicht angegeben, wird die Bibliotheksdatei NOM.LIB im aktuellen Verzeichnis gesucht. Aus ihr werden dann die Modellparameter des benötigten Bauteils entnommen..

Beispiele: .LIB C:\MSIMEV62\LIB\EBIPOLAR

.LIB ediode.lib

LOADBIAS Befehl:

.LOADBIAS <Dateiname>

Dieser Befehl steht für „Load Bias-Point File" und lädt eine zuvor mit .SAVEBIAS abgespeicherte Arbeitspunkt Datei.

Beispiel: .LOADBIAS savegr.nod

Monte Carlo-Analyse:

.MC läufe ana outvar function [option] [seed = wert]
mit
läufe = Anzahl der MC-Läufe
ana = Analyseart
outvar = Ausgangsvariable, für die die Berechnung erfolgen soll
function = Suchfunktionsangabe (möglich: YMAX, MAX, MIN, RISE_EDGE(wert), FALL_EDGE(wert))
option = Festlegung des auszugebenden Wertebereiches
seed = Wert zur Initialisierung des Zufallsgenerators

Dieser Befehl analysiert eine Schaltung durch eine Monte Carlo-Analyse

Beispiel:
.MC 50 TRAN V(4) YMAX SEED=8750

NODESET Befehl:

.NODESET outvar = wert

mit

outvar = Ausgangsvariable

Dient zum Festlegen eines Startwertes zur Arbeitspunktberechnung.

Beispiel:
.NODESET V(5)=5.6

Rauschanalyse:

.NOISE V(kx,ky,...) quelle [inter]

mit

V(kx,ky,..) = Knoten, über die die Summe der einzelnen Rauschbeiträge gebildet werden soll.

quelle = Name der unabhängigen Strom- oder Spannungsquelle, für die das Eingangsrauschen ermittelt werden soll.

inter = Intervallangabe, die festlegt, nach wievielen Frequenzschritten eine detaillierte Rauschanalyse zu erfolgen hat.

Der Befehl .NOISE startet eine Rauschanalyse.

Beispiel:
.NOISE V(3) VIN 100

Es wird das Eingangsrauschen für die Spannungsquelle VIN durch Knoten 3 im Intervall von 100 Hz berechnet.

OP Befehl:

.OP

Dieser Befehl erzeugt ein detailliertes Protokoll über die Arbeitspunktberechnung in der *.OUT Datei.

OPTIONS Befehl:

.OPTIONS name/name=wert

Der Befehl .OPTIONS ändert die PSpice Kontrollparameter für den aktuellen Analyselauf. (Vergleiche Kapitel „Options-Menü zum Setzen globaler Systemparameter")

Beispiel:
.OPTIONS ITL4=15

PARAM Befehl:

.PARAM name=wert
mit
name = Parametername
wert = Konstante

Weist einem Parameternamen einen konstanten oder berechneten Wert zu.

Beispiel:
.PARAM PI = 3.14259

PLOT Befehl:

.PLOT ana outvar
mit
ana = Analyseart
outvar = Ausgangsvariable

Veranlaßt, die Simulationsergebnisse (Transient, AC , DC usw.) in Zeilenplotform für die angegebenen Variablen in der *.OUT Datei auszugeben. Werden keine spezifischen Ausgangsvariablen definiert, so gibt PSpice die Ergebnisse für alle Knoten aus.

Beispiel:
.PLOT DC V(6) V(8) V(3,4)

PRINT Befehl:

.PRINT ana outvar
mit
ana = Analyseart
outvar = Ausgangsvariable

Veranlaßt, die Simulationsergebnisse (Transient, AC , DC usw.) in Tabellenform für die angegebenen Variablen in der *.OUT Datei auszugeben. Werden keine spezifischen Ausgangsvariablen definiert, so gibt PSpice die Ergebnisse für alle Knoten aus.

Beispiel:

.PRINT DC V(6) V(8) V(3,4)

PROBE Befehl:

.PROBE ana wert

mit

ana = Analyseart

outvar = Ausgangsvariable

Schreibt die angegebenen Ausgangsvariablen in eine binäre Datei zur grafischen Auswertung. Ohne Angabe einer Ausgangsvariablen werden alle Ströme und Knotenspannungen gespeichert.

Beispiel:

.PROBE V(1) V(5,6)

SAVEBIAS Befehl:

.SAVEBIAS <Dateiname>

Dieser Befehl steht für „Save Bias-Point File" und speichert eine Arbeitspunkt Datei.

Beispiel: .SAVEBIAS savegr.nod

Empfindlichkeitsanalyse:

.SENS outvar

mit

outvar = Ausgangsvariable

Für die angegebenen Variablen wird eine DC-Empfindlichkeitsanalyse (Sensitivity Analysis) gestartet.

Beispiel:

.SENS V(4) V(9,11)

STEP Befehl:

.STEP varname start stop schritt

mit

varname = Variablenname

start = Startwert

sp = Endwert

schritt = Schrittweite

Mit diesem Befehl ist es möglich, bestimmte Parameter (Modellparameter und globale Parameter) in allen Analysearten schrittweise zu variieren.

Beispiel:

.STEP VDS 2V 18V .4V

Die Drain-Sourcespannung VDS wird von 2 V in Schritten von 0,4V bis 18V gesteigert.

SUBCKT Befehl:

.SUBCKT name kx ky kn...

mit

name = Bezeichnung des Unterschaltkreises

kx ky kn... = Anschlußknoten

Definiert einen Unterschaltkreis, z.B. einen Darlington Transistor mit 3 Pinbelegungen.

Beispiel:

.SUBCKT DARLINGTON 1 2 3

TEMP Befehl:

.TEMP x y n...

mit

x y n... = Temperaturwerte in °C

Legt die Temperaturwerte fest, für die eine Temperaturanalyse durchgeführt werden soll.

Beispiel:

.TEMP 0 30 45

Transienten Analyse:

.TRAN [/OP] schritt tstop [del] [stc] [UIC]

mit

/OP = Veranlaßt detaillierte Angaben über Arbeitspunktanalyse in der *.OUT Datei

schritt = print step (Datenausgabeperiode in der *.OUT Datei)

tstop = final time (Endzeit der Simulation)

del = results delay (Start einer zeitverzögerten Ausgabe)

stc = step ceiling (standardmäßig werden 50 Werte berechnet: stc = $\dfrac{tstop}{50}$)

UIC = Use Initial Conditions (Überspringen der Arbeitspunktanalyse zugunsten „eingeprägter" Festwerte)

Der Befehl .TRAN startet eine Transientenanalyse

Beispiel:
.TRAN 0.5ms 100ms

Die Analyse erfolgt im Zeitbereich von 0 - 100ms mit einer Rechenschrittweite von 2ms. Die Ausgabe erfolgt alle 0,5ms in der *.OUT Datei.

Worst Case Analyse:

.WCASE ana outvar function VARY options

mit

ana = Analyseart

outvar = Ausgangsvariable

function = Suchfunktionsangabe (möglich: YMAX, MAX, MIN, RISE_EDGE(wert), FALL_EDGE(wert))

options = Auswahl der möglichen Toleranzvariation (verfügbar DEV, LOT)

Führt eine Worst Case Schaltungsanalyse durch.

Beispiel:
.WCASE DC V(R3) YMAX VARY LOT

10.5 Struktur der Ausgabelisten (*.OUT)

Die *.OUT Ausgabelisten können im *Analysis* Menü mit *Examine Output* überprüft werden oder sind bei Fehlermeldungen direkt mit *File/Examine Output* einzusehen.

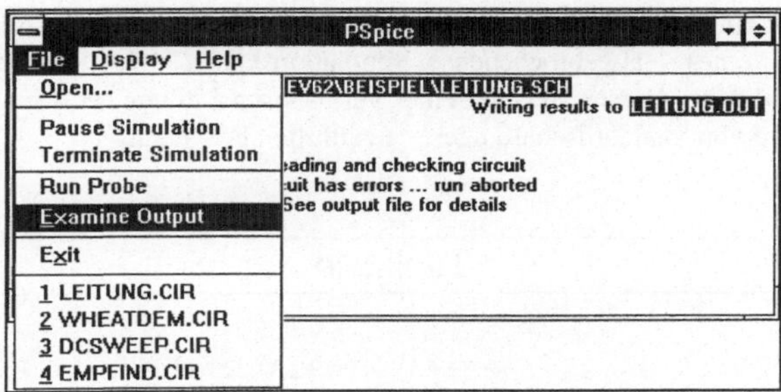

In den Ausgabelistings wird die Ursache eines aufgetretenen Simulationsabbruches spezifiziert, so daß diese für den nächsten Simulationslauf behoben werden kann. Die *.OUT Dateien sind nach folgendem Schema aufgebaut:

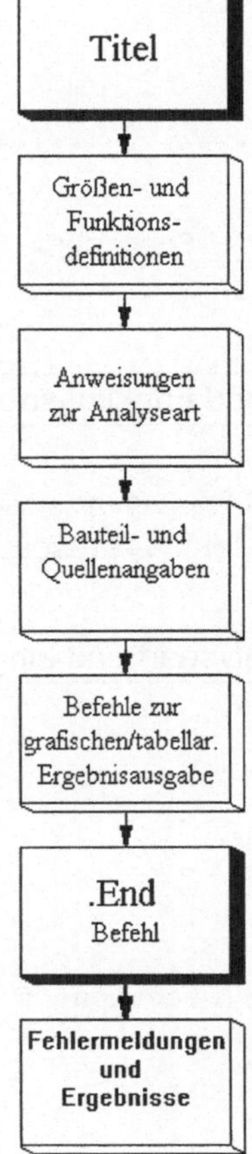

Exemplarisch für eine nach einer Fehlermeldung generierte *.OUT Datei soll an dieser Stelle die Ausgabe eines abgebrochenen Simulationslaufes des Schaltungsbeispieles LEITUNG.SCH dienen. Dieses Beispiel einer verlustlosen Leitung wird im Kapitel „Untersuchungen anhand von Standardschaltungen" ausführlich behandelt.

Titelzeile

```
**** 08/24/95 09:26:25 ******* Win32s Evaluation PSpice (July
1995) *********


 * E:\MSIMEV62\BEISPIEL\LEITUNG.SCH



 ****      CIRCUIT DESCRIPTION



******************************************************************


* Schematics Version 6.1a - September 1994
* Wed Aug 24 09:25:27 1995
```

Größen- und Funktionsdefinitionen

```
.PARAM          L =0.2u c=60p Laenge=300
.PARAM          ZW={SQRT(L/C)} v={1/SQRT(L*C)} TD={Laenge/v}
```

Syntaxbefehle zu Analyseart und eingebundenen Dateien

```
** Analysis setup **
.tran 10u 10u 0 0.001u
.OP



* From [SCHEMATICS NETLIST] section of msim.ini:
.lib nom.lib

.INC "LEITUNG.net"
```

```
**** INCLUDING LEITUNG.net ****
* Schematics Netlist *
```

Bauteil- und Quellenparameterliste

```
T_T1          2 3 4 0 Z0={ZW} TD={TD}
R_Ri          2 1 10
R_Rv          0 4 500
V_V1          1 3   pulse( 0 100 0 0.01u)


**** RESUMING LEITUNG.CIR ****
.INC "LEITUNG.als"


**** INCLUDING LEITUNG.als ****
* Schematics Aliases *


.ALIASES
T_T1          T1(A+=2 A-=3 B+=4 B-=0 )
R_Ri          Ri(1=2 2=1 )
R_Rv          Rv(1=0 2=4 )
V_V1          V1(+=1 -=3 )
_      _(2=2)
_      _(3=3)
_      _(4=4)
_      _(5=0)
_      _(1=1)
.ENDALIASES



**** RESUMING LEITUNG.CIR ****
```

Syntaxbefehl zur Ausgabeform

```
.probe
```

End Befehl

`.END`

Simulationsfehlermeldungen

```
ERROR -- Node 2 is floating
ERROR -- Node 3 is floating
ERROR -- Node 1 is floating
```

Kommentarzeilen sind mit einem "*" gekennzeichnet. Das Semikolon ";" erlaubt das direkte Anfügen eines Kommentars an eine Befehlszeile. Mit dem "+"-Symbol am Zeilenanfang wird eine vorhergehende Eingabezeile, die über den rechten Bildschirmrand hinausgeht, fortgesetzt.

Syntaxbefehle beginnen alle mit einem vorangestellten Punkt, z.B.:

`.tran 10u 10u 0 0.001u`   → Angaben zur Transientenanalyse

`.OP`   → Protokoll über Arbeitspunktberechnung

Die Bauteilparameterzeilen sind, wie im Kapitel „Struktur der Simulationsnetzlisten" bereits beschrieben, nach folgendem Schema aufgebaut:

Die ersten beiden Zahlen geben die Knotennummern an, zwischen denen sich das Bauteil befindet. Es folgt dann der Bauteilwert mit eventuell weiteren Bauteilparametern. So besagt in obiger Liste die Zeile "R_Ri 2 1 10", daß sich der ohmsche Widerstand Ri mit einem Bauteilwert von 10Ω zwischen den Schaltungsknoten 2 und 1 befindet.

Die Schaltungsbeschreibung in Listenform wird stets mit dem .END Befehl abgeschlossen.

Am Listenende stehen die Warnings, Fehlermeldungen und Simulationsergebnisse.

11 Signalmodellierung mit dem Stimulus-Editor und individuelle Bausteinerstellung mit PARTS

11.1 Signalmodellierung mit dem Stimulus-Editor

Mit Hilfe des Stimulus Editors ist es möglich, analoge und digitale Eingangstestsignale mit beliebigem Signalverlauf in eine Schaltung einzuspeisen. Alle Stimulusquellen befinden sich in der Bibliothek SOURCE.SLB.

Hinweis:

Die Test-Version ist eingeschränkt auf die Erzeugung sinusförmiger Stimulussignale.

Mit *Get New Part* aus dem *Draw* Menü (Button ⬚) läßt sich beispielsweise die Quelle VSTIM auf der Arbeitsoberfläche plazieren. Anschließend ist es notwendig, die (noch unvollständige) Zeichnung erst einmal abzuspeichern, damit der Stimulus-Editor auch aufgerufen werden kann. Nach dem Markieren der VSTIM-Quelle wird mit dem *Stimulus* Befehl des *Edit* Menüs der Stimulus-Editor aktiviert, wobei zunächst ein Attributfenster zur Eingabe der Quellenbezeichnung eröffnet wird:

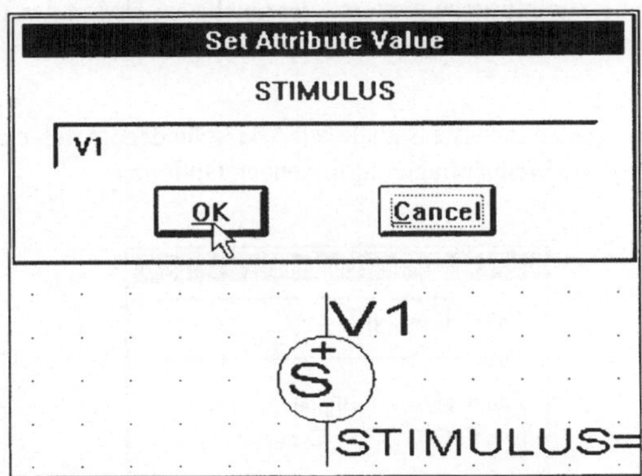

Alternativ kann auch durch einen Doppelklick auf das Quellensymbol VSTIM der Editor gestartet werden. Als nächstes erscheint ein Attributfenster zur weiteren Spezifikation:

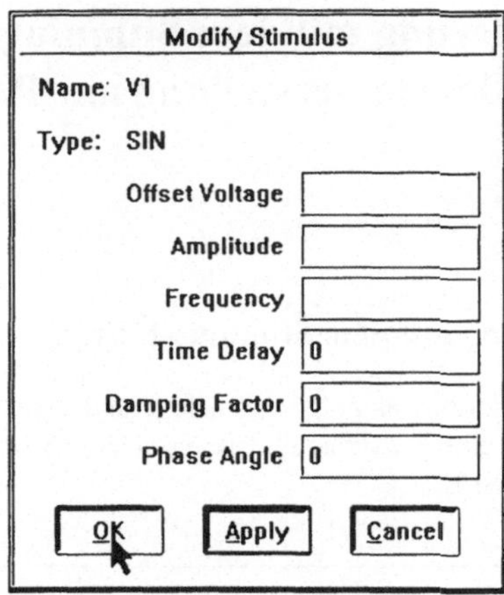

Offset Voltage	→	Offsetspannung (Spannungsabweichung)
Amplitude	→	Amplitude
Frequency	→	Frequenz
Time Delay	→	Zeitverzögerung
Damping Factor	→	Dämpfungsfaktor
Phase Angle	→	Phasenwinkel

Prinzipiell können ähnliche Signalverläufe auch schon mit der Spannungsquelle VSIN erzeugt werden, so daß die Stimuluserzeugung mit der Quelle VSTIM in der Testversion eigentlich keine nennenswerten Vorteile bringt.

In der Vollversion dagegen können die Signale auf 5 verschiedene Arten erzeugt werden. Mit *Stimulus/New* erscheint eine Menüabfrage mit folgenden Optionen:

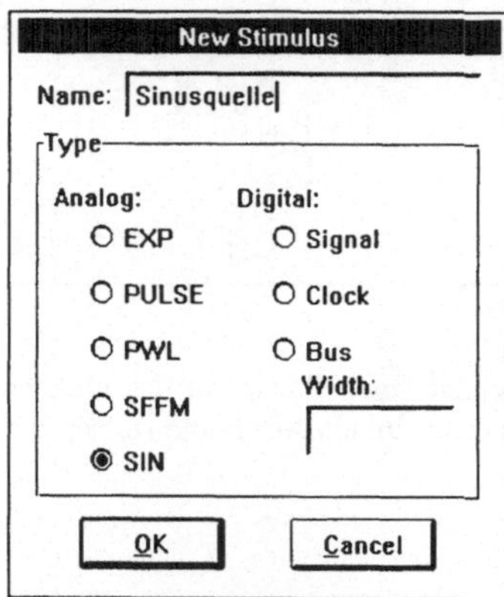

EXP	→	Exponentialfunktionen
PULSE	→	Pulsfunktionen (auch periodisch)
PWL	→	Stetige Signalverläufe
SFFM	→	Frequenzmodulierte Signalformen
SIN	→	Sinusförmige Signale

Besonders vorteilhaft erweist sich die Option PWL. Mit einem symbolischen Bleistift wird der gewünschte Kurvenverlauf gezeichnet:

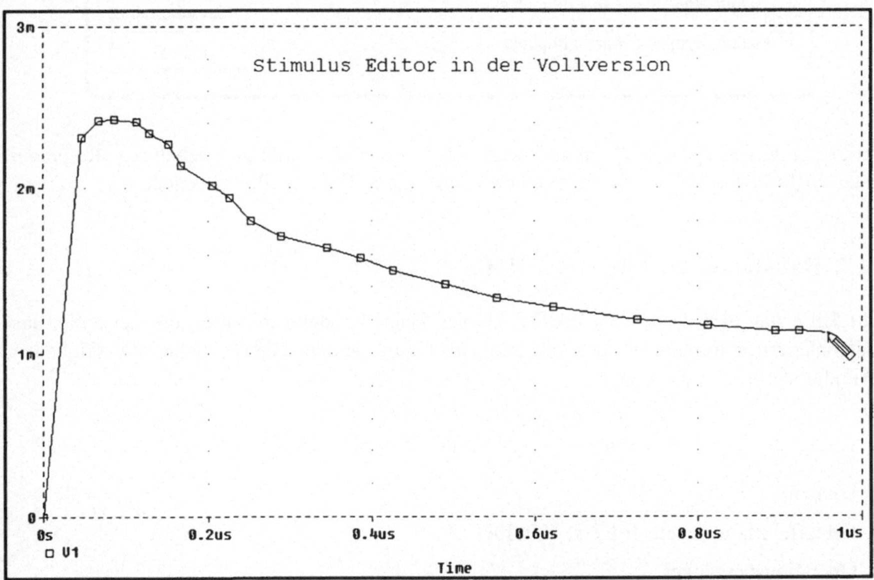

Die obenstehende Abbildung zeigt die grafische Eingabe des Kurvenverlaufes eines Stimulussignales in der Vollversion.

Ein solches Vorgehen ist nur bei den Quellen VSTIM, ISTIM und DIGSTIM möglich. Bei den restlichen Stimulusquellen DIGCLOCK, FILESTIM, STIM1, STIM4, STIM8 und STIM16 wird der Stimulus-Editor nicht aktiviert. Die Festlegung der Stimulussignale erfolgt über die Attributmenüs der Symbole.

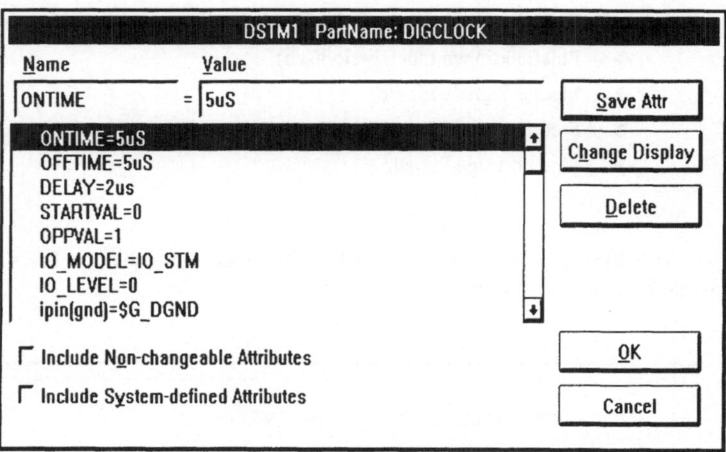

Zu der zu einem späteren Zeitpunkt noch vorgestellten Schieberegisterschaltung (Referenz-datei: SREGIST.SCH) wurde zur Takterzeugung eine STIM1-Quelle verwendet.

11.2 Bausteinerstellung mit PARTS

Mit Hilfe des Programmteiles PARTS können Bauteilmodelle in Anlehnung an reale, aus Datenblättern entnommene Bauteilkennlinien editiert werden. Hierfür stehen die folgenden Grundmodelle zur Verfügung:

- Bipolartransistoren

- Dioden

- Feldeffekttransistoren (JFET´s, MOSFET´s)

- Operationsverstärker

- Komparatoren

- Spulen mit Ferritkern

- Referenzspannungsquellen

- Spannungsregler

Hinweis:

In der Testversion ist die Bausteinerstellung mit PARTS auf Dioden eingeschränkt.

Im Folgenden soll anhand eines Diodenmodells mit Hilfe von PARTS die grundsätzliche Vor-gehensweise beispielhaft demonstriert werden.

Der Programmstart von PARTS erfolgt mit einem Doppelklick auf das PARTS Icon in der Microsim Eval 6.2 Programmgruppe im Windows Programmanager.

Der Arbeitsoberfläche von PARTS wurde ab der Version 6.2 eine Buttonleiste zugefügt, um ein bequemeres Arbeiten zu ermöglichen. Die einzelnen Buttons bewirken folgende Funktionen:

Erstellen eines neuen Bauteils in einer Bibliothek

Laden eines bereits vorhandenen Bauteilmodells aus einer Bibliothek

Speichern des aktuellen Bauteils in eine Bibliothek

Umschalten auf grafische Parameterdarstellung

Aktuelle Kurve ausdrucken

Kurvenausschnitt um Punktmarkierung vergrößern

Kurvenausschnitt um Punktmarkierung verkleinern

Vergrößern eines ausgewählten Kurvenbereiches

Diagramm formatfüllend auf dem Bildschirm darstellen

Umschalten zwischen linearer und logarithmischer Abszissenteilung

Umschalten zwischen linearer und logarithmischer Ordinatenteilung

Extrahieren von weiteren Parametern aus bereits bekannten

Über die Menüfolge *File/Open Create Library* kann eine neue Modellbibliotheksdatei erstellt oder eine schon existierende Bilbliothek eingelesen werden.

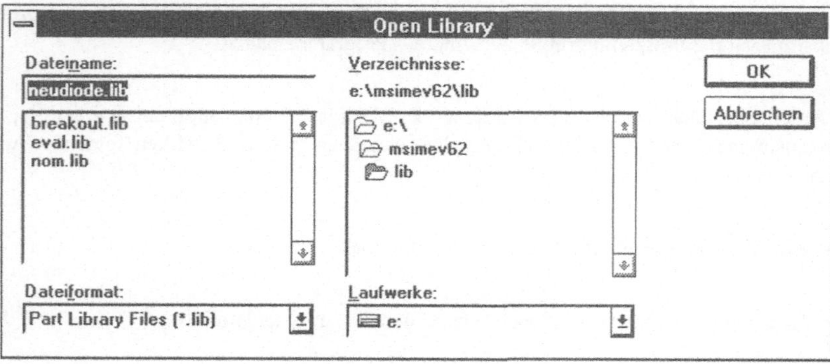

Im vorliegenden Fall soll eine neue Library Datei NEUDIODE.LIB im Unterverzeichnis LIB des MSIMEV62 Verzeichnisses generiert werden. Dazu ist der Bibliotheksname NEUDIODE.LIB in das Eingabefeld „Dateiname" einzutragen. Darauf erfolgt von PARTS eine Abfrage, ob die neue Bibliothek auch wirklich erstellt werden soll.

Nach der Bestätigung mit einem Mausklick auf die OK Schaltfläche öffnet sich mit dem Befehl *Part/New* (Button ▢) ein Fenster zur Eingabe des neuen Bausteins:

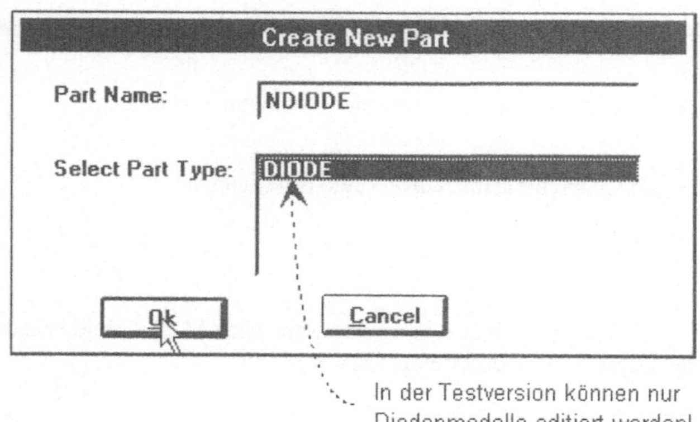

Der neue Bauteilname NDIODE ist unter „Part Name" einzutragen und unter „Select Part Type" wird als Basis das Modell DIODE selektiert.

Im Anschluß eröffnet sich ein Fenster zur Einstellung des Parametersatzes für die neue Diode:

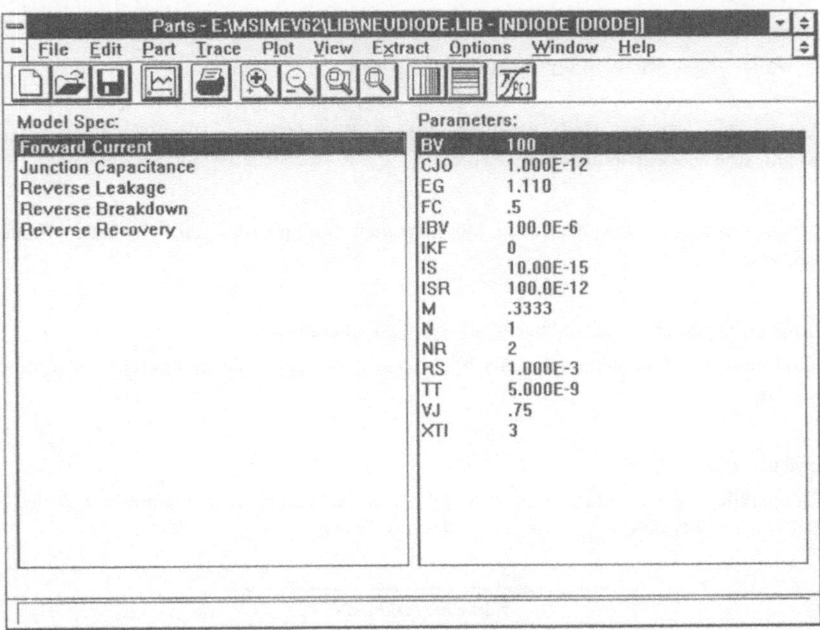

Auf der linken Fensterhälfte sind die Funktionen benannt, welche das Modell laut Datenblatt beschreiben. Auf der rechten Fensterhälfte erscheinen die Parametergrundwerte, die aus den Bauteilkennlinien ermittelbar sind.

Für das Beispiel Diode finden sich folgende Grundwerte:

BV   ➜ Durchbruchspannung

CJO ➜ Statische Sperrschichtkapazität

EG   ➜ Bandabstandspannung

FC   ➜ Koeffizient für Kapazität im Durchlaßbereich

IBV ➜ Strom bei der Durchbruchsspannung

IKF ➜ Kniestrom in Vorwärtsrichtung

IS   ➜ Sättigungssperrstrom

ISR ➜ Rekombinationsstrom

M   ➜   Gradationsexponent

N   ➜   Emissionskoeffizient

NR   ➜   Emissionskoeffizient für den Rekombinationsstrom

RS   ➜   Bahnwiderstand

TT   ➜   Transitzeit

VJ   ➜   Diffusionsspannung

XT1   ➜   Sättigungssperrstrom - Temperaturexponent

Im Anhang dieses Buches findet sich über diese Auflistung hinaus eine Zusammenstellung der wichtigsten Modellparameter von PSpice.

PARTS eröffnet dem Anwender zwei Möglichkeiten das Spice-Modell dem realen Bauteil anzupassen:

1. Direkte Eingabe der aus dem Datenblatt ermittelten Parameter

2. Extraktion der Modellparameter aus Wertepaaren, die aus Datenblattkurven entnommen wurden.

Vorgehensweise zu 1:

Ein Doppelklick mit der linken Maustaste auf die zu editierende Grundparameterzeile in der rechten Fensterhälfte ermöglicht eine neue Wertzuweisung.

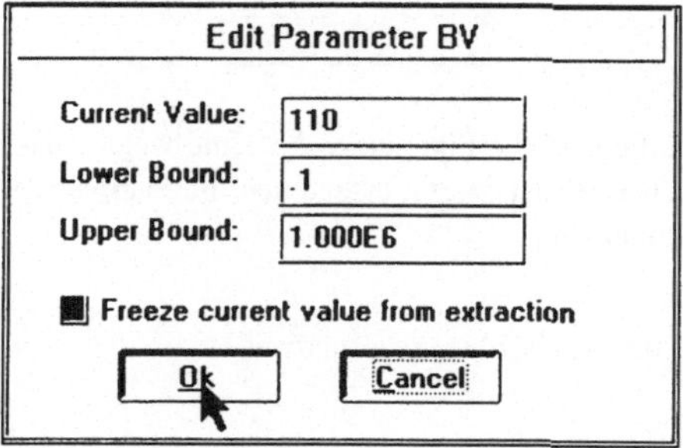

Soll der editierte Parameter damit festgelegt und keinen späteren Extraktionsprozessen unterworfen werden, so hat außer dem Aktivieren der Option „Freeze current value from extraction" kein weiterer Eintrag zu erfolgen.

Vorgehensweise zu 2:

Sind vom Bauteilhersteller zu seinem Produkt typische Kennlinien bekanntgegeben worden, so können daraus Wertepaare abgelesen werden, die den Kurvenverlauf an markanten Stellen charakterisieren. Diese können in einem Eingabemenüfenster tabellarisch aufgelistet werden,

das sich durch einen Doppelklick mit der linken Maustaste auf den entsprechenden Modell-
funktionsnamen der linken Fensterhälfte eröffnet. Je mehr Wertepaare angegeben werden
können, desto genauer wird das erzeugte PSpice Bauteilmodell sein Original programm-
technisch abbilden.

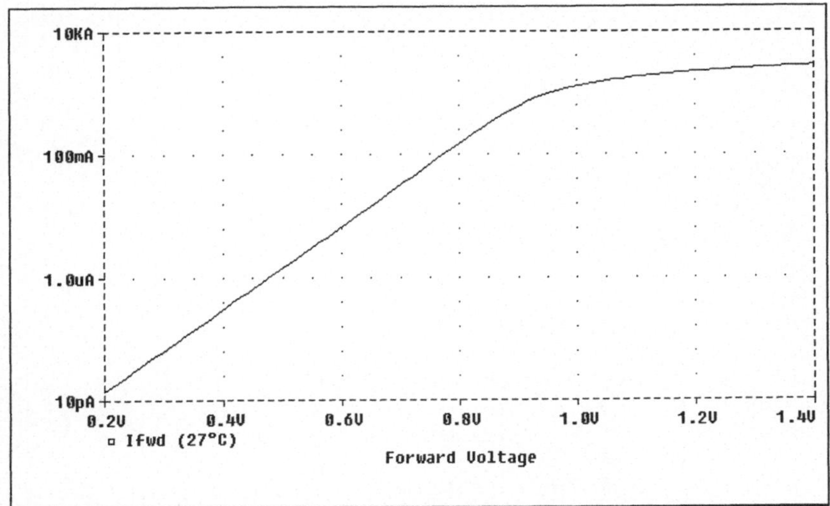

Da aus den eingegebenen Wertepaaren später die neuen Modellparameter extrahiert werden
sollen, müssen im Menüfenster „Edit Parameter" (siehe Vorgehensweise 1) Grenzwerte
(Lower Bound, Upper Bound) für den Extraktionsprozeß vorgegeben werden.

Eine Kontrolle, inwieweit die eingegebenen Stützwertepaare ausreichen, um an das Original
angenäherte Kennlinien zu erzeugen, ermöglicht die Option der grafischen Ausgabeform.
Durch Betätigung des Buttons ⊞ oder Wahl der Menüfolge *Plot/Display* erscheint die aus-
gewählte Funktion in Kurvenform auf dem Bildschirm.

Ist das Ergebnis zufriedenstellend, so können auf dieser Grundlage weitere Modellparameter errechnet werden. Dieser Vorgang läßt sich mittels der Menüfolge *Extract/Parameters* oder durch Betätigung des Buttons starten.

Nach Abspeichern durch *Part/Save* (Button) ist das neue Bauteill für Schaltungsentwürfe verfügbar.

12 Untersuchungen anhand von Standardschaltungen

Nach dem Laden der hier vorgestellten, zusätzlich zum Buch auf Diskette angebotenen Schaltungsbeispieldateien *.SCH (Referenzdateiangaben zu jedem Schaltungsbeispiel), erscheint der gesamte Schaltplan auf der Arbeitsoberfläche und Schaltungseinzelheiten sind nicht mehr erkennbar. Daher ist es unbedingt erforderlich, den gewünschten Schaltungsausschnitt mit *View/Area* (Button 🔍)soweit zu vergrößern, daß Einzelheiten gut sichtbar werden.

Die Darstellungsweise der in diesem Kapitel vorgestellten PROBE-Diagramme kann sich von dem Erscheinungsbild nach beendeter Simulation unterscheiden. Einige Daten mußten zur Ergebnispräsentation von PROBE aufbereitet (z.B. Darstellung der Leistung aus Daten von Strom und Spannung) und dazu einige Voreinstellungen vorgenommen werden. Zur besseren Übersicht bestand oft die Notwendigkeit, Einfluß auf die Achsenskalierung zu nehmen und Bezeichnungen zu editieren.

Die dafür notwendigen Steuerbefehlssequenzen sichert PROBE in Dateien mit der Extention *.PRB.

Diese Dateien können zur Rekonstruktion oben genannter Voreinstellungen im PROBE-Menü *Tools/Display Control* geladen werden. Nach dem Markieren der entsprechenden Schaltungsbezeichnung wird die „Restore"-Schaltfläche betätigt und das Diagramm baut sich unter Berücksichtigung aller Voreinstellungen auf der PROBE-Arbeitsoberfläche auf.

12.1 Amplitudengang und Phasengang eines RC -Tiefpasses

Filter önnen aus Widerständen, Spulen und Kondensatoren aufgebaut werden. Im Folgenden soll ein RC -Tiefpaßfilter mit der Zeitkonstanten τ = RC näher untersucht werden:

Referenzdatei: TIEFPASS.SCH

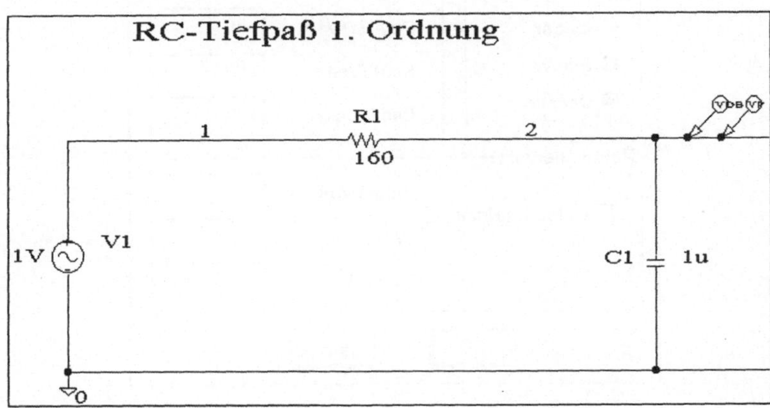

Für den Frequenzgang dieses Filters gilt:

$$\underline{F}(j\omega) = \frac{\underline{U_a}}{\underline{U_e}} = \frac{\underline{U_c}}{\underline{U_e}} = \frac{\dfrac{1}{j\omega C}}{R + \dfrac{1}{j\omega C}} = \frac{1}{1 + j\omega RC} \qquad\Rightarrow\quad F = |\underline{F}(j\omega)| = \frac{1}{\sqrt{1 + \omega^2 R^2 C^2}}$$

Berechnung der Grenzkreisfrequenz:

Mit *Grenzkreisfrequenz* ω_E wird der Punkt bezeichnet, an dem der Frequenzgangbetrag F um

den Faktor $\dfrac{1}{\sqrt{2}}$ abgesunken ist.

Es ergibt sich dann: $\quad \dfrac{1}{\sqrt{1 + \omega_E^2 R^2 C^2}} = \dfrac{1}{\sqrt{2}} = -3\,\mathrm{dB} \qquad \Rightarrow \quad \omega_E\,RC = 1 \qquad \omega_E = 1/RC$

$$\Rightarrow f_E = 1/(2\pi RC) \quad \text{(Eckfrequenz)}$$

Werden die Bauteilwerte R = 160Ω und C = 1uF in die Formel eingesetzt, so ergibt sich eine Grenzkreisfrequenz von ω_E = 6250 Hz und eine Eckfrequenz von f_E = 995Hz $\approx$ 1kHz.

Bei der Grenzkreisfrequenz sind Imaginärteil und Realteil gleich groß, so daß sich bei dieser Frequenz ein Phasenwinkel von φ = arctan(1) = 45° ergeben muß. Diese Werte sollen in der PROBE-Grafik bestätigt werden.

Vor dem Start der Simulation wird dazu in SCHEMATICS das AC-SWEEP Menü folgendermaßen eingestellt:

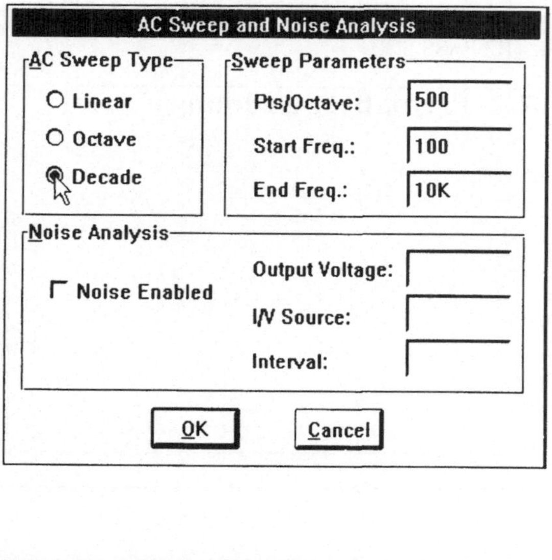

Zunächst sollen in PROBE die Ausgangsspannung in Dezibel (dB) und der Phasenverlauf über die Frequenz f dargestellt werden, daher wurden die speziellen Marker VDB und VPHASE aus dem SCHEMATICS-Menü *Markers/Mark Advanced* an den Schaltungsausgang plaziert.

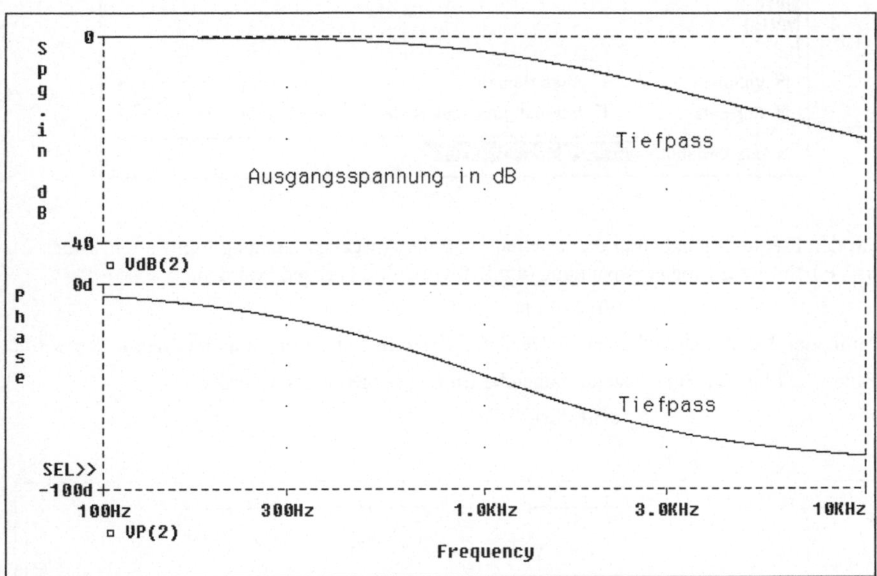

Hinweis:

Phasenverläufe werden in PROBE durch Eingabe eines „p" hinter die darzustellende Größe in der Trace Command Zeile dargestellt. Alternativ kann auch vor der Simulation in SCHEMATICS ein spezieller Marker „Vphase" bzw. „Iphase" aus *Mark Advanced* des Menüs *Markers* der Schaltung an entsprechender Stelle angefügt werden.

Für diese und die folgenden PROBE-Darstellungen wurden die entsprechenden Diagrammvoreinstellungen in der Datei TIEFPASS.PRB gesichert und sind mittels des Menüs *Tools/Display Control* zu rekonstruieren. Die rechnerisch ermittelten Werte sind auch in der Grafik ablesbar: Bei der Eckfrequenz von 1kHz ergibt sich ein Phasenwinkelbetrag von etwa 45° und die Ausgangsspannung ist um -3dB abgesunken.

Damit die Kreisfrequenz $\omega = 2\pi f = 6{,}283185307 \cdot f$ auf der Abszisse dargestellt werden kann, muß das PROBE-Menü *Plot/X-Axis Settings/Axis Variable* entsprechend nachstehender Abbildung modifiziert werden:

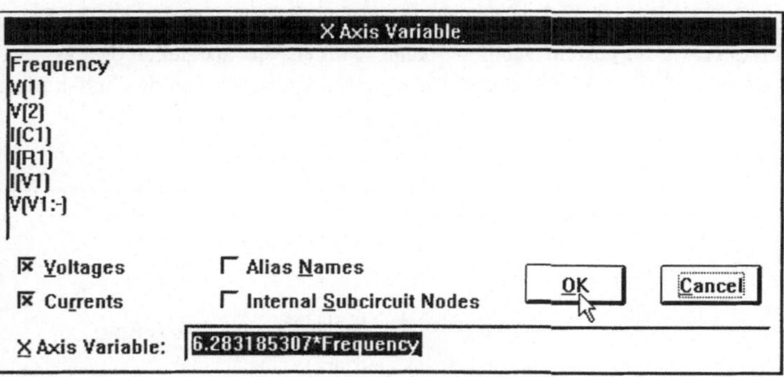

Um den Frequenzgangbetrag darzustellen, muß die Ausgangsspannung (am Leitungsstück 2) ins Verhältnis zur Eingangsspannung (am Leitungsstück 1) gesetzt werden:

$$V(2) / V(1)$$

Damit der Kurvenverlauf auch in Dezibel (dB) erfolgen kann, muß im Menü *Trace/Add* (Button ⊡) in der Eingabezeile folgender Eintrag vorgenommen werden:

$$dB((V(2)/V(1))$$

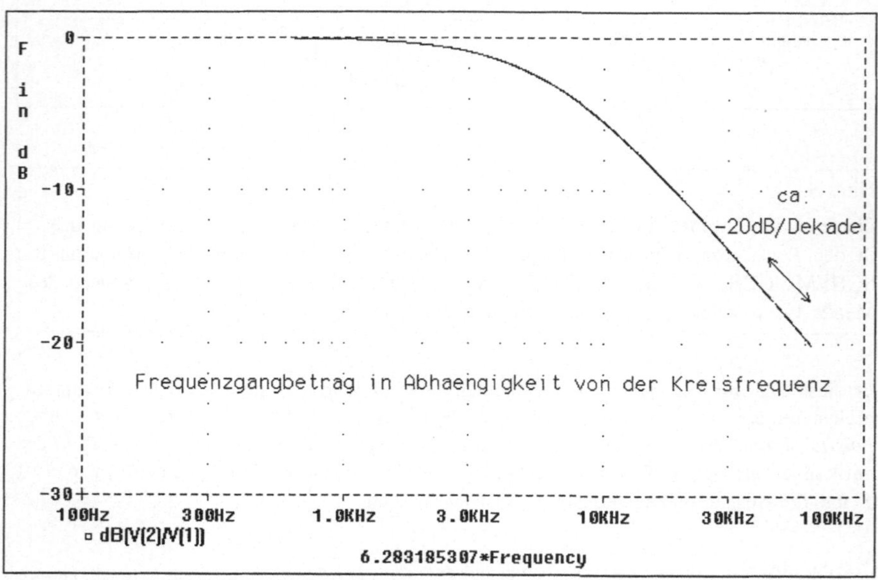

Darstellungen von Phasenverläufen werden durch Voranstellen eines „p" vor dem Term für die aufzuzeigende Größe realisiert:

$$p(V(2)/V(1))$$

PROBE ist damit in der Lage, den Amplitudengang und den Phasengang in zwei getrennten
Diagrammen aufzutragen.

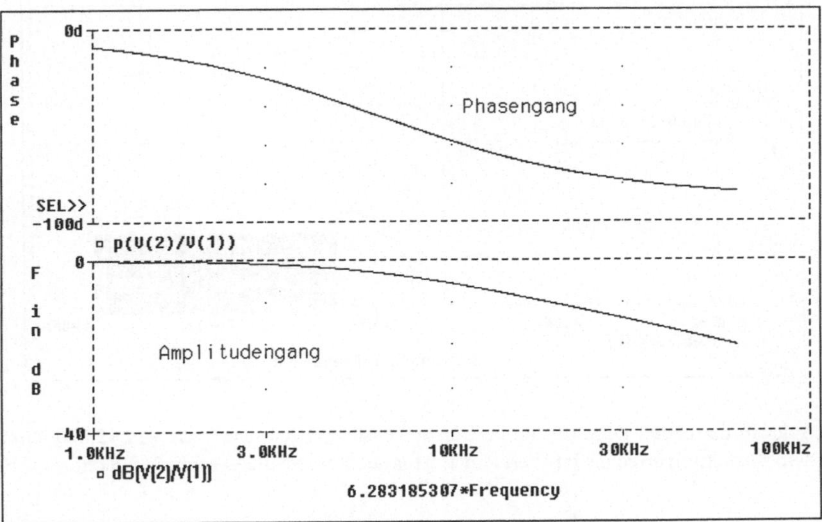

Eine Kontrolle der vorab errechneten Werte kann mit der Probe Cursor Funktion erfolgen.

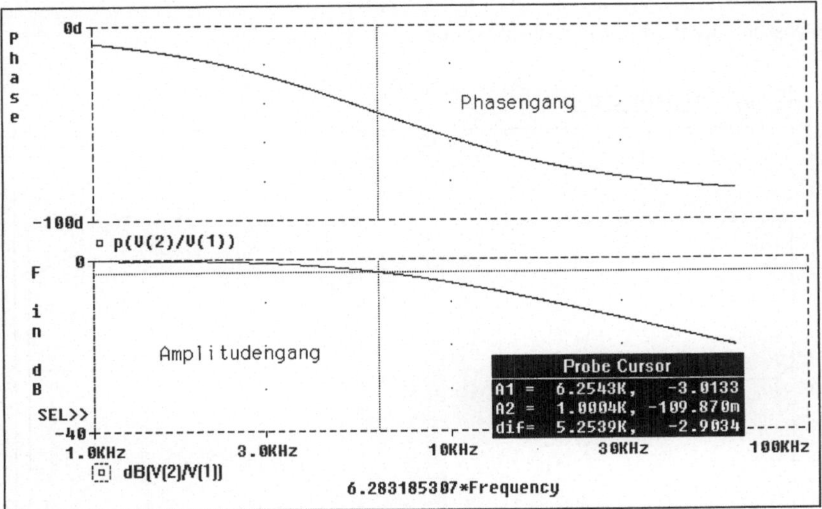

Die erste Zeile im Probe Cursor Fenster bestätigt die errechneten Werte für ω_E und F.

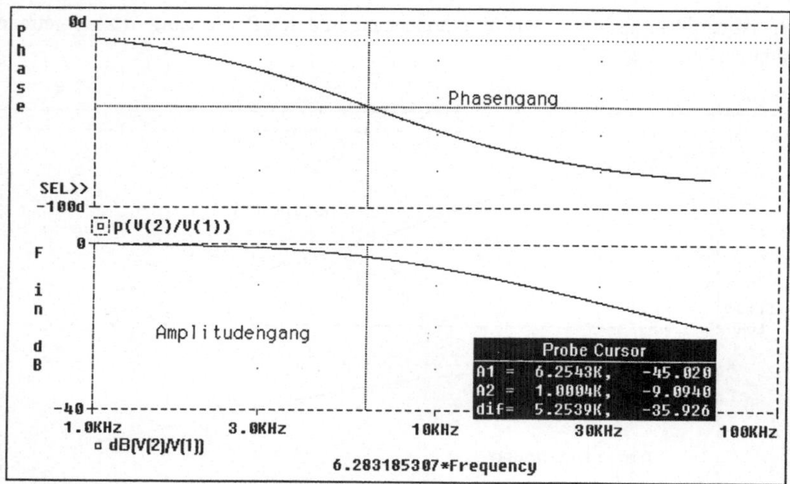

Auch der in der ersten Zeile des Probe Cursor Fensters abgelesene Wert von 45,020 stimmt mit dem theoretisch errechneten Wert von 45° für den Phasenwinkel sehr gut überein.

12.2 Ortskurven und Güte eines Schwingkreises

Diesem Kapitel soll wiederum ein Reihenschwingkreis als Grundlage dienen. Zur näheren Betrachtung wird der RLC-Kreis als eine Zusammensetzung aus einem RL- und einem RC-Kreis aufgefaßt.

Zunächst soll der RL-Kreis untersucht werden:

Referenzdatei: RLKREIS.SCH

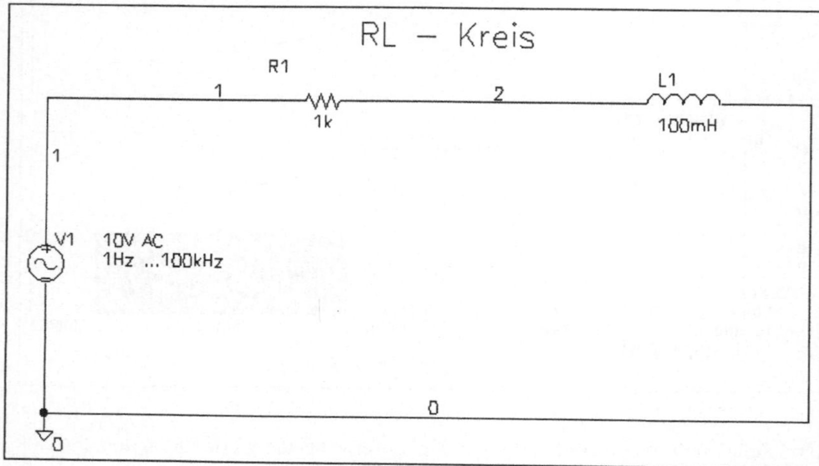

Das Verhalten dieses Kreises in Bezug auf die Frequenz der Speisequelle kann aussagekräftig durch eine Ortskurve beschrieben werden. Dabei wird seine Impedanz (Scheinwiderstand) oder Admittanz (Scheinleitwert) in der komplexen Zahlenebene in Abhängigkeit von der Kreisfrequenz aufgetragen.

Als Analyseart wird dazu die AC Sweep Analyse gewählt mit einer Startfrequenz von 1 Hz bis zu einer Endfrequenz von 100 kHz.

Im Anschluß an die Simulation müssen in PROBE die Einstellungen erfolgen, die die Abszisse des Diagrammes zur reellen und die Ordinate zur imaginären Achse der komplexen Ebene umfunktionieren. Die dafür notwendigen Einträge im *Trace Add* Menü (Button 🖽) bzw. *Plot/X Axis Settings* sind gemäß der folgenden Abbildungen vorzunehmen.

```
┌─────────────────────────────────────────────────────────────────┐
│                          Add Traces                             │
├─────────────────────────────────────────────────────────────────┤
│ Frequency                                                        │
│ V(1)                                                             │
│ V(2)                                                             │
│ I(L1)                                                           │
│ I(R1)                                                           │
│ I(V1)                                                           │
│ V(V1:-)                                                         │
│                                                                  │
│   ⊠ Analog          ⊠ Currents           ☐ Goal Functions       │
│   ⊠ Digital         ☐ Alias Names                                │
│   ⊠ Voltages        ☐ Internal Subcircuit Nodes                 │
│                                                                  │
│   Trace Command:  │ IMG(V(1)/I(R1))                              │
│                                                                  │
│                                      ┌────────┐  ┌────────┐      │
│                                      │   OK   │  │ Cancel │      │
│                                      └────────┘  └────────┘      │
└─────────────────────────────────────────────────────────────────┘
```

Die mathematische Funktion IMG(x) errechnet den Imaginärteil von x. Hier wird demnach der Imaginärteil der Impedanz, gebildet aus dem Quotienten der Speisespannung mit dem Kreisstrom, ermittelt und über der X-Achse aufgetragen.

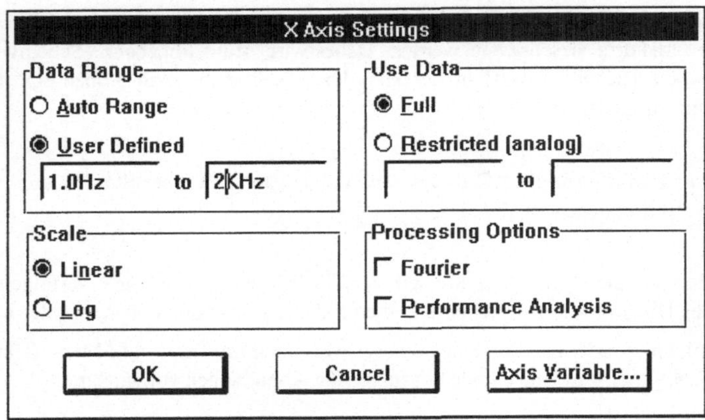

Mit Rücksicht auf eine übersichtliche Darstellung ist der Frequenzbereich auf 2 kHz beschränkt worden.

Durch Betätigung der Schaltfläche „Axis Variable" gelangt man in das Menüfenster, in dem der Berechnungsformalismus für die X-Werte zu definieren ist.

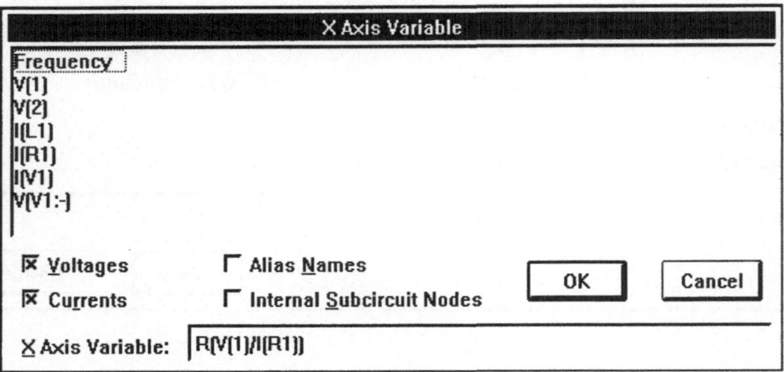

Zur Ausgabe des Realteils des Scheinwiderstandes findet die mathematische Funktion R(x) Anwendung.

Als Ergebnis gibt PROBE eine Ortskurve der Impedanz des Kreises in der Z-Ebene aus. Als Laufparameter dient hier abweichend von der sonst üblichen Darstellungsweise nicht die Kreisfrequenz ω sondern die Frequenz f . Da sich die Kreisfrequenz nur um den Faktor 2π von der Frequenz f unterscheidet, ist der Einfluß auf den qualitativen Verlauf der Ortskurve unbedeutend.

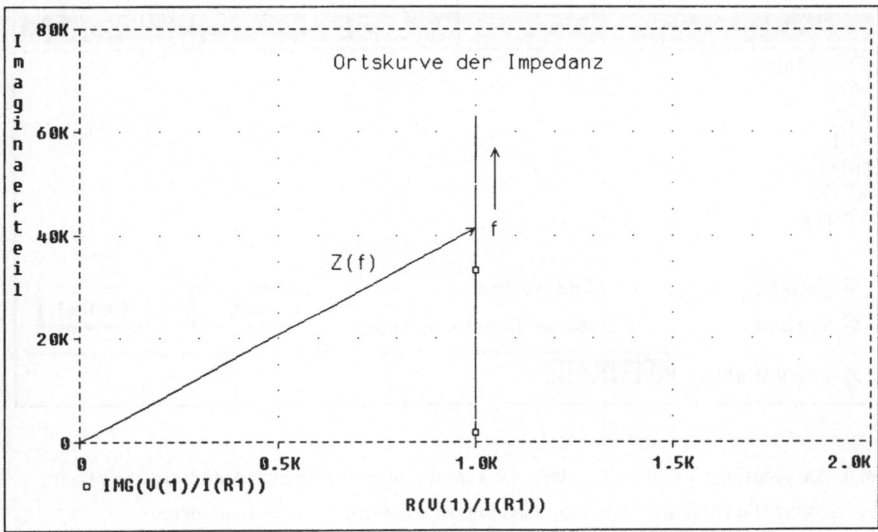

Analog folgen die Einstellungen in den Menüfenstern zur Erstellung der Ortskurve der Admittanz Y(f).

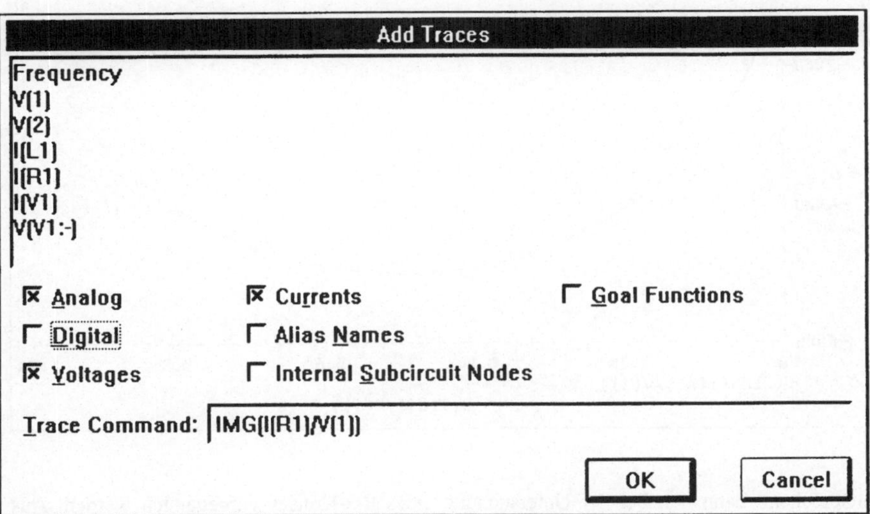

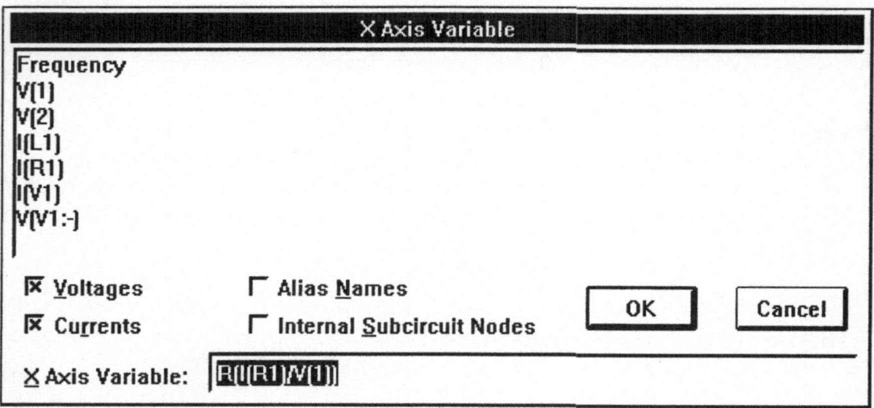

Im X Axis Settings Menüfenster bleibt die automatische Skalierung (Auto Range) aktiviert. Es erscheint die Ortskurve der Admittanz mit der Frequenz f als Laufparameter.

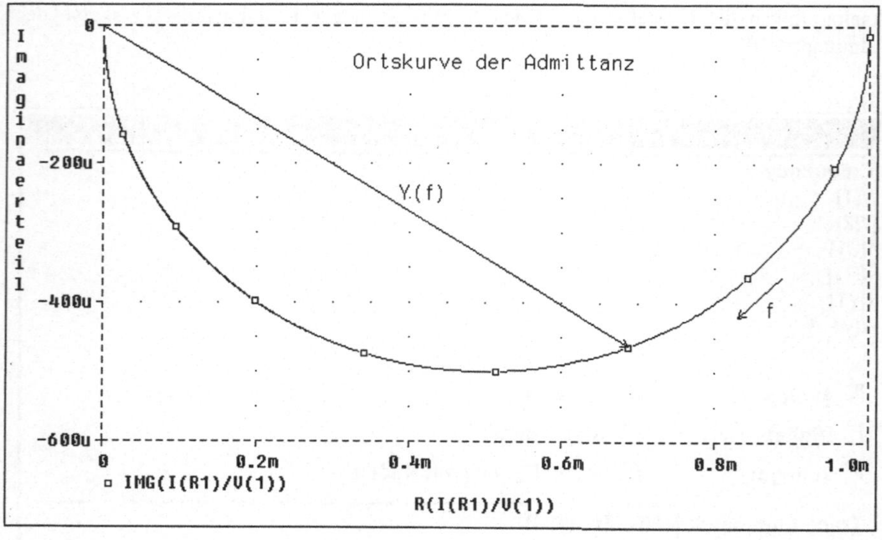

Entsprechend kann nun bei der Untersuchung eines RC-Kreises vorgegangen werden. Aus diesem Grund werden im Folgenden nur die Analyseergebnisse in Form der Ortskurven wiedergegeben.

Referenzdatei: RCKREIS.SCH

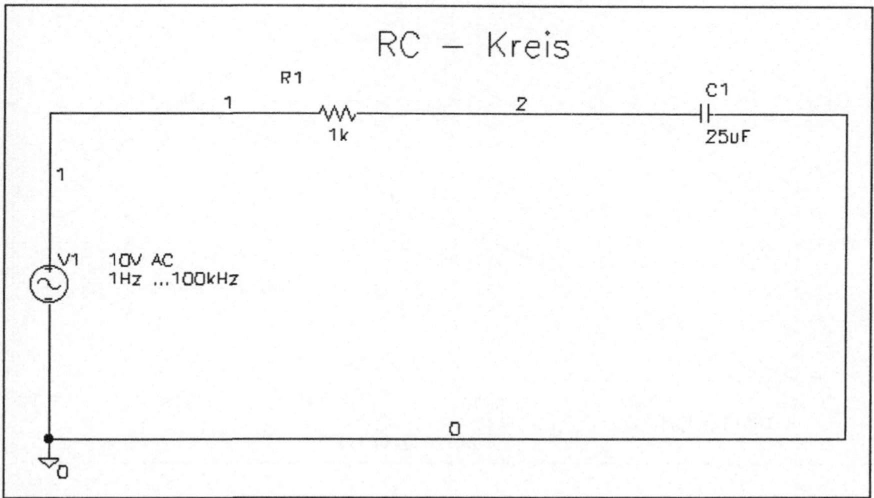

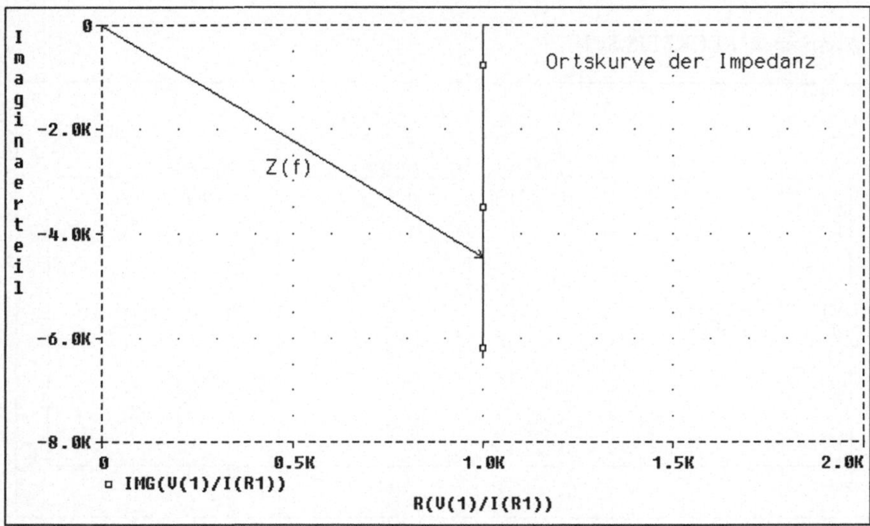

Um zur Darstellung der Ortskurve der Admittanz auch im unteren Frequenzbereich eine ausreichende Anzahl von Meßpunkten zu erhalten, ist es ratsam, für die AC Sweep Analyse wenigstens 100 000 Berechnungspunkte vorzusehen.

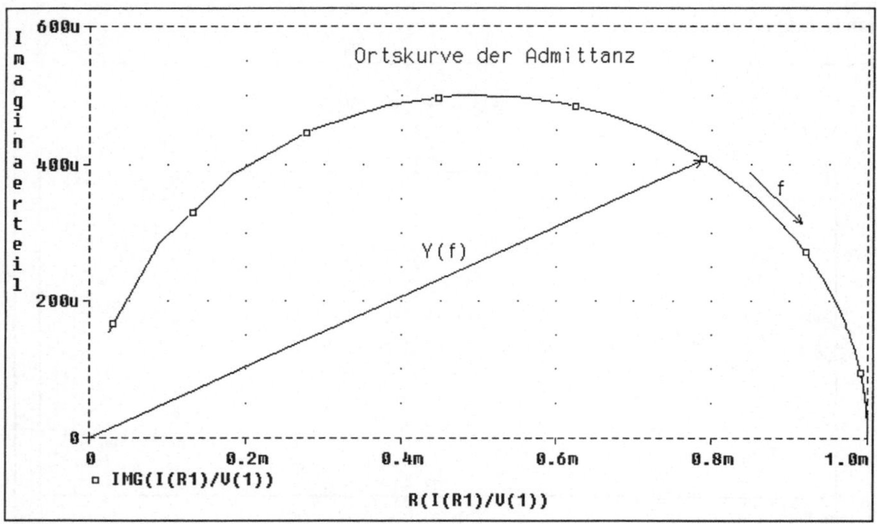

Aus der Synthese beider Einzelkreise resultiert der Reihenschwingkreis (Saugkreis).

Referenzdatei: RLCKREIS.SCH

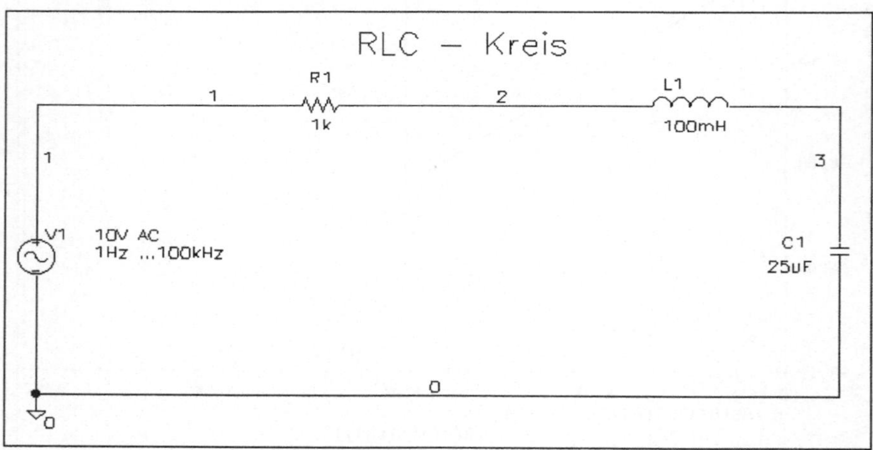

Nach erfolgreichem Analyselauf und bekannten Einstellungen in PROBE kann die Ortskurve der Admittanz für den Reihenschwingkreis wie folgt aussehen:

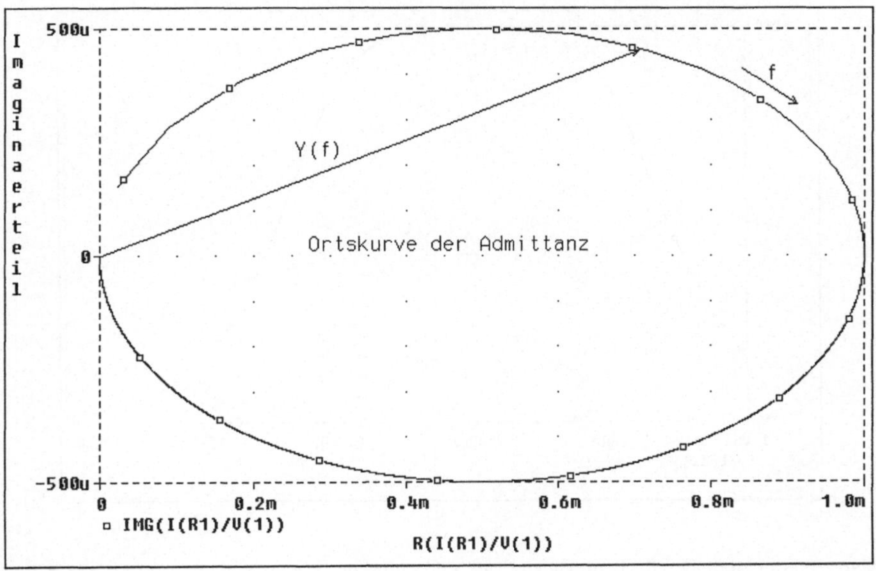

Für das Verhalten eines Reihenschwingkreises ist dessen

Güte
$$Q = \sqrt{\frac{L}{C}} \cdot \frac{1}{R} = \frac{\omega_0 \cdot L}{R} = \frac{1}{\omega_0 \cdot C \cdot R}$$

maßgebend, wobei $Z_0 = \sqrt{\dfrac{L}{C}}$ der *Kennwiderstand* und $\omega_0 = \dfrac{1}{\sqrt{L \cdot C}}$ als die *Kennkreis-frequenz* bezeichnet wird.

Der ohmsche Widerstand R1 nimmt also auf die Güte des Kreises Einfluß. Je kleiner der ohmsche Anteil im Schwingkreis ist, desto größer wird seine Güte.

Im folgenden Diagramm ist der Strom im Kreis in Abhängigkeit von der Frequenz aufgetragen. Die Abszisse wurde dafür auf die für diese Darstellung übliche dekadisch logarithmische Teilung umgestellt.

Diese Umstellung kann im PROBE Menü *X Axis Settings* oder einfach durch Betätigen des Buttons ▦ erfolgen.

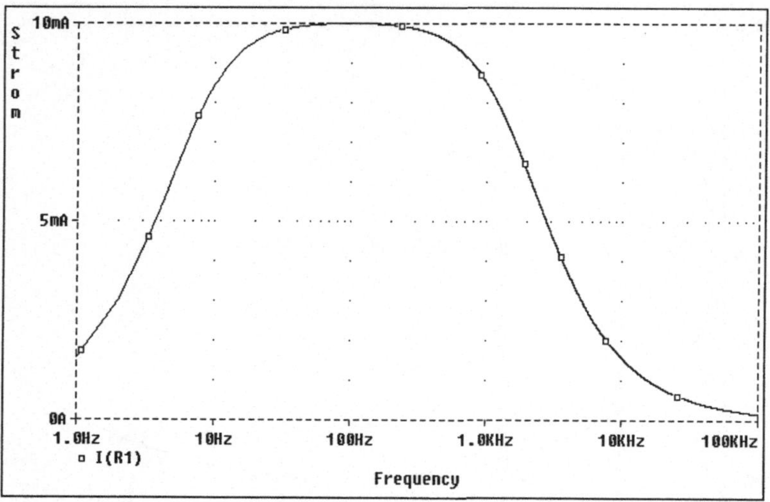

Man erkennt, daß bei Reihenresonanz nur der ohmsche Widerstand den Strom im Kreis bestimmt.

Nun soll der Phasenverlauf des Stromes durch den Schwingkreis in Abhängigkeit von der Frequenz dargestellt werden.

Es muß also jetzt Ip(R1) in die Trace Command Zeile eingetragen werden, so daß anschließend in PROBE folgendes Diagramm auf dem Bildschirm sichtbar wird:

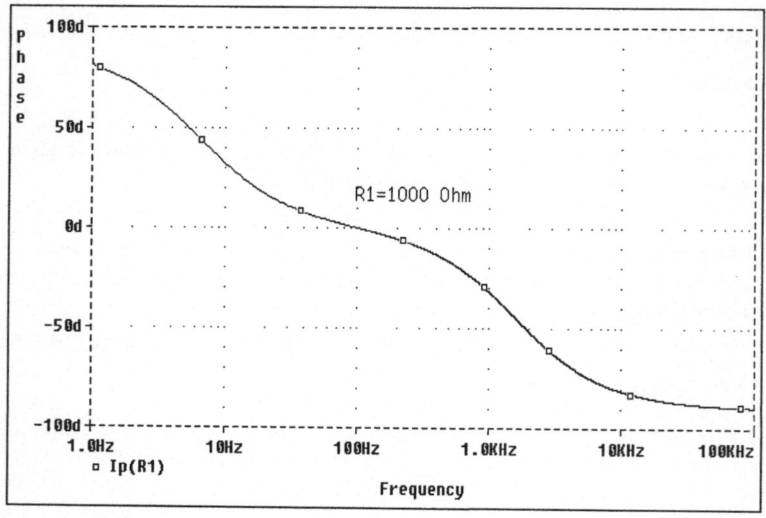

Das kleine „d" auf der Ordinate steht dabei für die Einheit *degree* (Grad°).

Verbessert man die Kreisgüte durch Verringerung des Widerstandes R1 auf 50Ω, so ergibt sich ein wesentlich steilerer Resonanzkurvenverlauf.

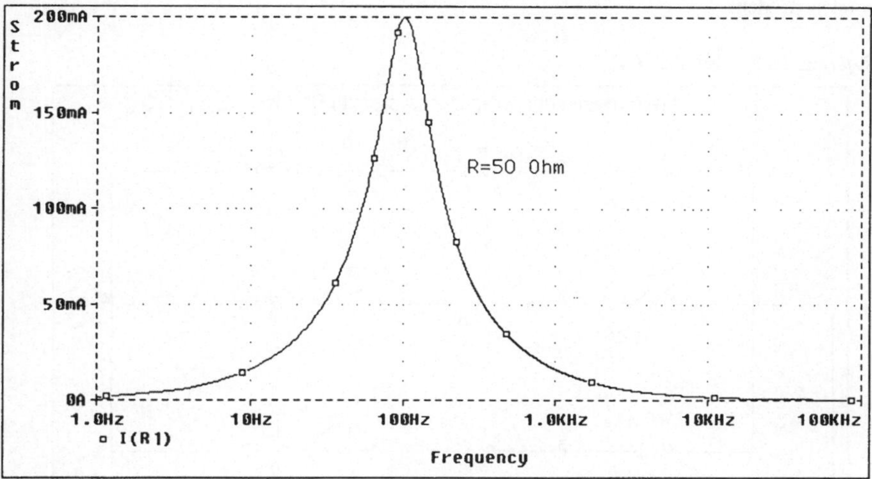

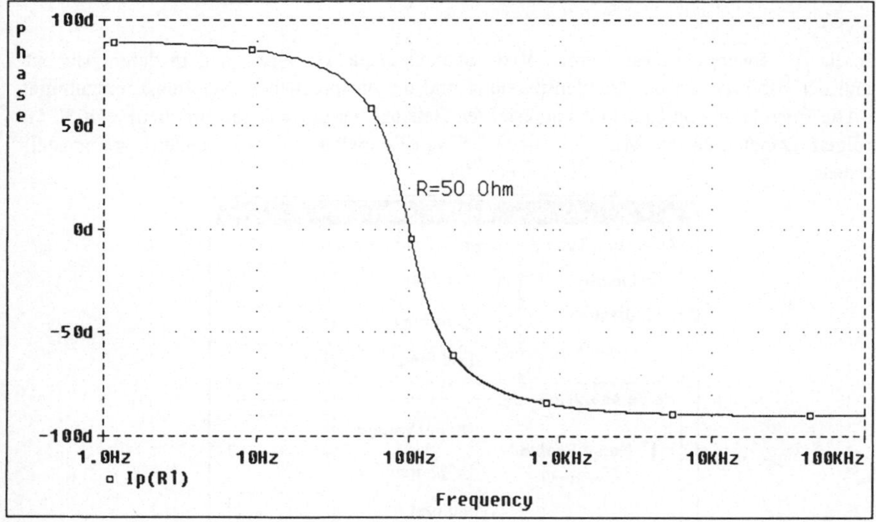

12.3 Drehstromsystem in Sternschaltung

PSpice erlaubt auch Berechnungen von Drehstromschaltungen. Bei dieser Art von Schaltungen muß in Betracht gezogen werden, daß die Transientenanalyse auch eventuell auftretende Einschwingvorgänge in der Simulation mit berücksichtigt. Sind diese nicht Gegenstand der Untersuchung, sollten akzeptable Ergebnisse über den Umweg einer AC Sweep-Analyse gewonnen werden.

Referenzdatei : NETZ.SCH

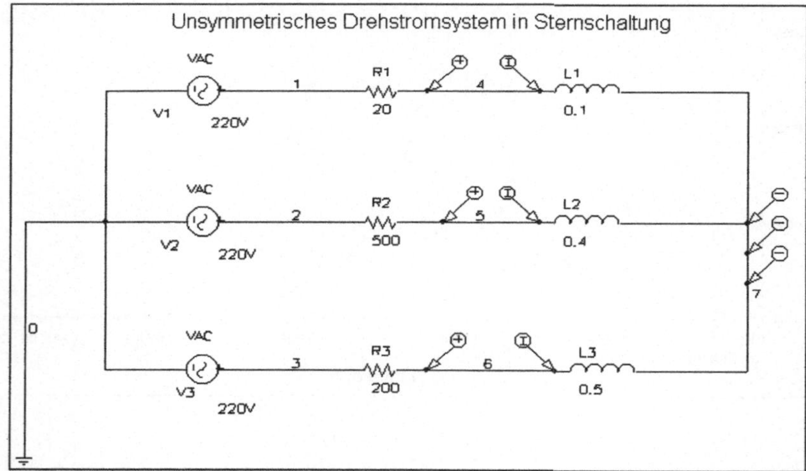

Für die AC Sweep-Analyse werden VAC Spannungsquellen verwendet, in deren Attributmenü der Effektivwert der Quellenspannung und die entsprechende Phasenlage einzutragen ist. Die Berechnung soll im hier vorgestellten Beispiel bei einer festen Frequenz von 50 Hz erfolgen. Daher muß das Menü für die AC SWEEP-Analyse folgendermaßen voreingestellt werden:

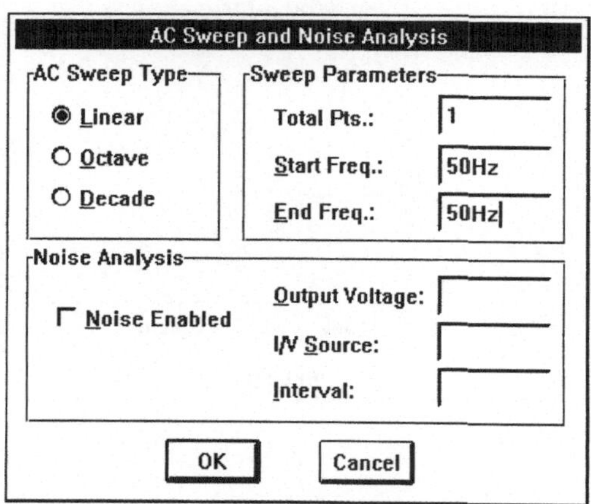

Grafische Darstellung in PROBE:

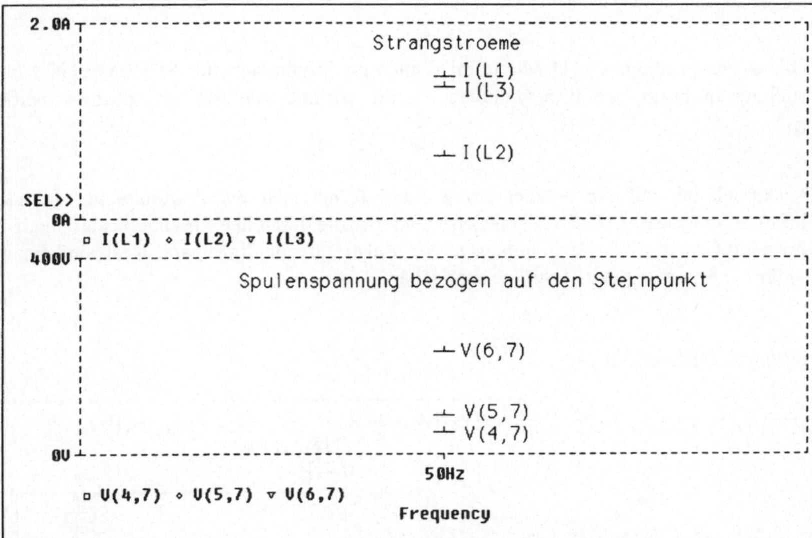

Für die Phasenlage der Spannungen ergibt sich folgende PROBE Grafik:

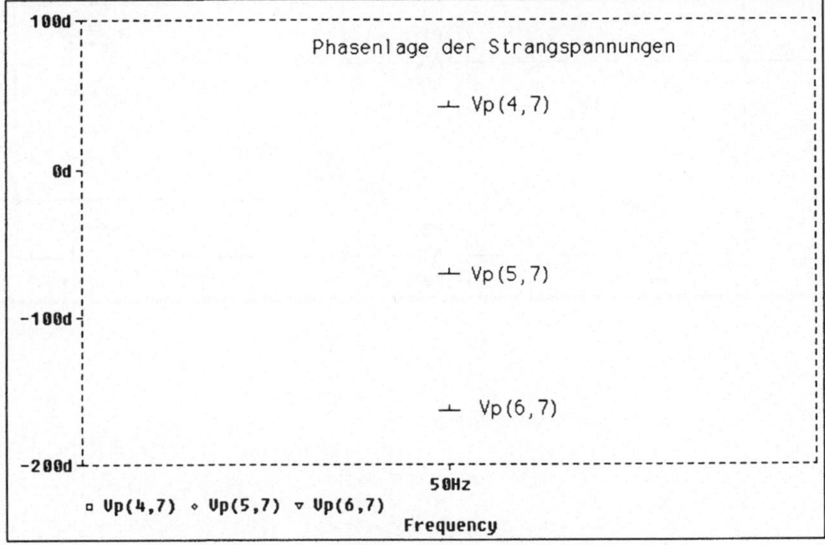

Für die Berechnung von Einzelergebnissen ist die Darstellung durch PROBE allerdings weniger geeignet. Empfohlen wird daher die Ergebnisprotokollierung in einer *.OUT Ausgabedatei.

Dazu bietet das Programmpaket MicroSim PSpice im Schaltplaneditor SCHEMATICS eine Hilfestellung in Form von Printsymbolen an, die anstelle von Markern plaziert werden können.

Durch Doppelklick auf ein solches Printsymbol öffnet sich ein Attributmenü. Je nach gewünschter Analyseart (AC, DC, Transient) sind hier die durch den Simulationsdurchlauf zu berechnenden Grundgrößen der komplexen Wechselstromrechnung (Phase, Real- und Imaginärteil) für die Spannungen und Ströme anzugeben.

Referenzdatei: DREH.SCH

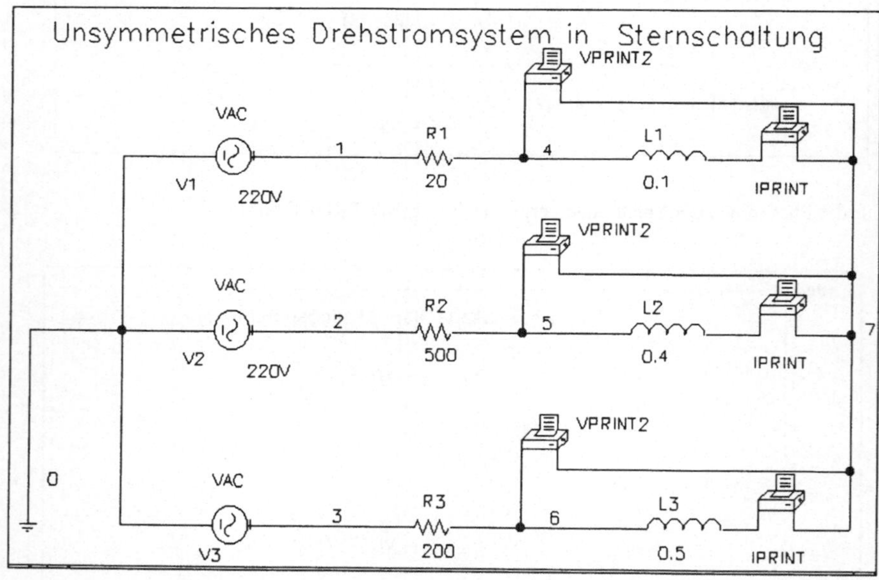

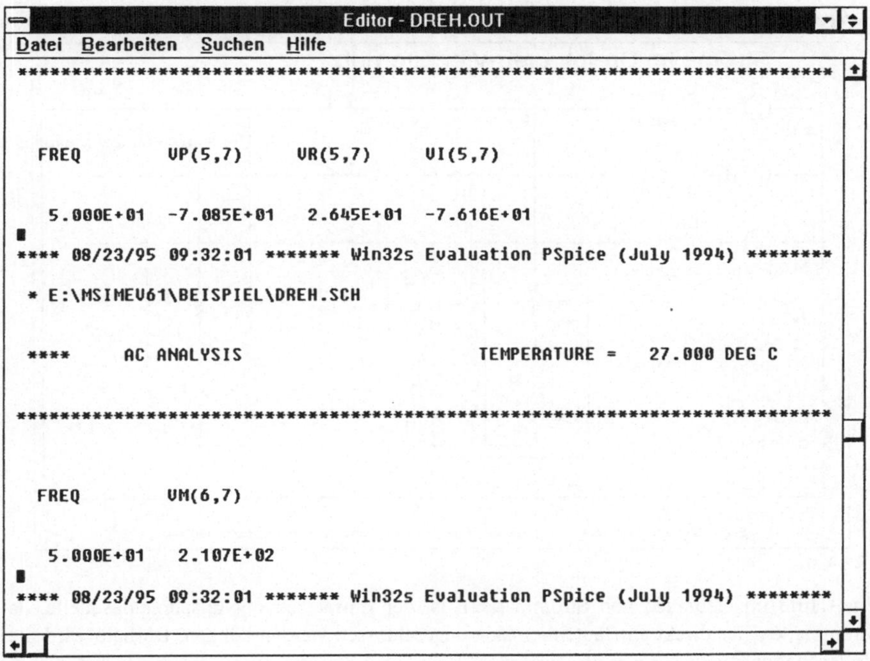

12.4 Symmetrisches Netz mit einphasigem Erdschluß

Im folgenden Drehstromsystem soll ein einphasiger Erdschluß simuliert werden. Im dargestellten Netz treten die folgenden Impedanzen auf:

$$Z_l \qquad = \mathrm{j}120\Omega \qquad\qquad \text{(Längsimpedanzen)}$$

$$Z_{\text{Dreieck}} \quad = 250\Omega + \mathrm{j}120\Omega \quad \text{(Dreieckimpedanzen)}$$

$$Z_{\text{Stern}} \quad = 100\Omega + \mathrm{j}150\Omega \quad \text{(Sternimpedanzen)}$$

$$Z_M \qquad = \mathrm{j}50\Omega \qquad\qquad \text{(Nulleiterimpedanz)}$$

Referenzdatei : ERDSCHLU.SCH

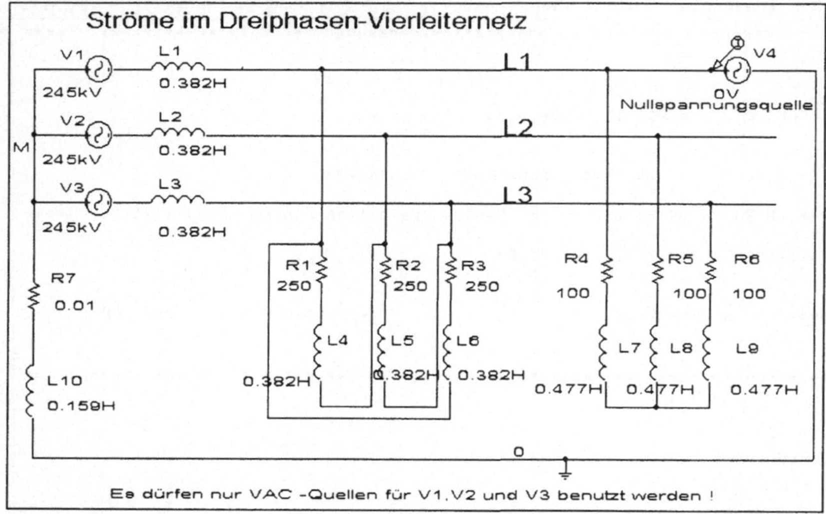

Eine Hilfe im Gebrauch von Strommarkern ist der Einsatz einer Nullspannungsquelle, da Strommarker nur direkt an Bauteilkontakte angeschlossen werden können. Deshalb wird die Nullspannungsquelle V4 hier als „neutrales" Bauteil zur Strommessung eingefügt.

Damit in der Erdfehlerschleife (V1-L1-V4-L10-V1) nicht nur Induktivitäten vorhanden sind, wurde der geringe ohmsche Widerstand R7 in die Schaltung eingefügt. Er hat sicherlich keinen gravierenden Einfluß auf den Fehlerstrom.

Nach einer Dreieck-Stern Umwandlung und mit Hilfe des Verfahrens der symmetrischen Komponenten (Mitsystem, Gegensystem u. Nullsystem) konnte der Erdschlußfehlerstrombetrag vor der Simulation ohne Berücksichtigung von R7 zu I_F = 810A errechnet werden. Die PROBE-Grafik bestätigt die Rechnung und weist einen Erdschlußstrombetrag von 806A aus:

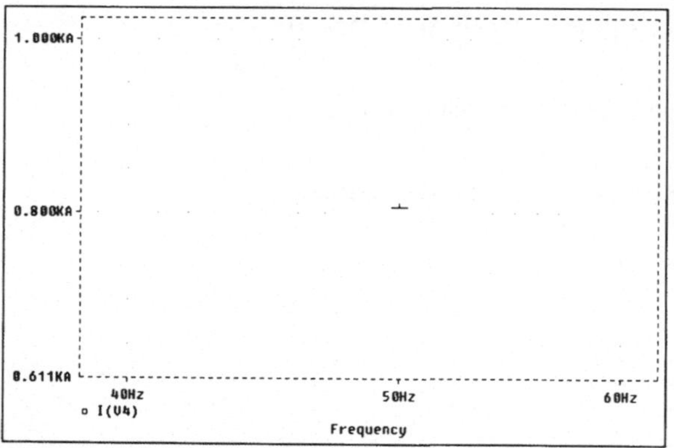

12.5 Stabilitätsuntersuchungen an Regelkreisen

Bei Stabilitätsbetrachtungen von Regelkreisen genügt es, bei der Anwendung spezieller Stabilitätskriterien (Wurzelortskurven, Nyquist-Kriterium etc.) das Verhalten des offenen Regelkreises zu untersuchen. Damit sind Rückschlüsse auf das Stabilitätsverhalten der geschlossenen Regelkreise möglich.

Für den offenen Regelkreis gilt: $\qquad F(s)_o = F(s)_{Regler} \cdot F(s)_{Strecke}$

Zur Anwendung des *Nyquist Kriteriums* muß zunächst die Ortskurve für die Übertragungsfunktion des offenen Regelkreises ermittelt werden:

Vereinfachte Form des Nyquist Kriteriums:

Hat ein offener Regelkreis nur Pole in der linken s-Halbebene, ausgenommen einen einfachen oder zweifachen Pol bei s=0, so ist ein Regelkreis genau dann asymptotisch stabil, wenn beim Durchlaufen der Ortskurve von $F_o(j\omega)$ in Richtung zunehmender ω-Werte der Punkt (-1,j0) stets zur Linken liegt.

Der Simulation soll der folgende einfache, offene Regelkreis mit einem I-Regler und einem Verzögerungsglied 2. Ordnung dienen:

$$F(s)_{Regler} = 0{,}2/s \qquad F(s)_{Strecke} = \frac{1}{1 + 4s + 6s^2}$$

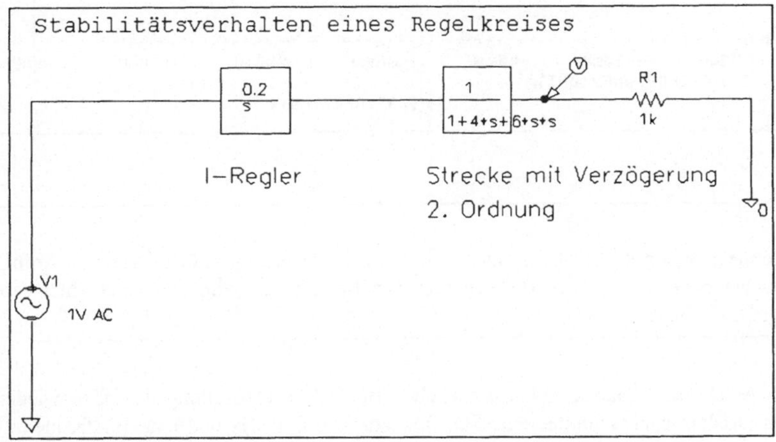

Die verwendeten LAPLACE-Symbole finden sich in der Bibliothek ABM.SLB. Zur Berechnung ersetzt PSpice bei der AC Sweep-Analyse die Laplace-Variable „s" durch „jω". Für den offenen Regelkreis (Kettenschaltung aus F_{Regler} und $F_{Strecke}$) ergibt sich somit:

$$F_o(j\omega) = \frac{-0{,}2}{4\omega^2 + j\left(6\omega^3 - \omega\right)} = \frac{-0{,}8\omega + j\,0{,}2\left(6\omega^2 - 1\right)}{\omega\left(36\omega^4 + 4\omega^2 + 1\right)}$$

Die Vorgehensweise ist analog zu der Konstruktion der Ortskurve des RLC-Kreises im Kapitel „Ortskurven und Güte eines Schwingkreises".

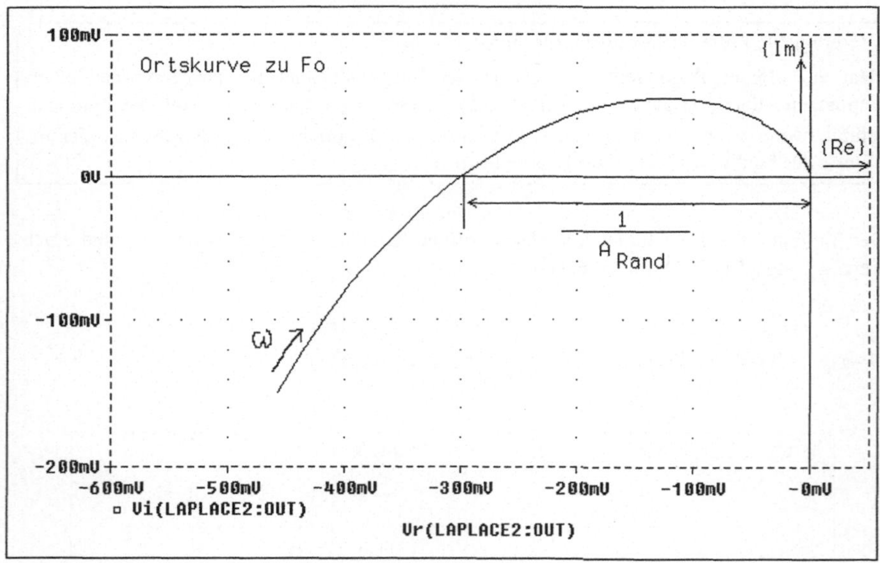

Hinweis:

Die Kennzeichnung des Realteils einer komplexen Größe erfolgt in PROBE durch Anfügen des Buchstabens „r" an deren Bezeichnung. Der Imaginärteil wird durch den Buchstaben „i" gekennzeichnet.

Bei der AC Sweep Analyse gelten als Richtwerte für die Darstellung des oben wiedergegebenen Ortskurvenausschnittes eine Startfrequenz von 0.05 Hz und eine Endfrequenz von 0.8 Hz. Für einen glatten Kurvenverlauf sollten Daten für 10 000 Punkte errechnet werden.

Im *Trace/Add* Menü von PROBE (Button ▣) wird für die Darstellung auf der Imaginärachse Vi(LAPLACE2:OUT) und im *X-Axis Settings* Menü für die Darstellung auf der Abszisse Vr(LAPLACE2:OUT) eingetragen. Zudem wird „Scale" auf „Linear" eingestellt.

Als Schnittpunkt mit der reellen Achse ist aus der Ortskurve abzulesen:

$$(-300\text{mV}, \text{j0V}) \equiv (-0{,}3 \,, \text{j0}).$$

Der kritische Punkt (-1,j0) liegt beim Durchlauf mit wachsendem ω immer zur Linken. Also ist dieser Regelkreis stabil.

Um die Stabilität eines Regelkreises bewerten zu können, wurden die Begriffe *Amplitudenrand* und *Phasenrand* eingeführt, die als Maß für den Abstand der Ortskurve vom kritischen Punkt (Stabilitätsrand) angesehen werden können.

Für das Beispiel ergibt sich ein Amplitudenrand von $A_{Rand} = 1/0{,}3 \approx 3{,}333$ also 10,45 dB.

Je größer der Amplitudenrand ist, desto näher liegt der Schnittpunkt an der imaginären Achse. Dieses bewirkt, daß auftretende Schwingungen schneller abklingen (große Dämpfung).

Der Phasenrand ist die Phasenreserve zu -180°, die der Regelkreis bei | $\underline{Fo}$ | = 1 noch aufweist. Dieser Punkt findet sich in der Ortskurve an der Stelle, an der die Kurve den Einheitskreis schneidet.

Den Verlauf des Einheitskreises in einem durch PROBE erzeugten Diagramm am Bildschirm nachzuvollziehen, erweist sich in der Regel als schwierig, da die Darstellung auch bei gleicher Achsenskalierung von Abszisse und Ordinate verzerrt wiedergegeben wird. Die folgende Methodik kann da eine Hilfestellung geben:

Die Signalquelle (V1 = 1V) des zu untersuchenden Kreises wird in SCHEMATICS mit einem Totzeitglied verbunden, dessen Ausgang über einen Widerstand von 1 kΩ mit der Signalmasse verbunden ist. Ein solches Totzeitglied nimmt keinen Einfluß auf den Amplitudengang, dreht jedoch die Phase in Abhängigkeit von ω.

Ein Totzeitglied wird beschrieben durch die Beziehung: $PTt = Kr \cdot e^{-sTt}$

Werden Kr = Tt = 1 gesetzt, so entspricht die Ortskurve der Ausgangsspannung dieser kleinen Hilfsschaltung dem Einheitskreis.

Referenzdatei: NYQUIST.SCH

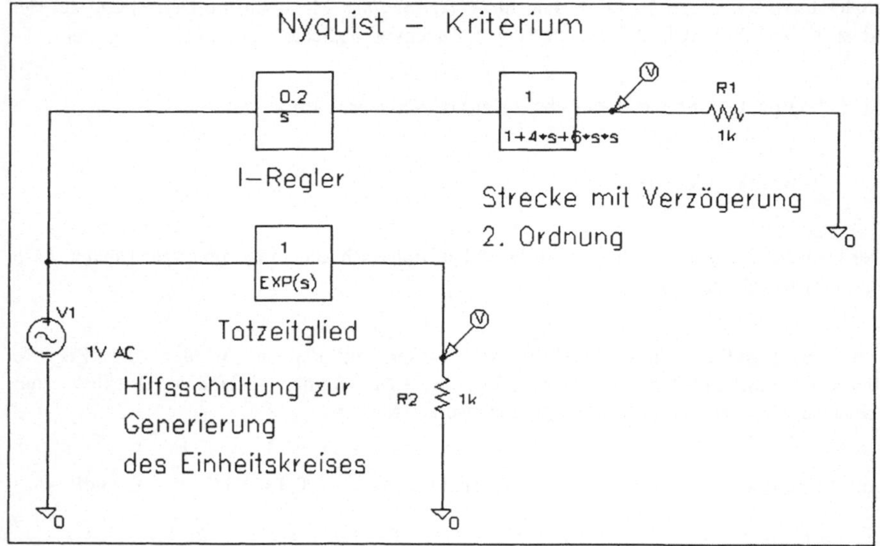

Nach dem Simulationslauf wird zunächst im *Trace/Add* Menü von PROBE (Button 🖾) für die Darstellung auf der Imaginärachse Vi(LAPLACE3:OUT) und im *X-Axis Settings* Menü für die Darstellung auf der reellen Achse Vr(LAPLACE3:OUT) eingetragen. „Scale" muß natürlich wieder auf „Linear" eingestellt sein. Die Achsenskalierungen sind in den Menüs *X-Axis Settings* und *Y-Axis Settings* beide auf den Bereich einzuschränken, in dem neben dem Einheitskreis auch der später zu Untersuchende Regelkreisortskurvenausschnitt gut wiedergegeben werden kann.

Leider ist es nicht möglich, den so erzeugten Einheitskreisausschnitt zusammen mit der Regelkreisortskurve im gleichen Diagramm darzustellen, da auf der Abszisse in PROBE nicht mehrere Größen nebeneinander abgetragen werden können. Daher ist es nötig, den Einheitskreis unter Anwahl des Menüs *Tools/Label/Poly-Line* durch einen Polygonzug nachzuzeichnen, um ihn damit im Diagramm zu fixieren.

Im nächsten Arbeitsschritt muß die Originaleinheitskreiskurve unter der Polygonzuglinie wieder entfernt werden, um PROBE das Einzeichnen der Regelkreisortskurve zu ermöglichen. Gelöscht wird der Originaleinheitskreis durch Markieren des Ordinatenparameterterms Vi(LAPLACE3:OUT) unter dem Diagramm und Betätigen der Delete-Taste auf der Eingabetastatur.

Nach den entsprechenden Eintragungen im *Trace Add* und *X-Axis Settings* Menü kann nun die Regelkreisortskurve wie bereits beschrieben von PROBE erstellt werden.

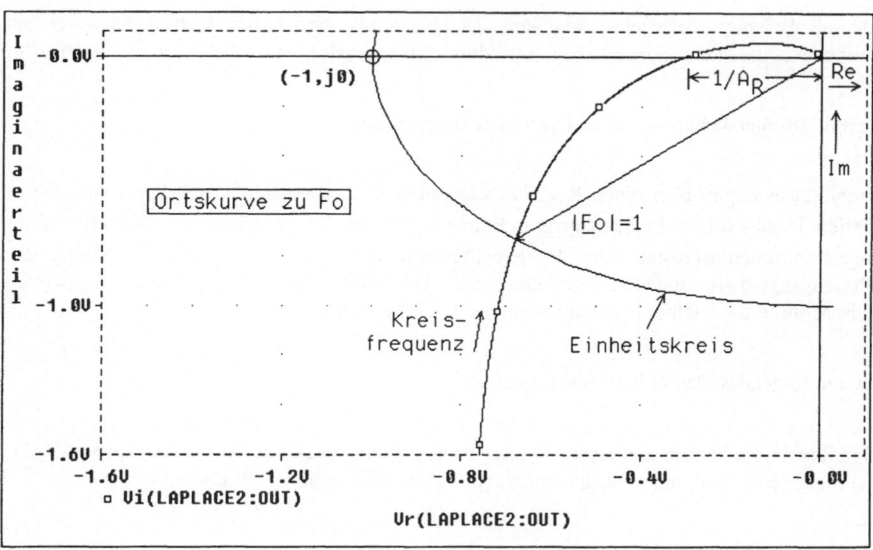

Für das oben abgebildete Diagramm wurde durch einen AC Sweep Analyselauf von 0,0005 Hz bis 1Hz eine Anzahl von 20000 Punkten berechnet. Die Achsenskalierung ist jeweils für einen linearen Abschnitt von -1,6 V bis +100 mV vorgenommen worden. Um nicht alle Einstellungen erneut vornehmen zu müssen, kann das Diagramm mit *Tools / Display Control* rekonstruiert werden.

Der *Phasenrand* ist als der Winkel in der Ortskurve definiert, den der Zeiger $\underline{F}_0$, der die Länge 1 besitzt, mit dem negativen Ast der reellen Achse einschließt. Leider ist dieser Winkel aufgrund der bereits beschriebenen verzerrten Wiedergabe der Achsenmaßstäbe nicht direkt aus dem Diagramm abzulesen. Da die Koordinaten des Schnittpunktes der Ortskurve mit dem Einheitskreis mittels des Cursors ausgemessen werden können (Button ⌨), ist der gesuchte Winkel leicht zu errechnen.

Im vorliegenden Beispiel konnten für die Koordinaten des Schnittpunktes die folgenden Werte abgelesen werden:

Reelle Achse: -679,8 mV   Imaginäre Achse: -735,9 mV

Damit errechnet sich ein Phasenrand von φ_{Rand} = arcsin (0,7359/1) = 47,38°

Für gut eingestellte Regelungen sollten folgende Richtwerte eingehalten werden:

Für gutes Führungsverhalten:	A_{Rand} = 12dB 20dB	φ_{Rand} = 40° ......60°
Für gutes Störverhalten:	A_{Rand}= 3,5dB 9,5dB	φ_{Rand} = 20° .... 50°

Der als Beispiel vorgestellte Regelkreis ist also stabil, wird sich jedoch weder durch ein besonders gutes Führungsverhalten, noch durch ein optimales Störverhalten auszeichnen.

Stabilitätsuntersuchungen anhand von Bodediagrammen:

Stabilitätsaussagen über einen Regelkreis lassen sich auch mit Hilfe von *Bodediagrammen* treffen. Dazu wird der Frequenzgang in Betrag $|\underline{F}_o(j\omega)|$ und Phasenwinkel φ_0 aufgeteilt und im logarithmischen Maßstab über der Kreisfrequenz ω (halblogarithmische Darstellung des Phasenganges) im Bodediagramm dargestellt. Die Multiplikation der Frequenzgangbeträge geht somit in die leichter handhabbare logarithmische Addition über.

Hierzu folgendes Demonstrationsbeispiel:

Der Regelkreis besteht aus einem PI -Regler und einer Strecke bestehend aus einem Verzögerungsglied 1. Ordnung in Reihe mit einem Verzögerungsglied 2. Ordnung.

$K_R = 10$

$K_S = 1$

$T_I = 0,0667s$

$T_{11} = 0,02s$

$T_{21} = 0,01s$

$T_{22} = 0,01s$

Referenzdatei : REGELKR.SCH

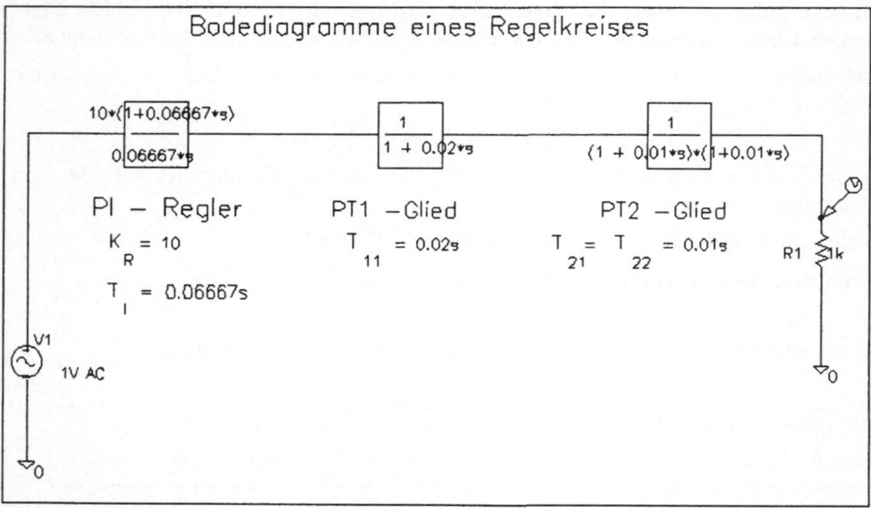

Der Term der Übertragungsfunktion des PI Reglers wird in das Attributmenü des Laplace Symbols nach Umformung wie folgt eingesetzt:

$$F_R(s) = K_R\left(1 + \frac{1}{sT_I}\right) = K_R \frac{\left(1 + sT_I\right)}{sT_I}$$

Im Menü *Analysis/Setup/AC Sweep* muß AC Sweep Type von „Linear" auf „Decade" umgestellt werden.

Damit auf der Abszisse im PROBE-Diagramm die Kreisfrequenz $\omega = 2\pi f$ aufgetragen wird, muß im *Plot/X-Axis Settings/X-Axis* Menü daher 6.2831853* Frequency eingetragen und „Scale" auf „Log" umgestellt werden. Die Darstellung in Dezibel (dB) realisiert das dB-Funktionspräfix vor V(R1:2) im *Trace/Add* - Menü.

Für den Phasenverlauf wird zusätzlich mit *Add Y-Axis* aus dem *Plot*-Menü eine Ordinate in das Frequenzgangbetragsdiagramm eingefügt.

Mit *Tools / Display Control* können die Diagrammeinstellungen rekonstruiert werden.

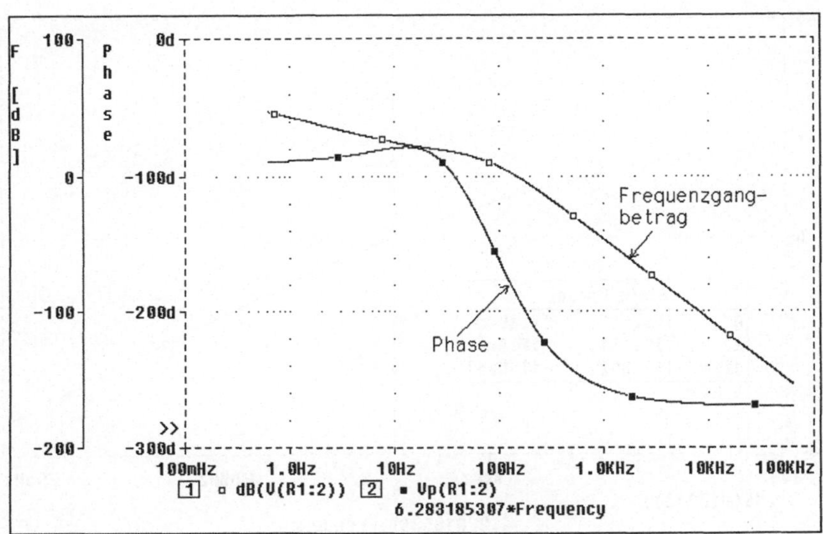

Aus dem Nyquist-Kriterium für die Ortskurve können bekanntlich folgende Kriterien für das Bodediagramm abgeleitet werden:

Ein geschlossener Regelkreis ist genau dann stabil, wenn der Frequenzgangbetrag $|E_o(j\omega)|$ des offenen Regelkreises (Kreisübertragungsfunktion) bei der Durchtrittsfrequenz ω_D den Phasenwinkel $\varphi_0\ (\omega_D) > -180°$ aufweist. (Bei der Durchtrittsfrequenz ist $|E_o(j\omega)| = 0$ dB).

Der Phasenrand φ_R ist im Bodediagramm der Winkelabstand zwischen $\varphi_0\ (\omega_D)$ und der $-180°$ Linie. Eine Regelung ist demnach stabil, wenn $\varphi_R > 0°$ ist:　　$\varphi_R = 180° + \varphi_0$

Der Amplitudenrand A_R kennzeichnet im Bodediagramm den Abstand zwischen der 0dB-Linie und $|E_o(j\omega)|$ bei der kritischen Frequenz ω_z, die im Diagramm an der Stelle abgelesen werden kann, an der der Phasenwinkel φ_0 den Wert $-180°$ erreicht.

Im PROBE-Diagramm können sehr bequem die Durchtrittsfrequenz und die kritische Frequenz mit Hilfe des Cursor Fadenkreuzes aus dem *Tools/Cursor/Display* Menü (Button ⌖) bestimmt werden. Dazu wird der interessierende Diagrammauschnitt mit *View/Area* (Button 🔍) vergrößert. Die Ablesegenauigkeit ist natürlich von der Anzahl der während des AC Analyselaufes berechneten Punkte abhängig.

Für vorliegendes Beispiel ist zur Stabilitätsüberprüfung die Durchtrittsfrequenz ω_D von Interesse.

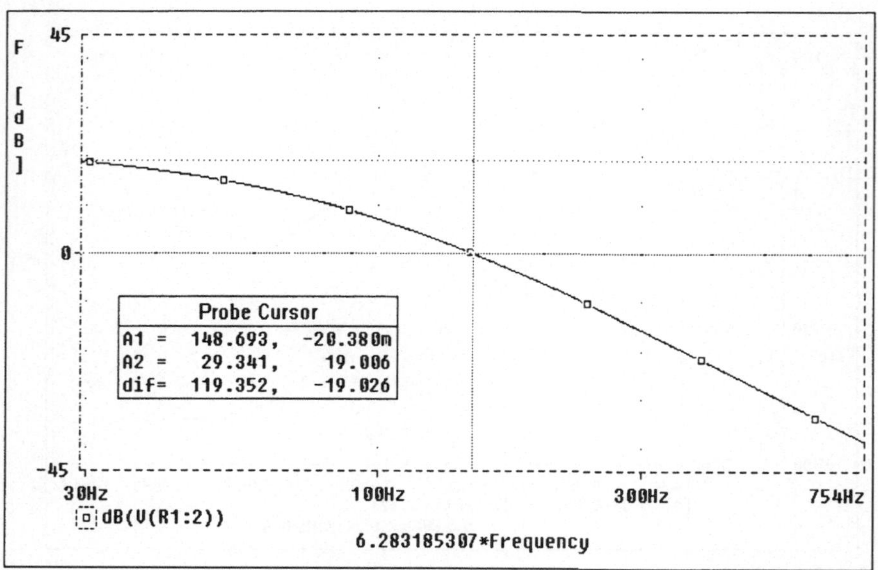

Das Diagramm weist eine Durchtrittsfrequenz von $\omega_D \approx 148$ Hz aus.

Im Phasendiagramm wird deutlich, daß bei dieser Frequenz die kritische $-180°$ Linie vom Phasengang bereits überschritten wurde.

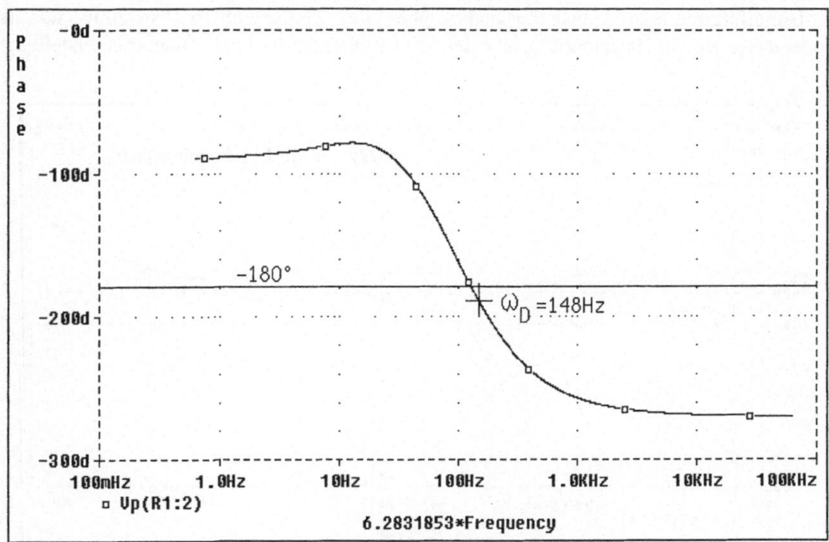

Die Regelung ist also instabil.

12.6 GRAETZ-Gleichrichterbrücke

Die Dioden befinden sich in der Bibliothek EVAL.SLB.

Referenzdatei: GRAETZ.SCH

Mit *Tools / Display Control* können die Diagrammeinstellungen rekonstruiert werden

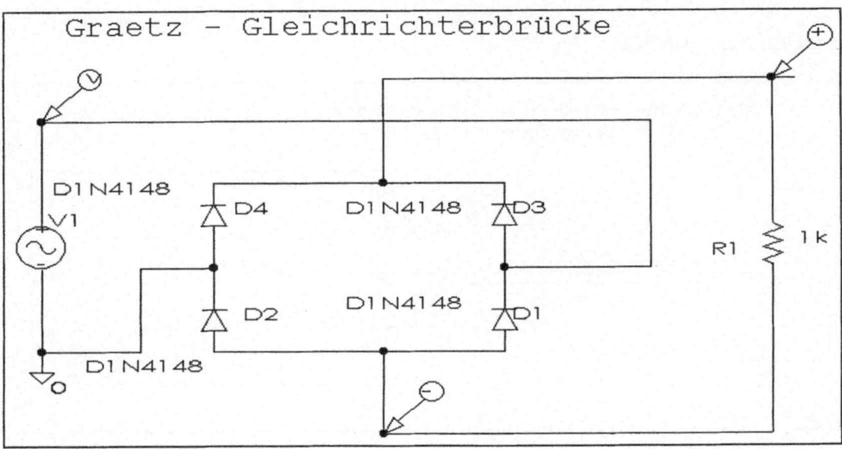

Nach Durchführung einer Transientenanalyse über einen Zeitbereich von 0s - 20ms, was der Periodendauer von 50 Hz entspricht, läßt sich mit PROBE das folgende Diagramm erstellen:

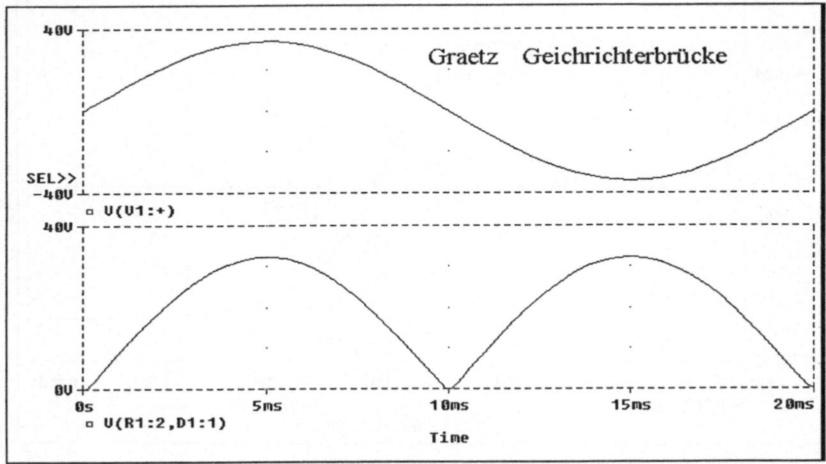

Im vorliegenden Fall einer Brückengleichrichtung wurde auf die Verwendung eines Glättungskondensators verzichtet, um das Prinzip der Zweiweggleichrichtung anschaulich darzustellen.

Der Scheitelwert verringert sich gegenüber der Amplitude der Eingangsspannung um die zweifache Diodenschwellspannung:

$$\hat{U}_A = \sqrt{2} \cdot U_{eff} - 2 \cdot U_D$$

12.7 B6-Brückengleichrichtung

Referenzdatei: B6.SCH

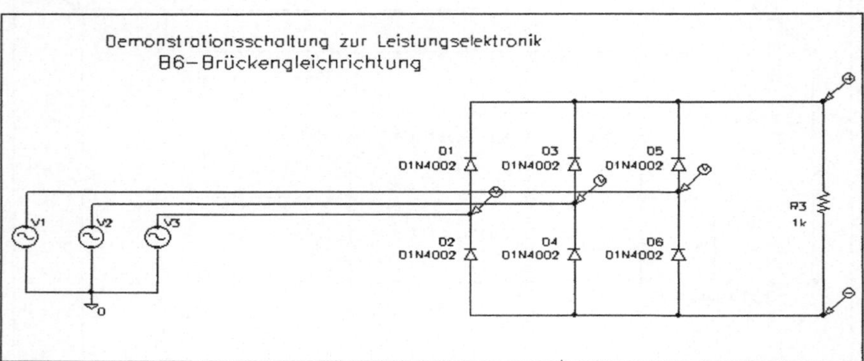

Dieses Schaltungsbeispiel zeigt eine B6-Brückengleichrichterschaltung, wie sie zur Gleichrichtung bei dreiphasigen Drehstromsystemen vornehmlich in der Leistungselektronik Anwendung findet.

Da viele in der Praxis verwendeten Meßmittel den arithmetischen Mittelwert der Ausgangsgleichspannung anzeigen, sei an dieser Stelle noch die mathematische Beziehung zwischen dem arithmetischen Mittelwert, der gleichgerichteten Spannung und dem Effektivwert der gleichzurichtenden Spannung genannt:

$$U_{Mittel} = \sqrt{2} \cdot U_{Eff} \cdot \frac{6}{\pi} \cdot \sin\left(\frac{\pi}{6}\right)$$

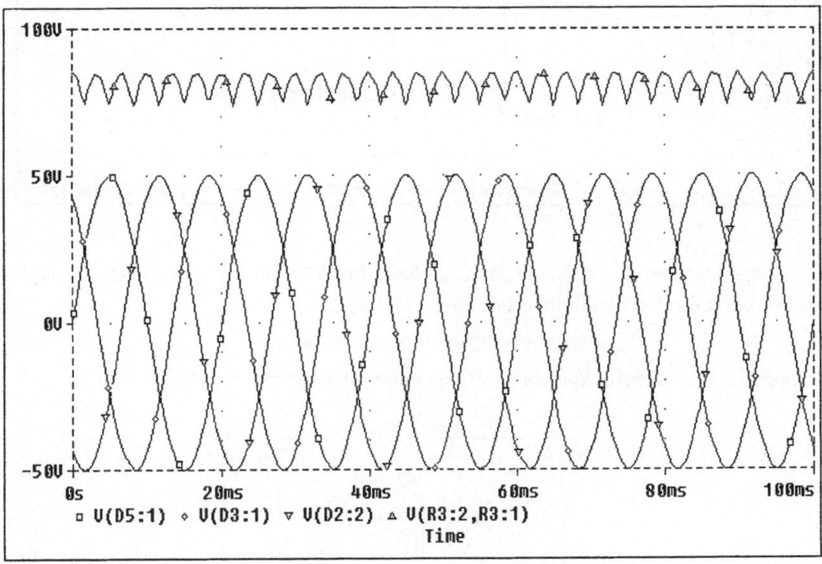

12.8 B2HZ-zweigpaargesteuerte Zweiplus-Brückenschaltung

Ein Beispiel aus der Leistungselektronik:

Leider erlaubt die Testversion des Programmpaketes MicroSim PSpice nur die Verwendung von höchstens 2 Thyristoren. Daher können mit der Testversion bestenfalls halbgesteuerte Stromrichterschaltungen simuliert werden. Bei solchen Schaltungen werden die Ventile einer Brückenhälfte als Thyristoren, die der anderen Brückenhälfte als Dioden ausgeführt. Das Schaltungskurzzeichen für die halbgesteuerten Schaltungen ist ein H (im Gegensatz zum C bei den vollgesteuerten Schaltungen). Als Beispiel einer solchen halbgesteuerten Brücke soll die B2HZ-Schaltung simuliert werden. Bei dieser sogenannten *zweigpaargesteuerten Zweiplus-Brückenschaltung* werden die beiden Ventile eines Zweigpaares gesteuert. Auf die übliche Induktivität zur Stromglättung im Lastkreis wurde verzichtet:

Referenzdatei: B2HZ.SCH

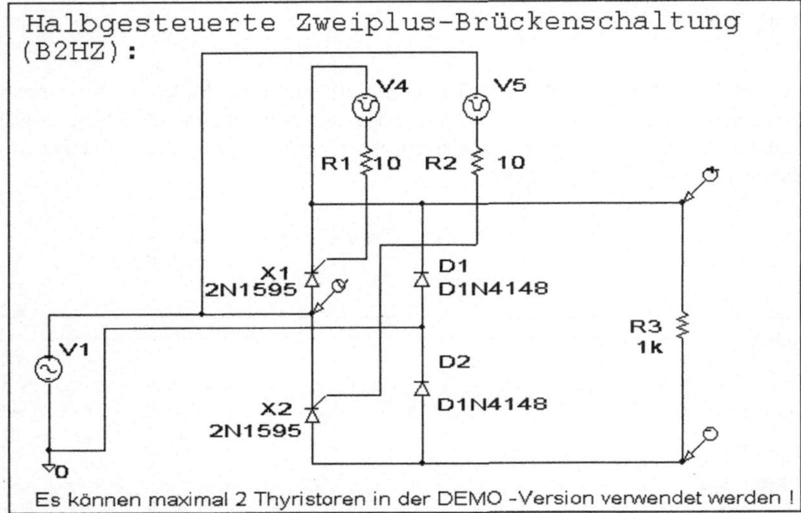

Die Verzögerungszeit TD = 2.5ms (bzw. 22.5ms) im Attributmenü der Pulsquelle legt den Steuerwinkel α für den Zündimpuls der Thyristoren fest:

$$\alpha = (2.5\text{ms} * 360°) / 20\text{ms} = 45°$$

Mit *Tools/ Display Control* können die Diagrammeinstellungen rekonstruiert werden.

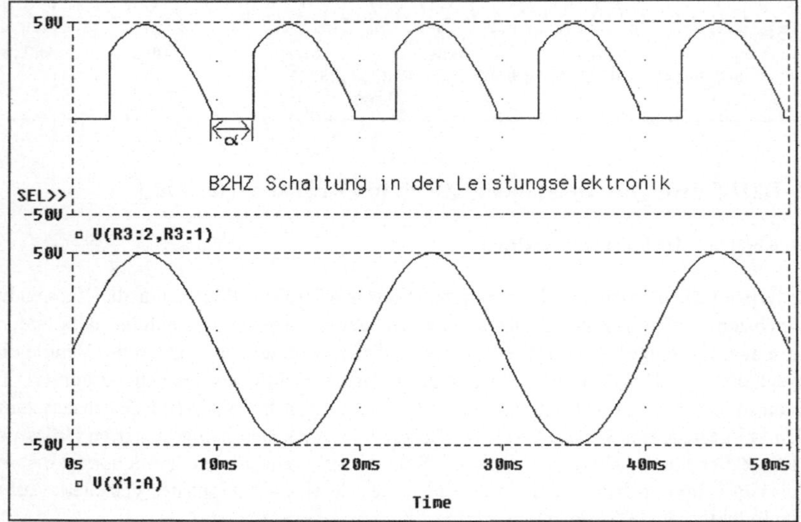

12.9 Übertrager

Ein Übertrager befindet sich in der Bibliothek ANALOG.SLB unter der Bezeichnung XFRM_Linear.

Referenzdatei : TRANSF.SCH

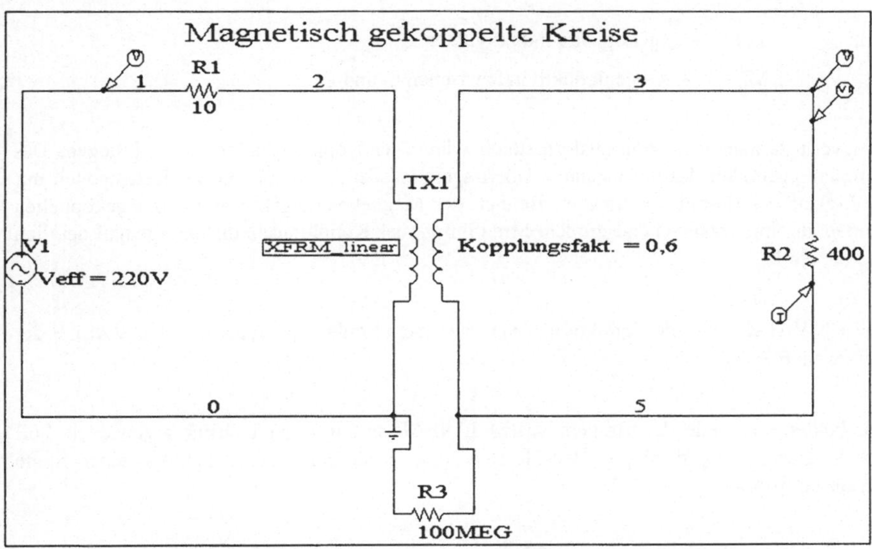

Ein Doppelklick mit der Maus auf das Schaltsymbol öffnet sein Statusdialogfenster :

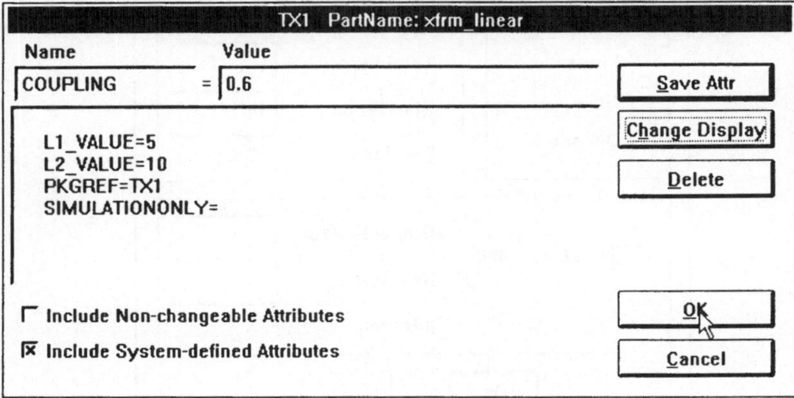

Unter COUPLING wird der Kopplungsfaktor zwischen den beiden Spulen eingetragen, welcher zwischen 0 und 1 liegen muß (1 und 0 selbst sind nicht zulässig). Dieser ist folgendermaßen definiert:

$$ k = \frac{M_{ij}}{\sqrt{L_i \cdot L_j}} $$

mit L_i, L_j $\rightarrow$ gekoppelte Induktivitäten

             M_{ij} $\rightarrow$ Gegeninduktivität zwischen L_i und L_j

Bei verlustarmen Ringkerntransformatoren würde der Kopplungsfaktor nahe 1 liegen. Das Simulationsmodell des vorliegenden Übertragers hat bei Anordnungen mit Kern jedoch nur Gültigkeit bei Betrieb im linearen Bereich der Magnetisierungskennlinie. Bei gekoppelten Luftspulen mit entsprechend großem Streufluß ist der Kopplungsfaktor naturgemäß deutlich kleiner als 1.

Bei L1_VALUE wird der Induktivitätswert der ersten Spule eingetragen, bei L2_VALUE der der zweiten Spule.

Die beiden Spulen des Übertragers XFRM_LINEAR sind immer gleichsinnig gewickelt. Soll der Übertrager gegensinnig gewickelt sein, müssen deshalb die Anschlüsse einer Spule vertauscht werden.

Im *Analysis/Setup* Menü (Button ▣) wird die AC Sweep Analyse entsprechend nachstehender Abbildung eingestellt:

Nun können die Simulation und PROBE gestartet werden:

Mit *Tools/Display Control* können die Diagrammeinstellungen rekonstruiert werden.

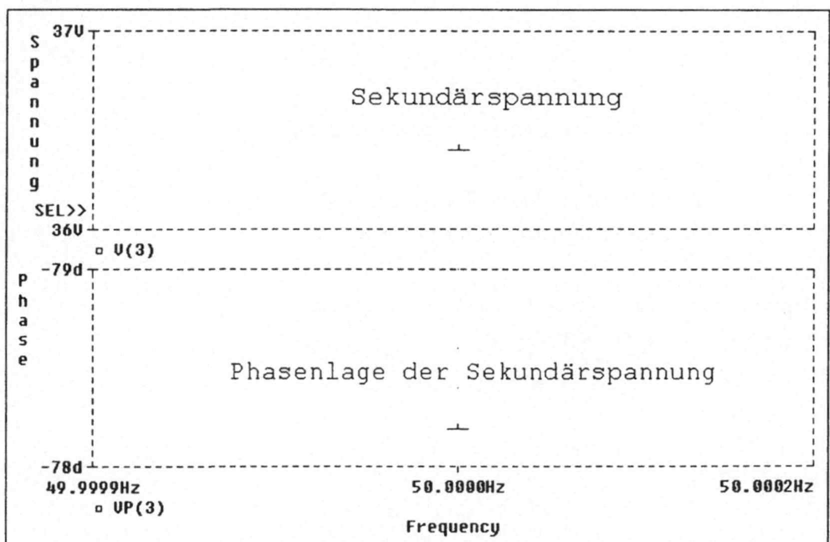

In der Bibliothek EVAL.SLB befinden sich weitere induktiv gekoppelte nichtlineare Bauelemente, wie zum Beispiel:

K528T500 3C8   →   Ferroxcube Torroid Magnetkern

Zur PSpice-Syntax dieser Magnetkerne mit den einzustellenden Modellparametern wird auf weiterführende Literatur verwiesen.

12.10 Gleichspannungs-Schaltvorgänge auf verlustlosen Leitungen

PSpice Modelle bieten auch die Möglichkeit, das Verhalten von Leitungen zu simulieren. Die Simulation von homogenen Zweidrahtleitungen beruht auf partiellen Differentialgleichungen innerhalb der Transientenanalyse. Es werden stets nur die Spannungen und Ströme am Leitungsanfang und am Leitungsende mit einer vorgegebenen Gesamtlänge l_{ges} berechnet. Übertragungsleitungen (*transmission lines*) befinden sich in der Bibliothek ANALOG.SLB unter den Bezeichnungen T bzw. TLOSSY. Im Attributmenü der verlustlosen Übertragungsleitung T haben die Abkürzungen folgende Bedeutungen:

Z0 = <Wert>   ➜   Wellenwiderstand in Ohm

TD = <Wert>   ➜   Wellenlaufzeit über die gesamte Länge in Sekunden

Die Zeit TD kann durch folgende Angaben ersetzt werden:

f = <Wert>   →   Frequenz in Hertz

NL = <Wert>   →   Relative Gesamtlänge bezogen auf die Wellenlänge (l_{ges} / λ)

Bei der verlustbehafteten Leitung TLOSSY haben die Abküzungen folgende Bedeutung:

R   →   Widerstand pro Länge

L   →   Induktivität pro Länge (Induktivitätsbelag)

G   →   Leitwert pro Länge

C   →   Kapazität pro Länge (Kapazitätsbelag)

LEN   →   Gesamtlänge der Leitung in Metern

Die PSpice-Notation für die ideale Leitung lautet allgemein:

T<Name> +A_Tor -A_Tor +B_Tor -B_Tor

            ZO

            TD

            F

            NL

Beispiele: T1 1 2 3 4 Z0=220 TD=115

            T1 1 2 3 4   Z0=50   F=4.5MHz NL=0.5

Falls kein Wert für die relative Wellenlänge NL angegeben wird, ist der Standardwert 0.25 voreingestellt.

Stoßstellen sind die Stellen bei einer Leitung, an denen sich der Wellenwiderstand ändert. Hier wird die Wellenwanderung gestört und es treten Wellenreflexionen und -brechungen auf.

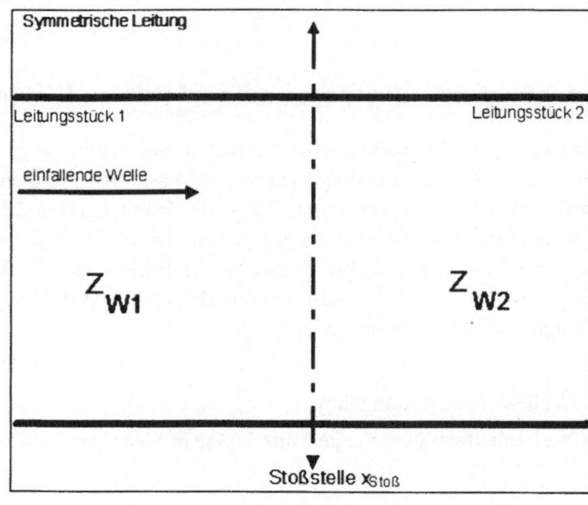

Die von links eintreffende Welle wird an der Stoßstelle $X_{Stoß}$ zum Teil reflektiert. Dabei ist die entstehende rücklaufende Spannungswelle u_{refl1} im Leitungsstück 1 über den Reflexionsfaktor r_u mit der hinlaufenden Welle u_{hin1} verknüpft:

$$u_{refl1} = r_u \cdot u_{hin1} \qquad\qquad r_u = \frac{Z_{W2} - Z_{W1}}{Z_{W1} + Z_{W2}}$$

Die weiterlaufende Welle im Leitungsstück 2 kann mit Hilfe des sogenannten Brechungsfaktors b berechnet werden:

$$u_{hin2} = b \cdot u_{hin1} \qquad\qquad b = \frac{2 \cdot Z_{W1}}{Z_{W1} + Z_{W2}}$$

Für Stromwellen gelten vergleichbare Zusammenhänge:

$$i_{refl1} = r_i \cdot i_{hin1} = \frac{Z_{W1} - Z_{W2}}{Z_{W1} + Z_{W2}} \cdot i_{hin1}$$

$$i_{hin2} = b_i \cdot i_{hin1} = \frac{2 \cdot Z_{W1}}{Z_{W1} + Z_{W2}} \cdot i_{hin1}$$

Sind mehrere Stoßstellen in der Leitung vorhanden, kommt es zu Mehrfachreflexionen. Im Folgenden sollen Gleichspannungs-Schaltvorgänge bei Stoßstellen an beiden Leitungsenden näher untersucht und anschließend mit PSpice simuliert werden. Dazu sei folgende Ausgangssituation gegeben:

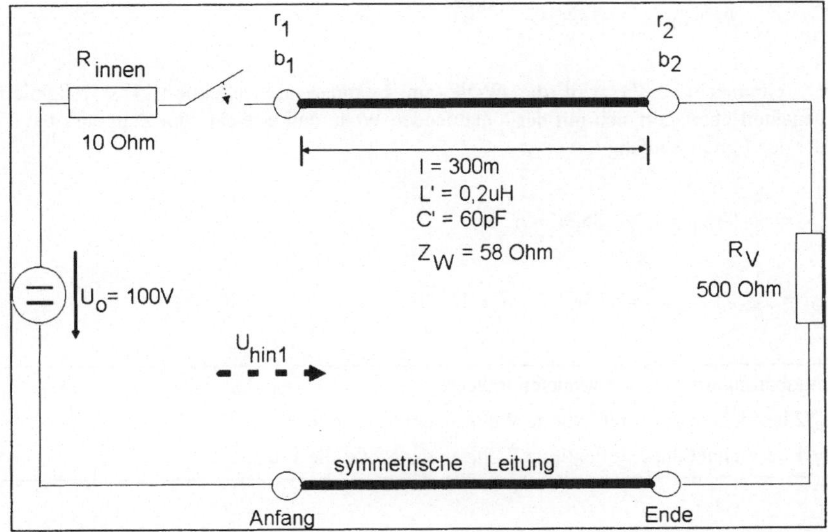

Beim Aufschalten der Gleichspannung von 100V beginnt eine Wellenausbreitung. Da der Innenwiderstand der Quelle R_{innen} und der Verbraucherwiderstand R_v betragsmäßig nicht mit dem Wellenwiderstand $Z_W = 58\Omega$ übereinstimmen, ergeben sich somit 2 Stoßstellen. T_l sei die Laufzeit der Welle vom Leitungsanfang bis zum Leitungsende. Sie läßt sich mit Hilfe der Wellengeschwindigkeit v und den Leitungsparametern (l = 300m, L' = 0,2µH und C' = 60pF) berechnen:

$$T_l = \frac{l}{v} = \frac{l}{\dfrac{1}{\sqrt{L'\cdot C'}}} = l \cdot \sqrt{L'\cdot C'} \approx 1\mu s$$

Für die erste hinlaufende Welle gilt gemäß Spannungsteilerregel im Zeitraum $0 < t \leq T_l$:

$$U_{hin1} = \frac{Z_W}{Z_W + R_1}\cdot U_0 = \frac{58\Omega}{58\Omega + 10\Omega}\cdot 100V = 85,3V$$

Für die Reflexionsfaktoren am Leitunganfang und am Leitungsende ergibt sich:

$$r_{Anfang} = r_1 = \frac{R_1 - Z_W}{R_1 + Z_W} = \frac{10\Omega - 58\Omega}{68\Omega} = -0,7$$

$$r_{Ende} = r_2 = \frac{R_2 - Z_W}{R_2 + Z_W} = \frac{500\Omega - 58\Omega}{558\Omega} = 0,792$$

Zum Zeitpunkt $t = T_l$ wird die Welle am Leitungsende reflektiert. Der reflektierte Wellenanteil überlagert sich mit der hinlaufenden Welle und erreicht zum Zeitpunkt $t = 2T_l$ wieder den Leitungsanfang :

$$U_{1refl2} = r_2 \cdot U_{hin1} = 0,792\cdot 85,3V = 67,5V$$

$$U_{Ges1} = U_{hin1} + U_{1refl2} = 85,3V + 67,5V = 152,8V$$

<table>
<tr><td>

Vereinbarung über die verwendeten Indices:

1$refl$2 bezeichnet die 1. reflektierte Welle an der Stoßstelle 2

2$refl$1 bezeichnet die 2. reflektierte Welle an der Stoßstelle 1 u.s.w.

</td></tr>
</table>

Jetzt erfolgt eine erneute Reflektion an der Stoßstelle 1, wobei sich der reflektierte Anteil erneut überlagert:

$$U_{1refl1} = r_1 \cdot U_{1refl2} = -0{,}7 \cdot 67{,}5V = -47{,}25V$$

$$U_{Ges2} = U_{hin1} + U_{1refl2} + U_{1refl1} = 152{,}8V - 47{,}25V = 105{,}5V$$

Zum Zeitpunkt t = 3T$_1$ wird U$_{1refl1}$ am Leitungsende erneut mit anschließender Überlagerung reflektiert:

$$U_{2refl2} = r_2 \cdot U_{1refl1} = 0{,}792 \cdot (-47{,}25V) = -37{,}42V$$

$$U_{Ges3} = U_{Ges1} + U_{2refl2} = 105{,}5V - 37{,}42V = 68{,}08V$$

Zum Zeitpunkt t = 4T$_1$ gilt analog:

$$U_{2refl1} = r_1 \cdot U_{2refl2} = (-0{,}7) \cdot (-37{,}42V) = 26{,}2V$$

$$U_{Ges4} = U_{Ges3} + U_{2refl1} = 68{,}1V + 26{,}2V = 94{,}3V$$

Das Berechnungsverfahren läßt sich in dieser Weise beliebig fortsetzen.

An den Leitungsenden treten demnach in Zeitabständen von $2 \cdot T_1$ folgende Spannungswerte auf:

Leitungsanfang: 85,3V   105,5V   94,3V   ....

Leitungsende: 152,3V   68,1V   ....

Die berechneten Werte sollen nun mit den Ergebnissen der PSpice Simulation verglichen werden :

Referenzdatei: LEITUNG.SCH

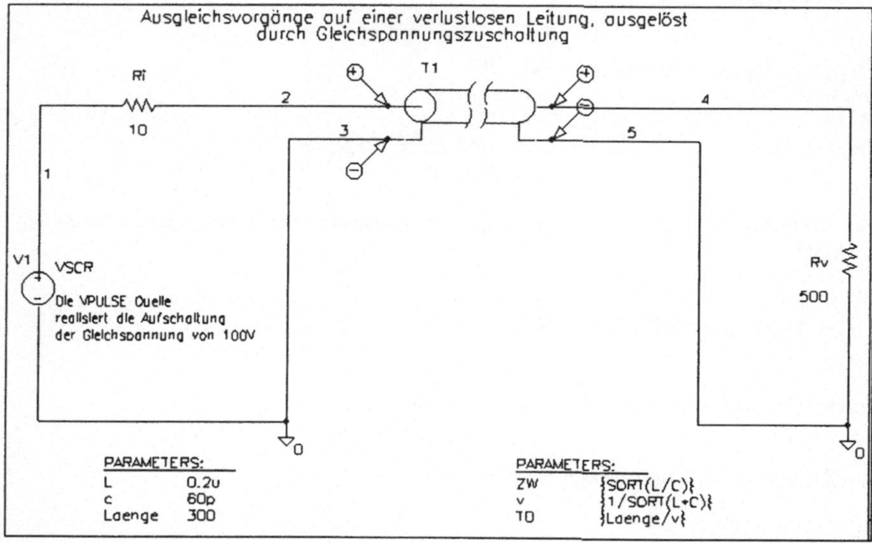

Im Attributmenü der verlustlosen Leitung sind folgende Einträge vorzunehmen:

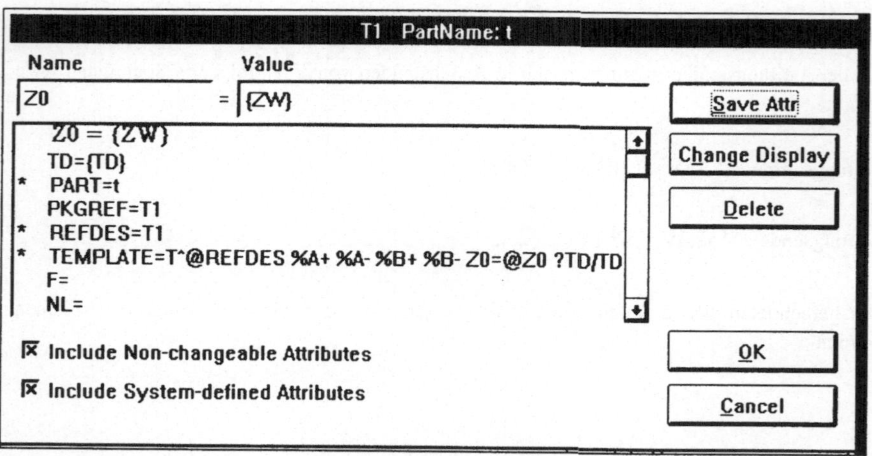

Zudem wird die Step Ceiling Schrittweite im Transientenanalyse Menü auf wenigstens 0,001 µs reduziert, um formgerechte Kurvenverläufe in PROBE zu erhalten.

Mit *Tools/Display Control* können die Diagrammeinstellungen rekonstruiert werden.

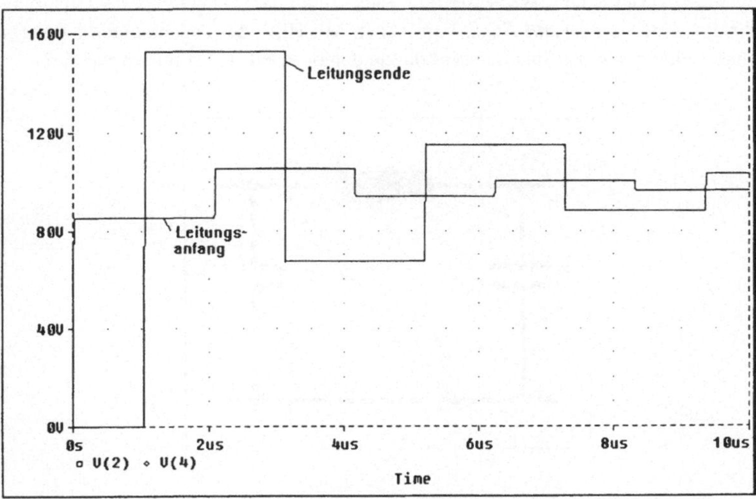

Mit der Probe Cursor Funktion (Button) werden die berechneten Werte bestätigt:

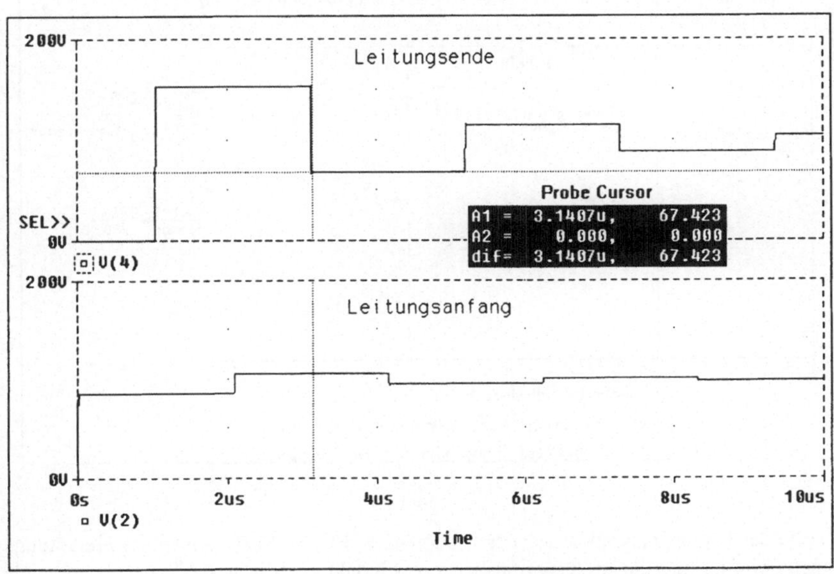

Berechnet wurde beispielsweise der Wert 68,08V am Leitungsende. Im Probe Cursor Fenster bestätigt sich der Wert mit 67,423V.

12.11 Ferranti-Effekt

Am Ende einer leerlaufenden verlustlosen Leitung erhöht sich bekanntermaßen die Spannung.
Dieser Effekt wird als *Ferranti-Effekt* bezeichnet. Mit Hilfe des sogenannten π-Ersatzschalt-
bildes einer Leitung soll die Spannungserhöhung demonstriert und simuliert werden.

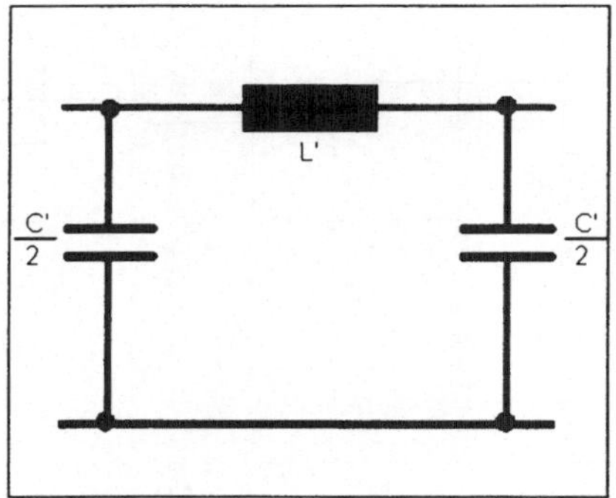

Referenzdatei: FERRANTI.SCH

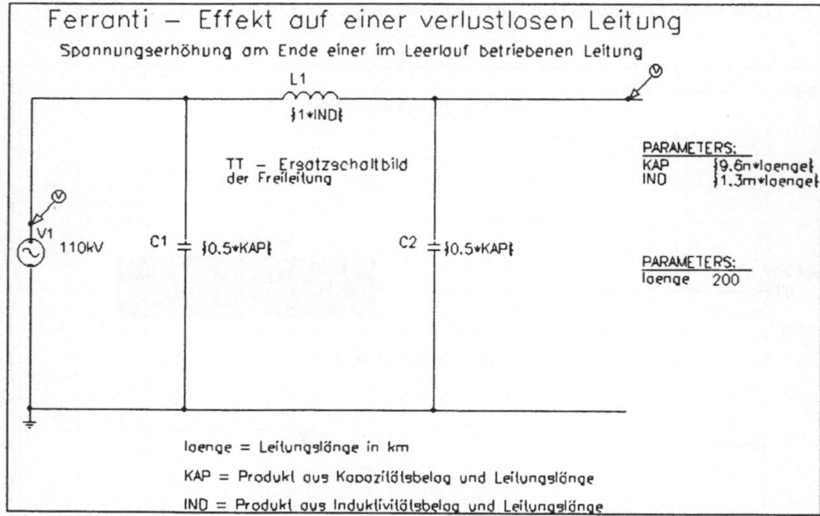

Mit Hilfe der Parametersymbole aus der Bibliothek SPECIAL.SLB können die Freileitungs-
parameter wie Leitungslänge, Kapazitätsbelag und Induktivitätsbelag den jeweilig vorhandenen Leitungsbedingungen angepaßt werden. Es sei angenommen, daß ein Kraftwerk in die im
Leerlauf betriebene, verlustlose Leitung eine Spannung von 110 kV einspeist.

Die Freileitung habe folgende Leitungsparameter:

Länge: l = 200 km

Frequenz: f = 50 Hz

Induktivitätsbelag:
$$L' = 1{,}3\,\frac{mH}{km}$$

Kapazitätsbelag:
$$C' = 9{,}6\,\frac{nF}{km}$$

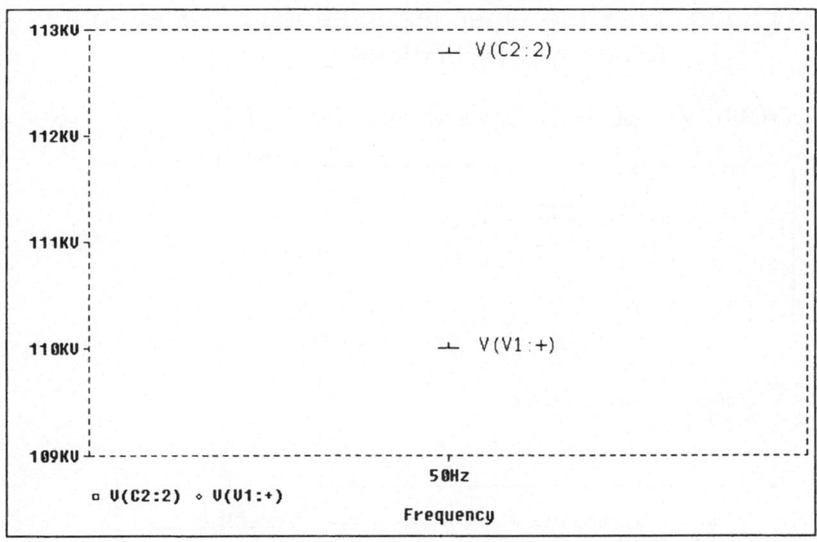

Bei einer 200 km langen Leitung wird also eine Spannungserhöhung von 110 kV auf ca.
112,8 kV erwartet.

Der Ferranti-Effekt kann mit Hilfe eines ABM-Modules grafisch noch besser verdeutlicht
werden. Für eine verlustlose, am Ende belastete Leitung gilt allgemein folgende Leitungs-
gleichung:

$$\underline{U}_a = \underline{U}_e \cdot \cos(\omega \cdot \sqrt{L' \cdot C'} \cdot l) + j\underline{I}_e \cdot \sqrt{\frac{L'}{C'}} \cdot \sin(\omega \cdot \sqrt{L' \cdot C'} \cdot l)$$

mit:

$\underline{U}_a$ Spannung am Leitungsanfang

$\underline{U}_e$ Spannung am Leitungsende

$\underline{I}_e$ Strom im Leitungsende

Im Leerlauf ist natürlich $\underline{I}_e = 0$. Damit gilt für den Spannungsbetrag am Leitungsanfang:

$$U_a = \left|\underline{U}_a\right| = U_e \cdot \cos\left(\omega \cdot \sqrt{L' \cdot C'} \cdot l\right)$$

Diese Formel wird mit Hilfe eines ABM- Bauteiles in SCHEMATICS realisiert:

Referenzdatei :   KRAFTW.SCH

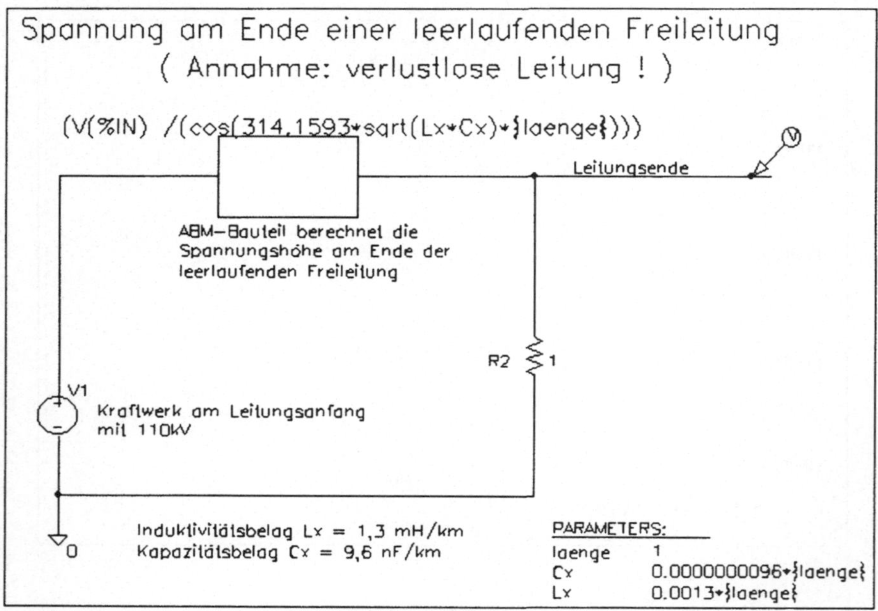

Die Leitungslänge wird im DC Sweep Menü als globaler Parameter definiert und soll zwischen 0 km und 1200 km kontinuierlich variiert werden.

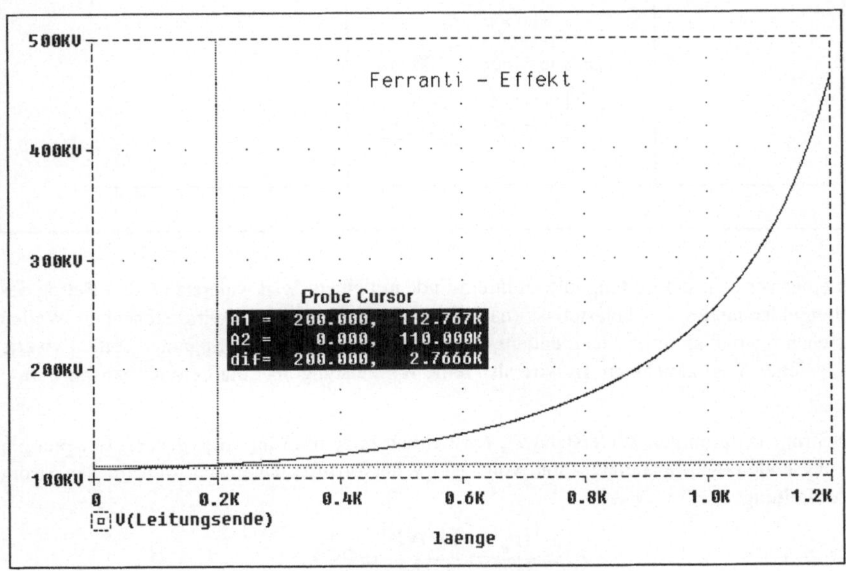

Es ergibt sich folgende PROBE-Grafik:

Auch bei dieser Methode bestätigt sich der in der Vorgehensweise mit dem π-Ersatzschaltbild ermittelte Wert von 112,8kV.

Bei einer angepaßten verlustlosen Leitung wird die Leitung mit einem reellen Wirkwiderstand belastet, dessen Wert dem Wellenwiderstand $Z_W = \dfrac{U_e}{I_e} = \sqrt{\dfrac{L'}{C'}}$ der Leitung entspricht (natürlicher Betrieb).

Simulation einer angepaßten Leitung mit Hilfe der π-Ersatzschaltung:

Referenzdatei: ANGEP.SCH

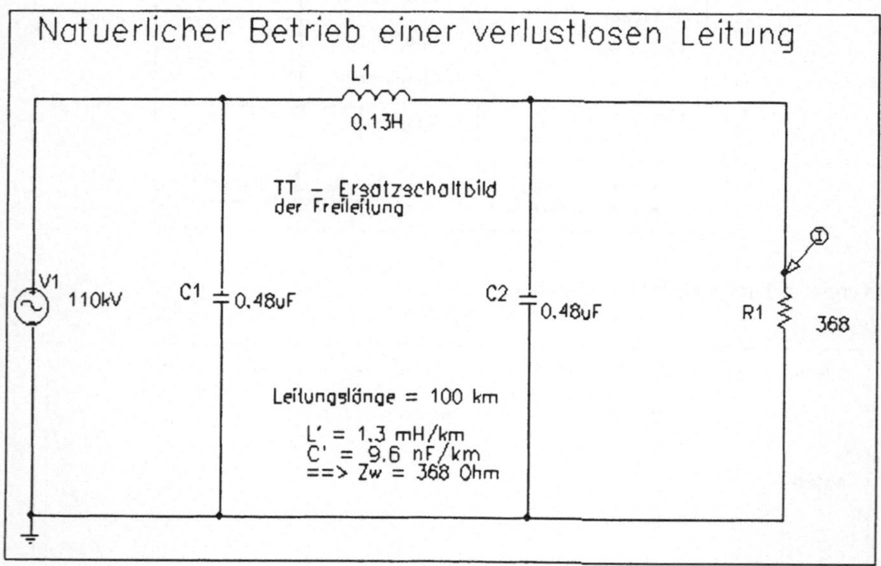

Auf einer verlustlosen Leitung, die an ihrem Ende mit einem Wirkwiderstand vom Betrag des Wellenwiderstandes Z_W belastet ist (natürlicher Betrieb), können keine stehenden Wellen entstehen, so daß an jeder Stelle entlang der Leitung die Strom- und Spannungseffektivwerte den gleichen Wert annehmen. Es wird also reine Wirkleistung über die Leitung transportiert.

Der Strom I_e durch den Widerstand Z_w am Leitungsende muß im vorliegenden Beispiel am Leitungsende einen Spannungsabfall von 110 kV hervorrufen. Demnach folgt für den Strom in der Leitung:

$$I_e = \frac{U_e}{Z_W} = \frac{110kV}{368\Omega} = 299\,A$$

Simulationsergebnis in PROBE:

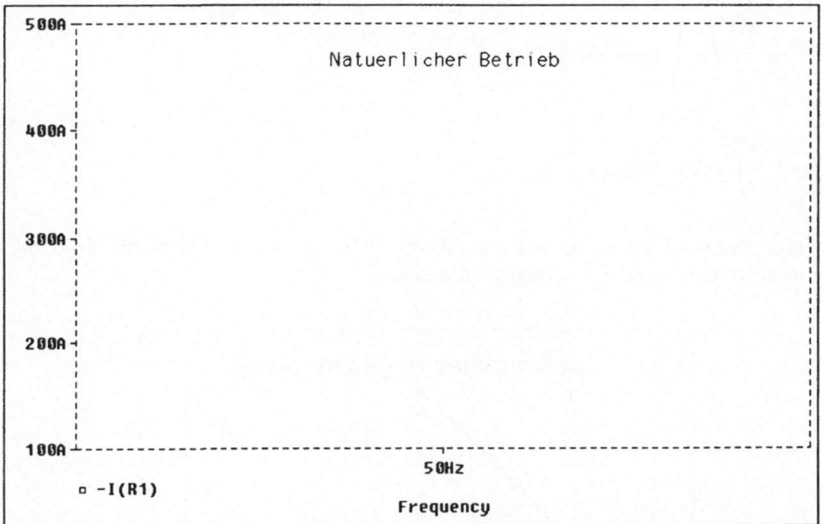

Dieser Wert wird ebenfalls durch PSpice errechnet.

12.12 Fourier-Analyse und Fast Fourier Transformation

12.12.1 Fourier-Analyse

In der Elektrotechnik treten häufig zeitabhängige Vorgänge auf, die zwar periodisch, aber nicht sinusförmig sind.

Eine periodische Zeitfunktion f(t) mit der Periodendauer T und der Kreisfrequenz $\omega_0 = 2\pi/T$ läßt sich, falls sie im Periodenintervall die Dirichletschen Bedingungen erfüllt, nach Fourier in seine harmonischen Anteile zerlegen:

$$f(t) = \frac{a_o}{2} + \sum_{k=1}^{\infty} \left[a_k \cdot \cos(k\omega_0 t) + b_k \cdot \sin(k\omega_0 t) \right] \qquad \text{mit k=(1,2,3,......)}$$

Dabei ist ω_0 die Kreisfrequenz der Grundschwingung und $k\omega_0$ sind die Kreisfrequenzen der Oberschwingungen k. Die Fourierkoeffizienten a_0, a_k, und b_k berechnen sich wie folgt:

$$a_0 = \frac{2}{T} \int_{t_0}^{t_0+T} f(t) dt$$

$$a_k = \frac{2}{T} \int\limits_{t_0}^{t_0+T} f(t) \cdot \cos(k\omega_0 t)\,dt$$

$$b_k = \frac{2}{T} \int\limits_{t_0}^{t_0+T} f(t) \cdot \sin(k\omega_0 t)\,dt$$

Im Folgenden soll für eine Kippspannung die Fourierreihe ermittelt und anschließend mit der Fourierzerlegung durch PSpice verglichen werden.

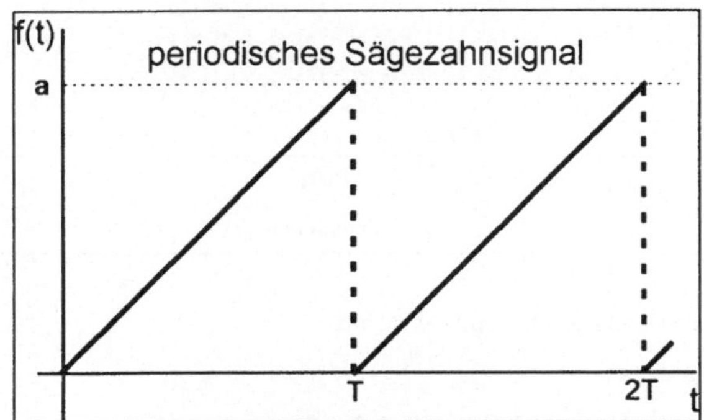

$$a_0 = \frac{2}{T} \int\limits_0^T u(t)\,dt = \frac{2}{T} \int\limits_0^T \frac{a}{T} t\,dt = \frac{2a}{T^2} \cdot \frac{T^2}{2} = a$$

Mit Hilfe einer Integraltafel lassen sich die Integrale der beiden restlichen Fourierkoeffizienten berechnen:

$$a_k = \frac{2}{T} \int\limits_0^T \frac{a}{T} t \cdot \cos(k\omega_0 t)\,dt = \frac{2a}{T^2} \cdot 0 = 0$$

$$b_k = \frac{2}{T} \int\limits_0^T \frac{a}{T} t \cdot \sin(k\omega_0 t)\,dt = \frac{2a}{T^2} \left(-\frac{T^2}{2\pi k} \right) = -\frac{a}{\pi \cdot k}$$

Somit ergibt sich die Fourierreihe: $\quad f(t) = \dfrac{a}{2} - \dfrac{a}{\pi} \sum\limits_{k=1}^{\infty} \dfrac{1}{k} \sin(k\omega_0 t) \quad$ bzw.

$$\boxed{\; f(t) = \frac{a}{2} - \frac{a}{\pi} \left[\sin(\omega_0 t) + \frac{1}{2}\sin(2\omega_0 t) + \frac{1}{3}\sin(3\omega_0 t) + \ldots\ldots\ldots \right] \;}$$

> Hinweis:
>
> Die Berechnung der Fourierkoeffizienten einer periodischen Funktion f(t) vereinfacht sich,
> wenn die Funktion eine Symmetrie besitzt:
>
> a) f(t) ist eine gerade Funktion, d.h. f(-t) = f(t) $\Rightarrow$ Fourierkoeffizient $b_k = 0$
>
> b) f(t) ist eine ungerade Funktion, d.h. f(-t) = -f(t) $\Rightarrow$ Fourierkoeffizient $a_k = 0$

Die Amplitude der zu untersuchenden Kippspannung betrage a =10V. Somit ergibt sich die
Fourierreihe:

$$f(t) = 5V - 3{,}1831V\left[\sin(\omega_0 t) + \frac{1}{2}\sin(2\omega_0 t) + \dots\dots\right]$$

Für die Fourierkoeffizienten errechnen sich demnach folgende Werte:

3,1831

$3{,}1831 \cdot 0{,}5 = 1{,}5916$

$3{,}1831 \cdot 0{,}33333 = 1{,}061$

....

Die Fourier Analyse wird in MicroSim PSpice in Verbindung mit einer Transientenanalyse
durchgeführt. Die Kippspannung kann mit Hilfe einer VPULSE Quelle realisiert werden.

Referenzdatei: FOURIER.SCH

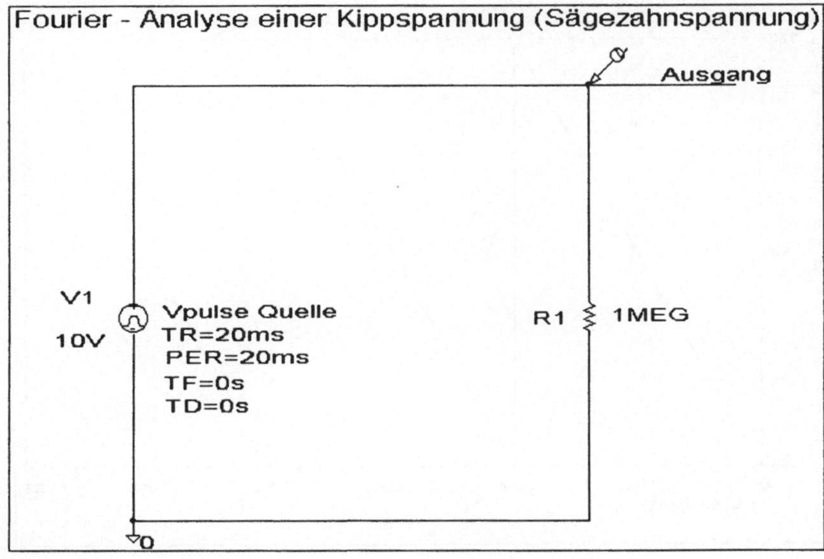

Das Transientenanalyse Menü wird wie folgt eingestellt:

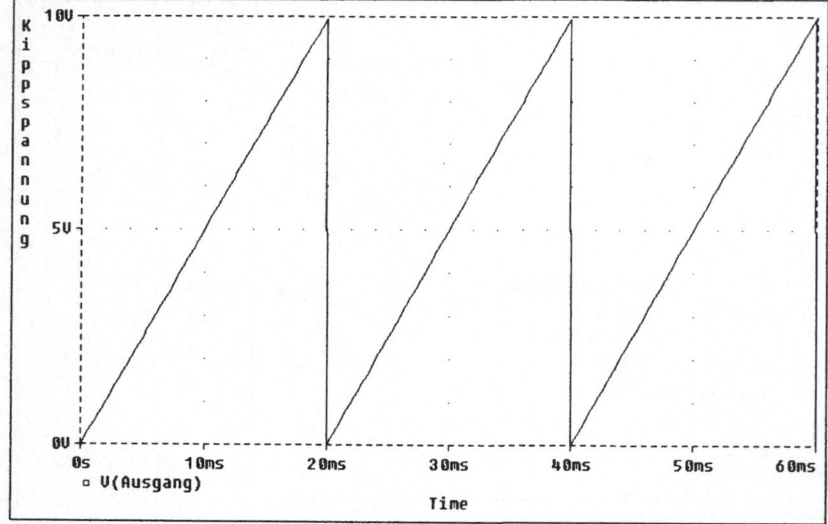

In PROBE wird nach der Simulation die Kippspannung dargestellt:

Die Ergebnisse der Fourieranalyse sind in der *.OUT Ausgabedatei aufzufinden, und können mit *Analysis/Examine Output* verifiziert werden:

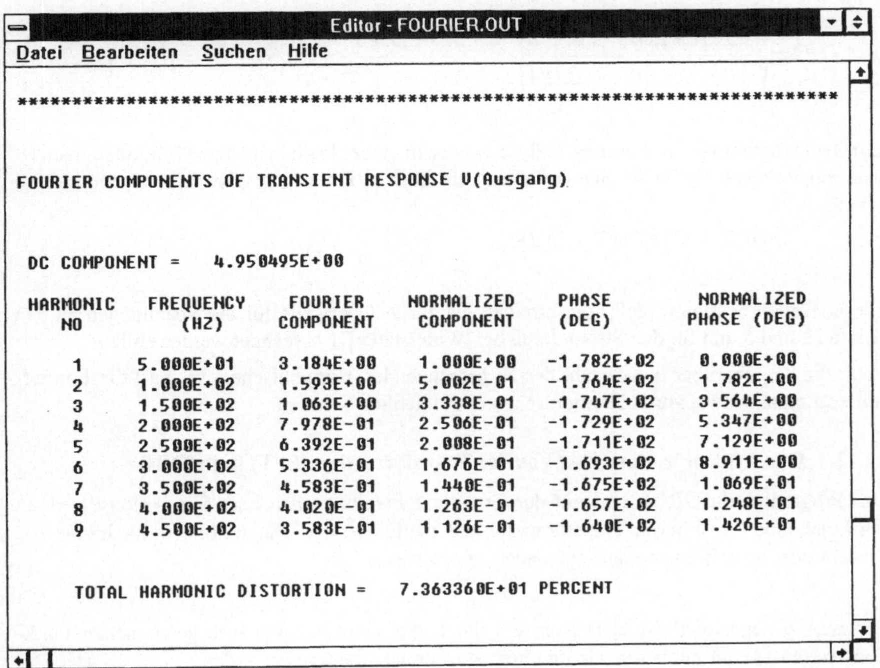

„DC COMPONENT" gibt den Gleichanteil a/2 = 10V/2 = 5V an.

Unter der Spalte „FREQUENCY" sind die Frequenzen f der Grundschwingung sowie der Oberschwingungen aufgelistet.

Die Spalte „FOURIER COMPONENT" beinhaltet die Werte für die bereits berechneten Fourierkoeffizenten : 3,1831   1,5916   1,061 ....

Unter „NORMALIZED COMPONENT" werden die Vorfaktoren der Sinus-Glieder der Fourierreihe aufgeführt:

1   = 1,000E +00

1/2 = 5,000E -01

1/3 = 3,333E -01

1/4 = 2,500E -01

....

Der Gesamtklirrfaktor (TOTAL HARMONIC DISTORTION) „k" ist das Verhältnis des Oberwelleneffektivwertes zum Grundwelleneffektivwert:

$$k = THD = \sqrt{\frac{1,593^2 + 1,063^2 + 0,7978^2 + \ldots\ldots + 0,3583^2}{3,184^2}} = \sqrt{0,5422675} = 0,73639 \approx 73,64\%$$

Ein Syntaxbefehl für die Fourier-Analyse, wie er in einer „handübersetzten" Simulationsnetzliste einer Schaltung für PSpice enthalten sein könnte, hätte beispielsweise folgendes Aussehen:

.FOUR 100Hz 7 v(2) v(5) i(R1)

Dieser Befehl bestimmt, daß Fourierreihen bis zur 7. Oberwelle für die Spannungen an den Knoten 2 und 5 und für den Strom durch den Widerstand R1 berechnet werden sollen.

Fehlt die Angabe über die Anzahl der zu berechnenden Harmonischen, so wird die Fourierreihe automatisch bis zur 9. Harmonischen einschließlich ermittelt.

12.12.2 Durchführung einer Fast Fourier Transformation (FFT) in PROBE

Das Programmodul PROBE ist auf der Grundlage bereits vorhandener Simulationsdaten in der Lage, eine Fast Fourier Transformation durchzuführen. Die Daten können durch eine AC Sweep- oder mittels einer Transientenanalyse gewonnen sein.

Für das vorliegende Beispiel müssen die durch die Transientenanalyse gewonnenen Funktionswerte f(t) vom Zeitbereich in den Frequenzbereich übertragen werden.

Um dafür eine Fast Fourier Transformation durchführen zu lassen, kann nach erfolgter Simulation in PROBE der Button betätigt oder das Kästchen vor „Fourier" im *Plot/X Axis Settings*-Menüfenster aktiviert werden.

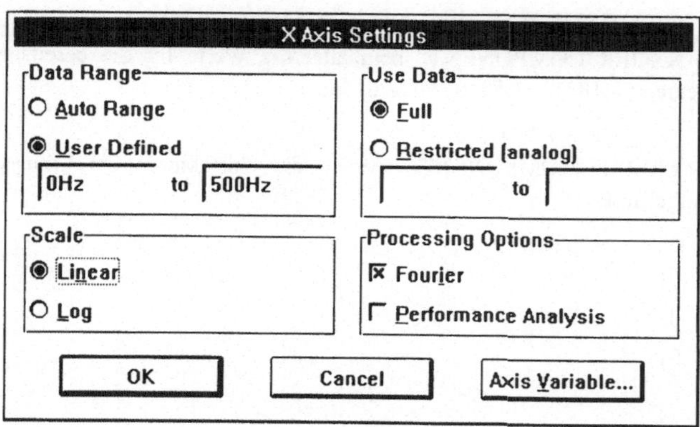

Um Vergleiche mit den Fourier-Analyse Ergebnissen in der von PSpice erstellten FOURIER.OUT Datei ziehen zu können, wird der benutzerdefinierte Darstellungsbereich der Abszisse auf 10 Oberschwingungen eingeschränkt, d.h auf 10·50Hz = 500Hz.

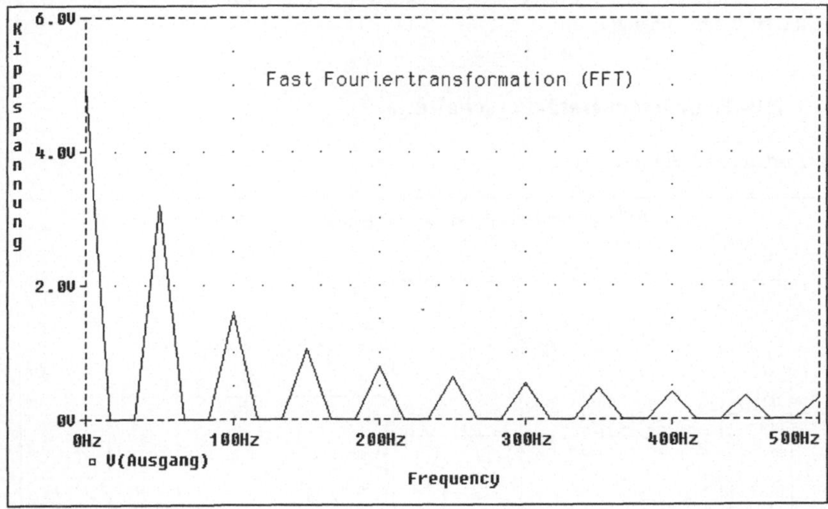

Mit der linken und rechten Maustaste werden zwei Fadenkreuze (Menü: *Tools/Display Cursor*) auf die lokalen Maxima positioniert.

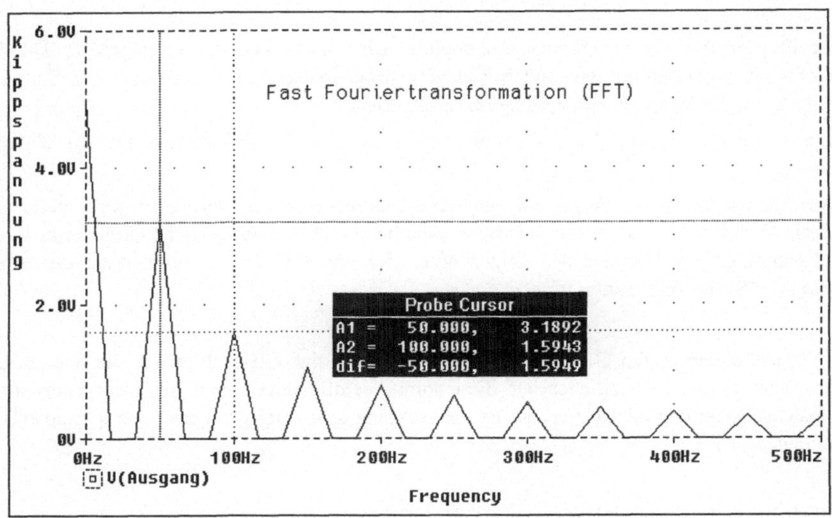

Im Probe Cursor Fenster sind die Frequenzen 50Hz bzw. 100Hz und die Fourierkoeffizienten 3,1892 bzw. 1,5943 der 1. und 2. Oberschwingung abzulesen. Die Werte stimmen sehr gut mit den Fourier Analyse-Angaben der 2. und 3. Harmonischen in der FOURIER.OUT Datei überein. Die maximale Anzahl der Harmonischen, die die Fast Fourier Transformation zu bestimmen vermag, ist ebenso wie deren Genauigkeit von der Anzahl der im Simulationslauf errechneten Werte abhängig.

12.13 NF-Transistorverstärkerschaltung

Referenzdatei: BIPOLAR.SCH

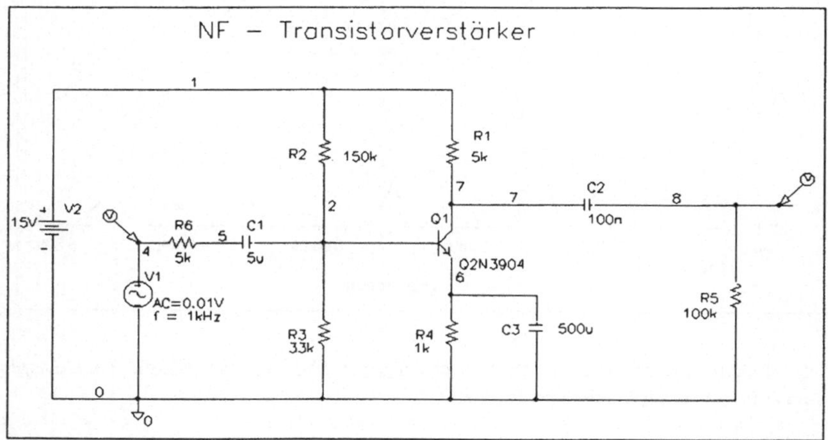

Diese Emitterschaltung mit Stomgegenkopplung wird als NF-Verstärker eingesetzt. Durch Umgebungstemperatureinflüsse ändert sich der Arbeitspunkt des Transistors. Zur Stabilisierung dient die Stromgegenkopplung im Emitterkreis:

Steigt der Strom im Emitter an, so erhöht sich damit auch der Spannungsabfall am Widerstand R4.

Dieses hat wiederum zur Folge, daß die Basis-Emitter-Spannung verringert wird und sich dadurch auch der Kollektorstrom wieder annähernd auf seine ursprüngliche Größe reduziert. Der Spannungsteiler, der aus den Widerständen R2 und R3 gebildet wird, dient der Einstellung der Basis-Vorspannung.

Die Koppelkondensatoren C1 und C2 sollen verhindern, daß Gleichströme in die Schaltung hinein- oder aus ihr herausfließen und diese somit beeinflussen können. Wird der Transistor mit Wechselspannung angesteuert, so ist die Ausgangsspannung gegenphasig zur Eingangsspannung.

Deutlich ist die Phasenverschiebung von annähernd 180° zwischen Eingangs- und Ausgangssignal im PROBE-Diagramm zu erkennen:

Mit *Tools/Display Control* können die Diagrammeinstellungen rekonstruiert werden.

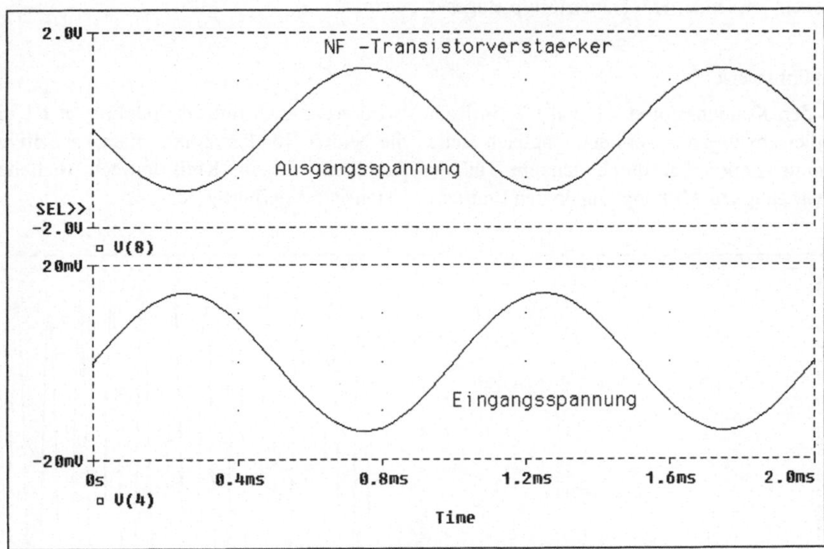

12.14 Colpitts-Oszillator

Referenzdatei :   COLPITTS.SCH

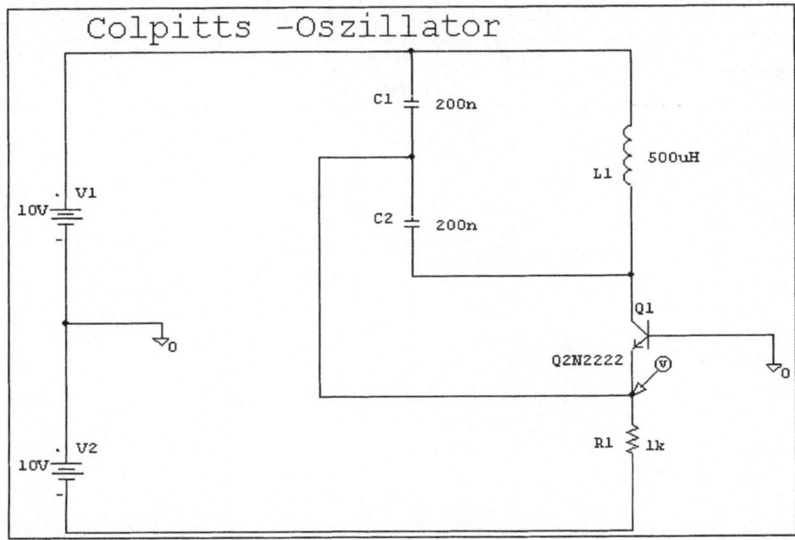

Der Colpitts Oszillator eignet sich, wenn er wie hier in Basisschaltung ausgeführt wird, besonders zur Erzeugung hoher Frequenzen. Entgegen der Beispielschaltung sollte dann allerdings ein passender HF-Transistortyp eingesetzt werden.

Funktionsweise:

Aus den Kondensatoren C1 und C2 (in Reihe) wird zusammen mit der Induktivität L1 ein Parallelschwingkreis gebildet. Zugleich stellen die beiden Kondensatoren einen kapazitiven Spannungsteiler dar, durch den ein Teil der Amplitude der im Kreis aufrechterhaltenen Schwingung zur Mitkopplung an den Emitter des Transistors geführt wird.

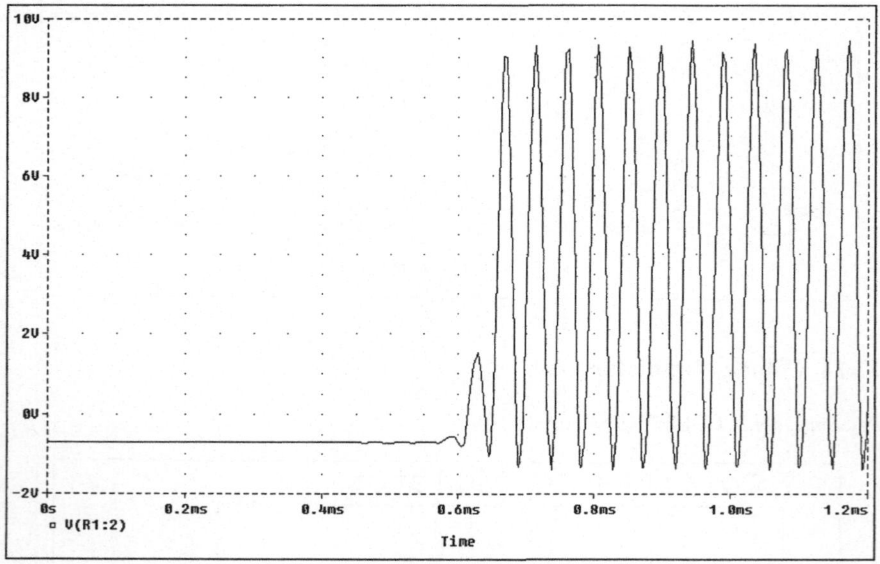

12.15 Differenzverstärker mit N-Kanal JFET

Referenzdatei: DIFFET.SCH

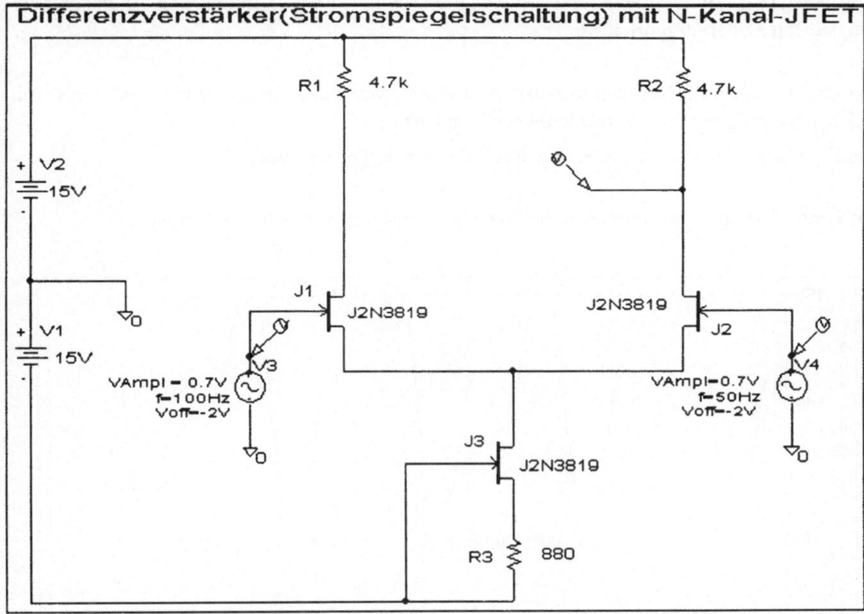

Die oben wiedergegebene Grundschaltung eines Differenzverstärkers (Stromspiegelschaltung) zeichnet sich durch eine besonders geringe Offsetspannungsdrift aus und findet daher vielfach Anwendung als Gleichspannungsverstärker in der Meß- und Regeltechnik. Die Eingangsstufen von Operationsverstärkerbausteinen werden daher auch überwiegend als Differenzverstärker ausgeführt.

Grundsätzliche Arbeitsweise:

Der Transistor J3 wirkt als Konstantstromquelle und hält in der Schaltung demnach die Summe der Ströme durch die beiden Einzeltransistoren J1 und J2 konstant. Werden gleiche Eingangsspannungen an die Gate-Anschlüsse von J1 und J2 gelegt ($U_{GSJ1}=U_{GSJ2}$), so wird sich der Strom aus Symmetriegründen zu gleichen Teilen auf die beiden Transistoren aufteilen.

Dieses Gleichgewicht ist dann gestört, wenn die Eingangsspannung am Gate von J1 ungleich der Spannung am Gate von J2 wird. So führt beispielsweise eine Erhöhung von U_{GSJ1} dazu (Fall $U_{GSJ1}>U_{GSJ2}$), daß sich der Strom durch den Transistor J1 vergrößert. Da der Gesamtstrom durch J1 und J2 aber mittels J3 konstant gehalten wird, muß sich der Strom durch J2 verringern, ohne daß U_{GSJ2} verändert wurde.

Die Stöme durch die Transistoren J1 und J2 verhalten sich also gemäß der Beziehung:

$$\Delta I_{DSJ1} = -\Delta I_{DSJ2}$$

Eine Ausgangsspannungsänderung der Schaltung kann also nur durch eine Eingangsspannungsdifferenz hervorgerufen werden.

Für das vorliegende Simulationsbeispiel wurden zwei sinusförmige Eingangssignale mit gleicher Amplitude aber unterschiedlicher Frequenz gewählt.

Das Ergebnis sieht in der Darstellung durch PROBE folgendermaßen aus:

Mit *Tools/Display Control* können die Diagrammeinstellungen rekonstruiert werden.

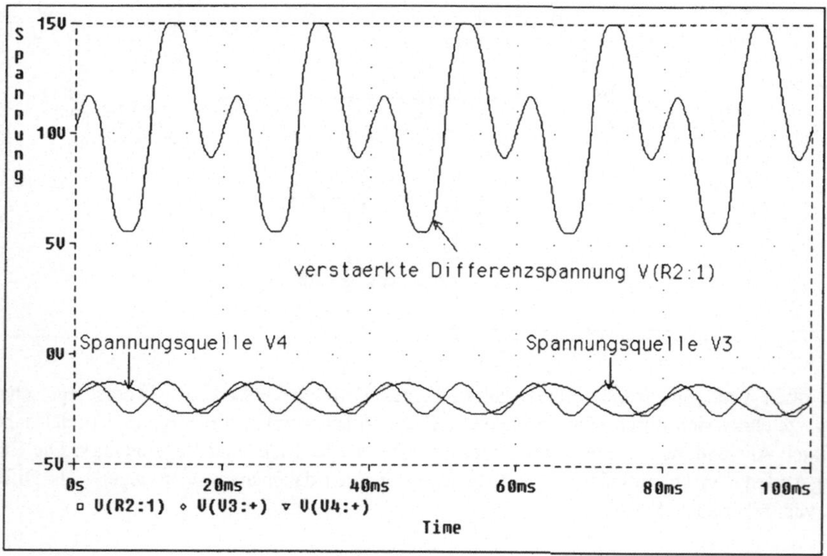

Das verstärkte Ausgangssignal (oben) erscheint als Differenz der Eingangssignale (unten) mit einer Phasenverschiebung von 180°.

12.16 Oszillator für PSK-Modulation

Als Anwendungsbeispiel für ein GVALUE-Bauteil wird hier ein Oszillator mit Möglichkeit zur Phasenumtastung, wie er in Systemen zur Nachrichtenübermittlung Anwendung findet, vorgestellt.

Bei der Phasenumtastung (PSK → Phase Shift Keying) beinhaltet der Phasenwechsel die zu übertragende Information. Die beiden Zustände eines zu übertragenden Binärsignales entsprechen dabei zwei Phasenlagen der Trägerschwingung. Das Binärsignal wird im Schaltungsbeispiel mit Hilfe einer Pulsquelle erzeugt.

Referenzdatei: GVALUE2.SCH

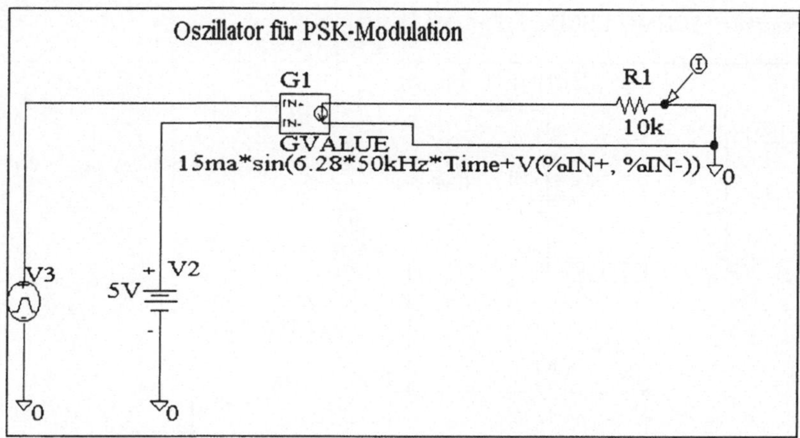

Die Phasenverschiebung hängt von der Höhe der Spannungsdifferenz am Eingang des GVALUE-Bauteiles ab: Pro Volt wird die Phase um 1 Radiant verschoben, da für eine Spannung von 1 Volt gilt:

$$\sin(V\%IN+,\%IN-) = \sin(1) = 0{,}0174524 = \frac{2 \cdot \pi}{360} = 1 \text{ radiant}$$

Das Diagramm in PROBE gibt die Phasensprünge deutlich wieder:

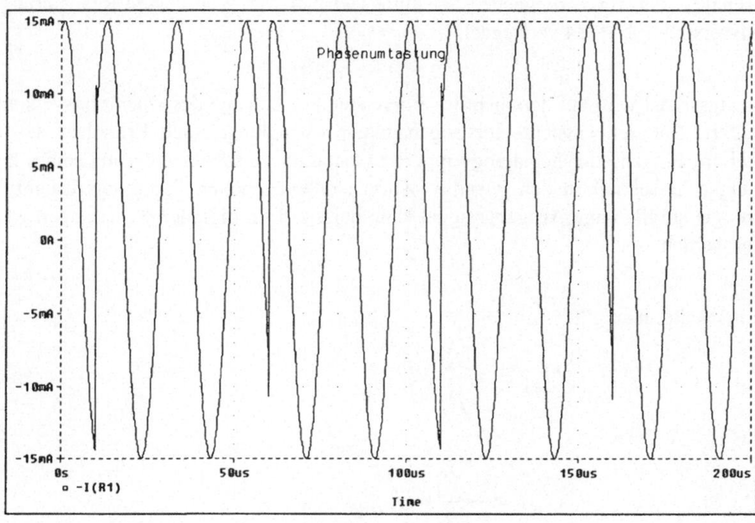

12.17 Schmitt-Trigger

Referenzdatei: SCHMITT.SCH

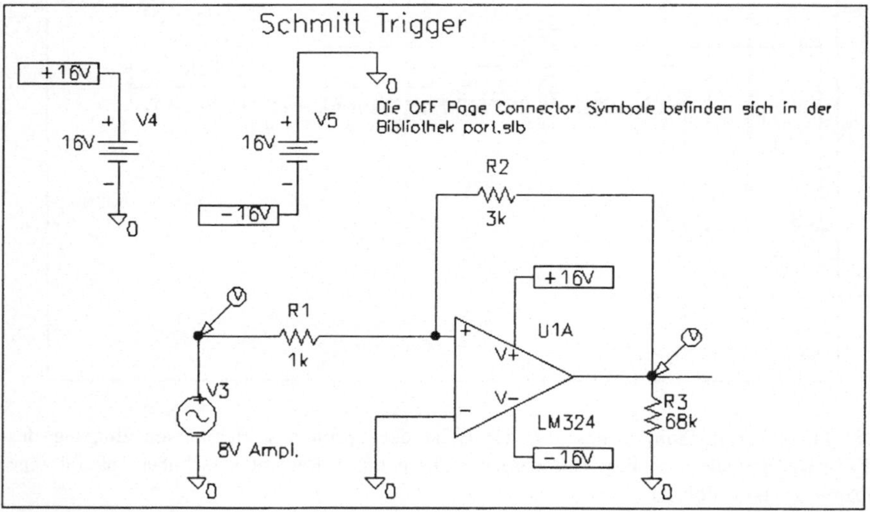

Ein *Schmitt-Trigger* wird auch als „Schwellwertschalter" bezeichnet.

Ein Schmitt-Trigger besitzt die Wirkungsweise eines Komparators mit verschiedenen Ein-
und Ausschaltpegeln. Im vorliegenden Schaltungsbeispiel wurde zu dessen Realisierung der
Operationsverstärker LM324 verwendet.

Das Ausgangssignal wird auf den nicht invertierenden (+) Eingang des Operationsverstärkers
zurückgeführt. Dadurch entsteht eine sogenannte Mitkopplung. Nach Erreichen der Um-
schaltpegel am Eingang der Schaltung kippt der Operationsverstärker aufgrund seiner hohen
Verstärkung sehr schnell in den jeweils positiven oder negativen Sättigungszustand. Das
damit erzeugte steilflankige Ausgangssignal kann dann z.B. in digitalen Schaltungen weiter-
verarbeitet werden.

Für die Umschaltpunkte gilt:

$$U_{e1} = -\frac{R_1}{R_2} \cdot U_{sätt-}$$

$$U_{e2} = -\frac{R_1}{R_2} \cdot U_{sätt+}$$

Für die Beispielschaltung gibt PROBE nach der Simulation folgendes Diagramm aus:

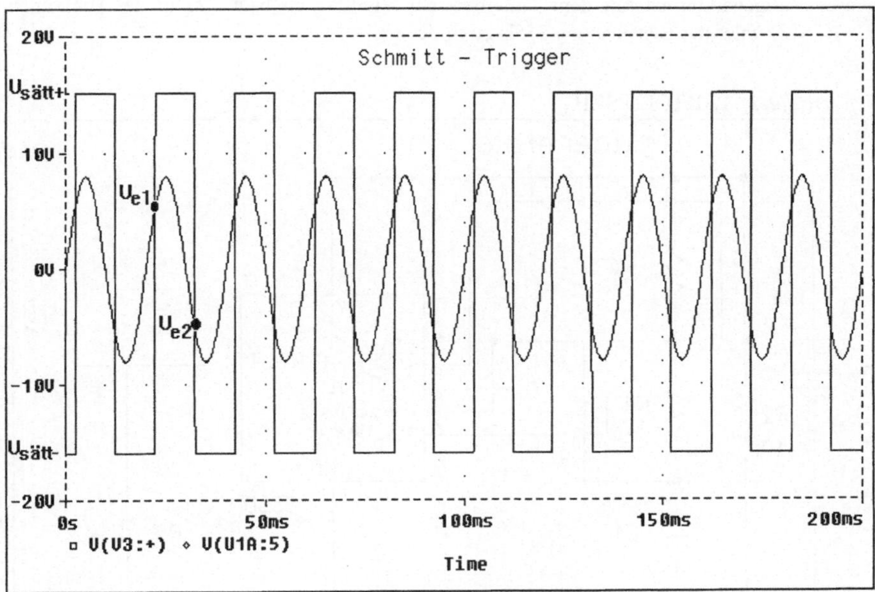

Die PROBE-Grafik bestätigt die Umschaltpunkte, die beim Einsetzen der Werte $R_1 = 1k\Omega$, $R_2 = 3k\Omega$ und $U_{sätt} = \pm15{,}1V$ in obige Formeln zu +5,04V und -5,04V berechnet werden können.

12.18 Taktgenerator

Dieser Taktgenerator ist mit dem Timerbaustein NE555 aufgebaut, der in der Bibliothek EVAL.SLB unter der Bezeichnung 555D zu finden ist.

Referenzdatei: TAKTGEN.SCH

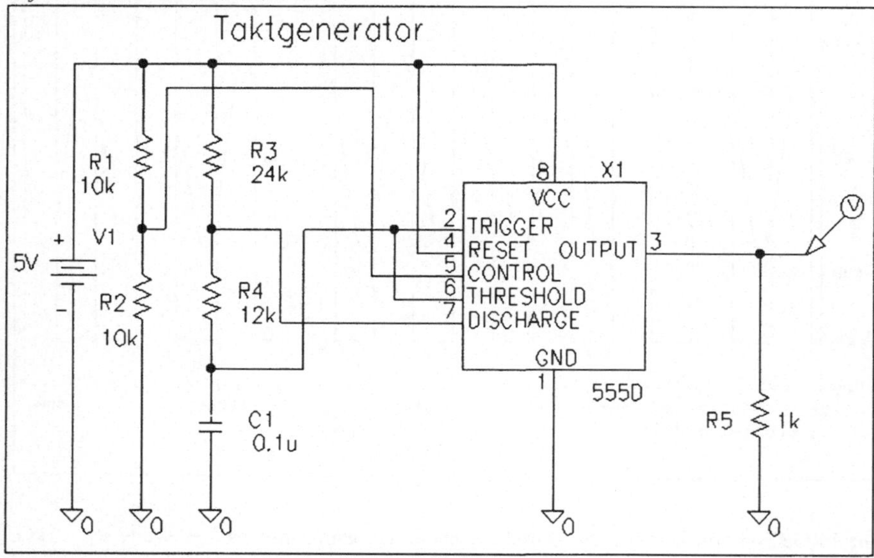

Taktfrequenz und Tastverhältnis lassen sich durch Variation der Werte für C1, R3 und R4 verändern.

Impulsbreite: $t_1 = (R3 + R4) \cdot C1 \cdot \ln 2$

Tastlücke: $t_2 = R4 \cdot C1 \cdot \ln 2$

Frequenz: $f = \dfrac{1}{t_1 + t_2}$

Ausgehend von der so berechneten Grundfrequenz läßt sich durch Einspeisen einer Spannung in den Anschluß 5 des Timerbausteines der interne Triggerpegel verschieben und damit zusätzlich eine Frequenzverschiebung erreichen. Diese ist nach folgender Beziehung abzuschätzen:

$$\frac{\Delta f}{f} \approx -3{,}3 \cdot \frac{R_3 + R_4}{R_3 + 2R_4} \cdot \frac{\Delta U_{TR}}{U_{V1}}$$

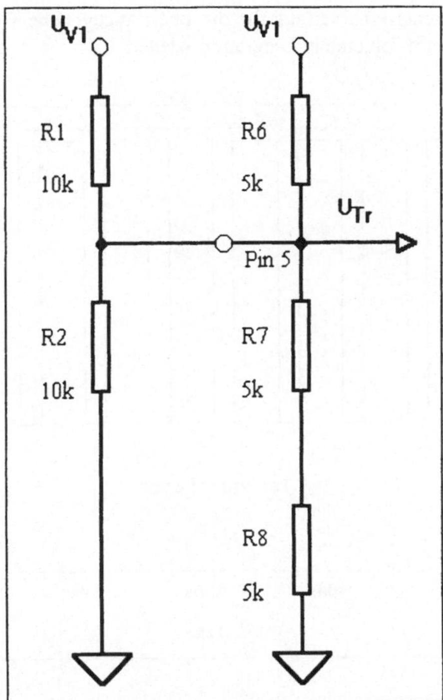

Um ΔU_{TR} berechnen zu können, muß der innere Aufbau des Timerbausteins berücksichtigt werden. Der CONTROL Eingang 5 besitzt durch einen internen Spannungsteiler, bestehend aus drei 5kΩ Widerständen (R_6, R_7, R_8) ein Potential von

$$U_{TR} = \frac{2}{3} \cdot U_{V1}$$

Die äußere Beschaltung mit den Widerständen R_1 = 10kΩ und R_2 = 10kΩ senkt das Potential von U_{TR} auf

$$U_{TR} = \frac{5k}{8,3\overline{3}k} \cdot U_{V1}$$

Daraus resultiert $\quad \Delta U_{TR} = \frac{5k}{8,3\overline{3}k} \cdot U_{V1} - \frac{2}{3} \cdot U_{V1}$

Bei U_{V1}= 5V ergibt sich somit: ΔU_{TR} = - 0,33V $\qquad \frac{\Delta f}{f} \approx 0,165$.

PROBE gibt den Ausgangssignalverlauf für die oben angegebene Beispielbeschaltung des Timerbausteins NE 555 mit folgendem Diagramm wieder:

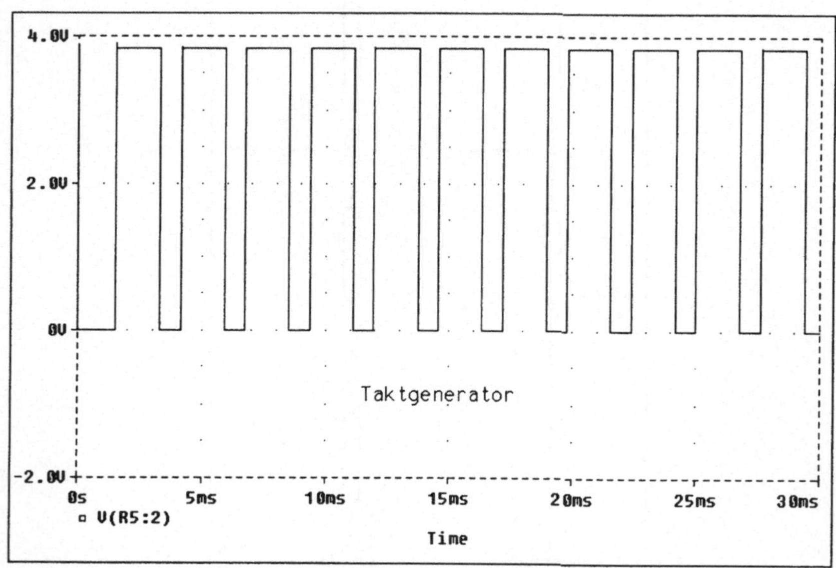

Ein derart aufgebauter Taktgenerator kann z.B. der Ansteuerung von TTL-Gattern dienen.

12.19 Asynchroner Binärzähler aus dynamischen D - Flipflops

Referenzdatei: BZAEHLER.SCH

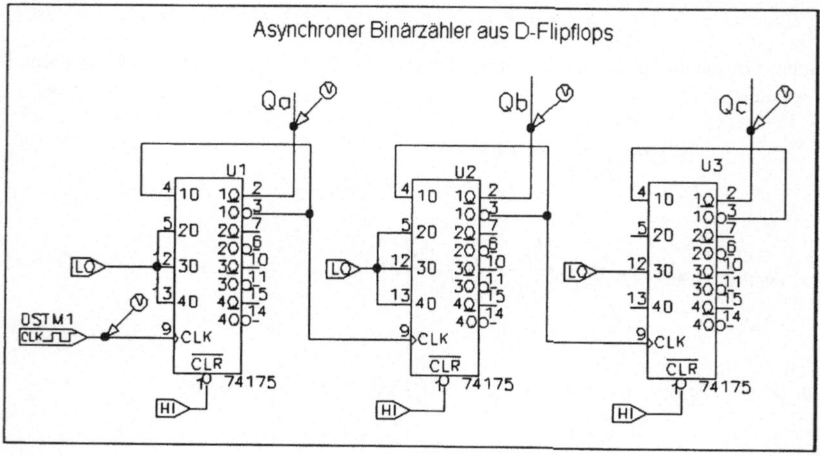

Diese einfache Schaltung eines asynchronen Binärzählers wurde aus drei D-Flipflop-Bausteinen vom Typ SN 74175 erstellt. Der Eingangstakt wird von der Quelle DSTM1 erzeugt und an den Clock-Eingang (Pin 9) des ersten Bausteins geführt. Da der Baustein SN 74175 insgesamt vier integrierte D-Flipflops mit gemeinsamem Taktanschluß enthält, hier aber pro Baustein nur ein D-Flipflop Verwendung finden kann, sind die Eingänge der jeweils restlichen drei Flipflops auf Low-Potential gelegt.

Aufgrund der Rückführung des invertierten Ausgangs $\overline{Q}$ auf den D-Eingang des D-Flipflops wird bei jeder steigenden Taktflanke der gerade dort anliegende Zustand übernommen. Er bleibt bis zur nächsten steigenden Flanke am Ausgang Q erhalten. Zugleich bildet das am Ausgang $\overline{Q}$ anliegende Signal den Takt für das folgende D-Flipflop. Es entsteht so ein beliebig kaskadierbarer Binärzähler.

Für das vorliegende Beispiel wird den Ausgängen folgende Wertigkeit zugewiesen:

$$Q_a = 2^0 = 1 \qquad Q_b = 2^1 = 2 \qquad Q_c = 2^2 = 4$$

Damit gibt dieser dreistufige Zähler die Möglichkeit, die steigenden Eingangstaktflanken von 0 bis 7 zu zählen.

PROBE stellt die logischen Zustände der Ausgänge wie folgt dar:

Mit *Tools/Display Control* können die Diagrammeinstellungen rekonstruiert werden.

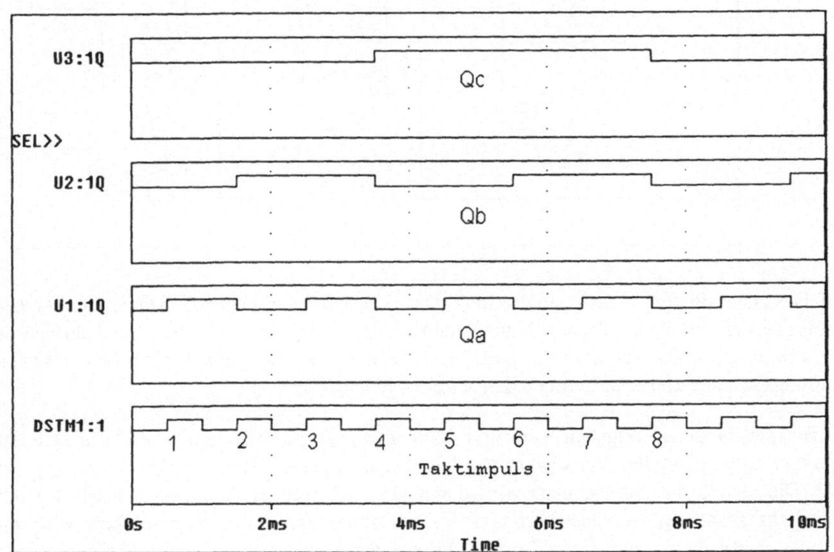

Zur Veranschaulichung sind in der untenstehenden Tabelle die Ausgangspegel den steigenden Taktflanken des Diagramms gegenübergestellt.

Nr. der steigenden Taktflanke:		Q_c	Q_b	Q_a	Dezimalzahl:
1	Binärzahl ➔	0	0	1	1
2	Binärzahl ➔	0	1	0	2
3	Binärzahl ➔	0	1	1	3
4	Binärzahl ➔	1	0	0	4
5	Binärzahl ➔	1	0	1	5
6	Binärzahl ➔	1	1	0	6
7	Binärzahl ➔	1	1	1	7
8	Binärzahl ➔	0	0	0	0

12.20 Schieberegister aus JK-Master-Slave Flipflops

Referenzdatei: SREGIST.SCH

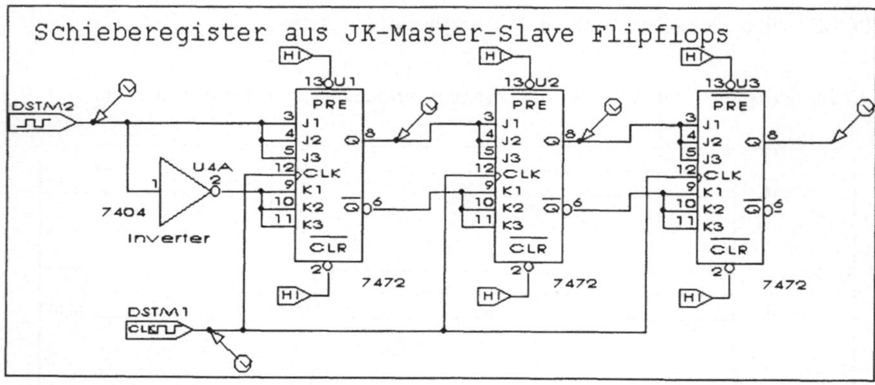

Schieberegister dienen in der Digitaltechnik dazu, ein parallel anliegendes Datenwort als eine Bitfolgesequenz an einer Ausgangsleitung zur Verfügung zu stellen oder im umgekehrten Fall eine serielle Bitfolgesequenz in ein paralleles Datenwort zu wandeln. Eine Schieberegisterschaltung ist daher Herzstück einer jeden seriellen Schnittstelle.

Das Beispielschaltbild zeigt ein 3-stufiges Schieberegister zur Wandlung von 3-Bit seriellen Datenworten in parallele. Verschaltet wurden drei JK-Master-Slave Flipflops vom Typ SN 7472. Die serielle Datenbitsequenz wird durch DSTM2 generiert während DSTM1 für den Systemtakt zuständig ist. Gesteuert von der fallenden Flanke des Systemtaktes wird die Information Bit für Bit von einem Flipflop zum anderen übertragen.

Ein besseres Verständnis für die Arbeitsweise eines JK-Master-Slave Flipflops und damit der Schieberegisterschaltung soll die untenstehende Wahrheitstafel vermitteln. Diese besitzt jedoch nur dann ihre Gültigkeit, wenn während des H-Pegels des Taktsignales keine Zustandsänderung an den J-K-Eingängen erfolgt.

Die Wahrheitstabelle eines JK-Master-Slave Flipflops:

Voraussetzung: Die Preset und Clear Eingänge besitzen H-Potential, Ausgangsschaltung bei negativer Taktflanke

J	K	Q_n	Q_{n+1}	
0	0	0	0	Augangspegel bleibt erhalten
0	0	1	1	Augangspegel bleibt erhalten
0	1	0	0	Ausgangspegel entspricht J
0	1	1	0	Ausgangspegel entspricht J
1	0	0	1	Ausgangspegel entspricht J
1	0	1	1	Ausgangspegel entspricht J
1	1	0	1	Ausgangspegel schaltet bei jedem Takt um
1	1	1	0	Ausgangspegel schaltet bei jedem Takt um

H=1; L=0

Anschlußskizze des SN 7472:

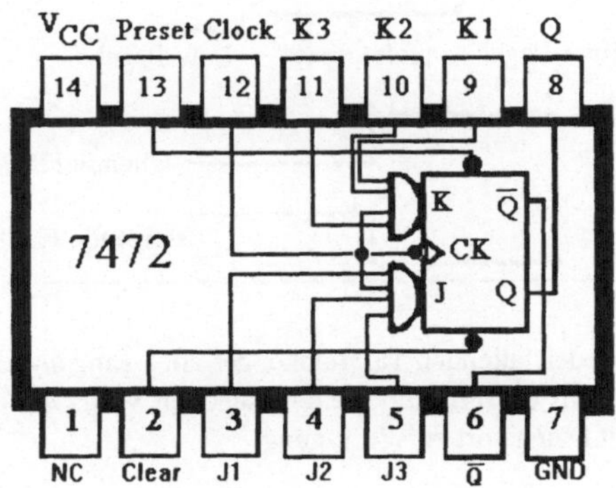

Nach vollendetem Simulationslauf kann im PROBE Diagramm die Funktion des Schieberegisters nachvollzogen werden:

Mit *Tools/Display Control* können die Diagrammeinstellungen rekonstruiert werden.

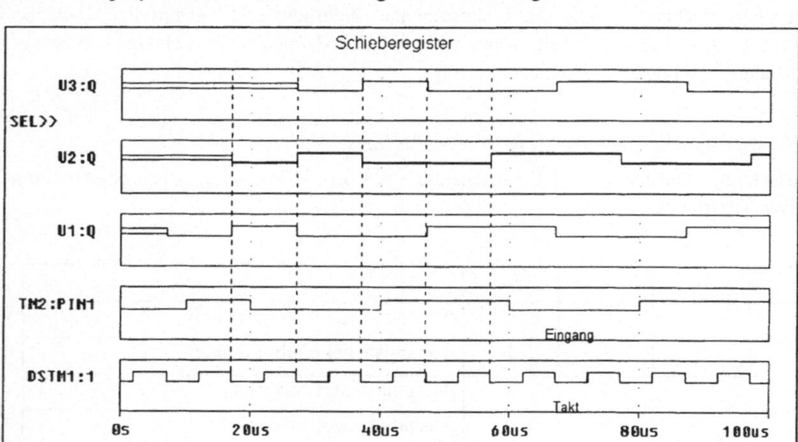

Digitale Zustände werden in PROBE wie folgt kenntlich gemacht:

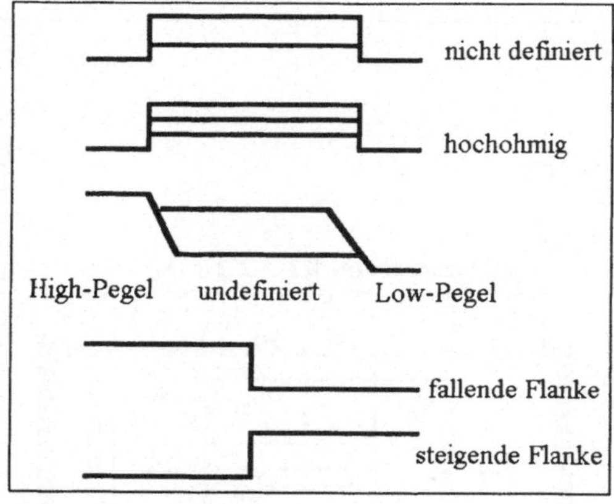

Man erkennt, daß nach jeder fallenden Taktflanke, der am J-Eingang eines jeden JK-Flipflops anliegende Signalpegel um ein Flipflop weitergeschoben wird. An den drei Ausgängen Q steht ein paralleles 3-Bit Datenwort zur Verfügung.

12.21 Pegelwandler mit Signalinvertierung

PSpice läßt auch Simulationen im *Mixed Mode* zu. Das folgende Beispiel eines Pegelwandlers zeigt die Kombination einer analogen Transistorschaltung mit einem digitalen Und-Gatter (SN 7411).

Referenzdatei: MISCH.SCH

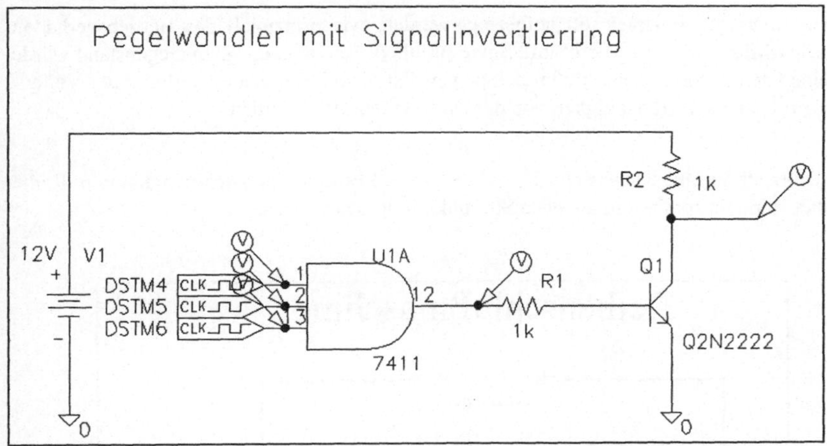

In PROBE ergeben sich folgende Diagrammverläufe:

Mit *Tools/Display Control* können die Diagrammeinstellungen rekonstruiert werden

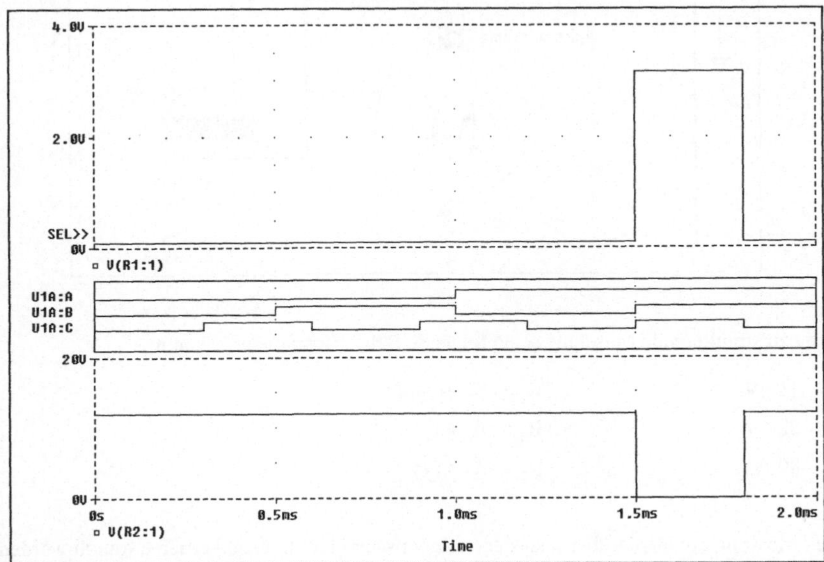

Das mittlere Diagramm zeigt die Signale der drei DIGCLOCK-Signalquellen, die an den Eingängen des Und-Gatters anliegen. Der Signalverlauf am Gatterausgang ist im oberen Diagramm dargestelllt. Als Ergebnis der analogen Simulation weist die untere Kurve schließlich die invertierte und auf einen Pegel von 12 V gewandelte Ausgangsgröße auf.

12.22 Simulation einer Gleichstromreihenschlußmaschine

Mit dem folgenden Beispiel soll aufgezeigt werden, wie prinzipiell das Betriebsverhalten elektrischer Maschinen mit MicroSim PSpice simuliert werden kann. Zum Gegenstand wurde dafür eine Gleichstromreihenschlußmaschine gewählt. Durch Simulation soll hier der Verlauf des Drehmomentes in Abhängigkeit von der Drehzahl ermittelt werden.

Kennzeichnend für eine Reihenschlußmaschine ist, daß Erreger- und Ankerwicklung in Reihe geschaltet sind und somit vom gleichen Strom durchflossen werden.

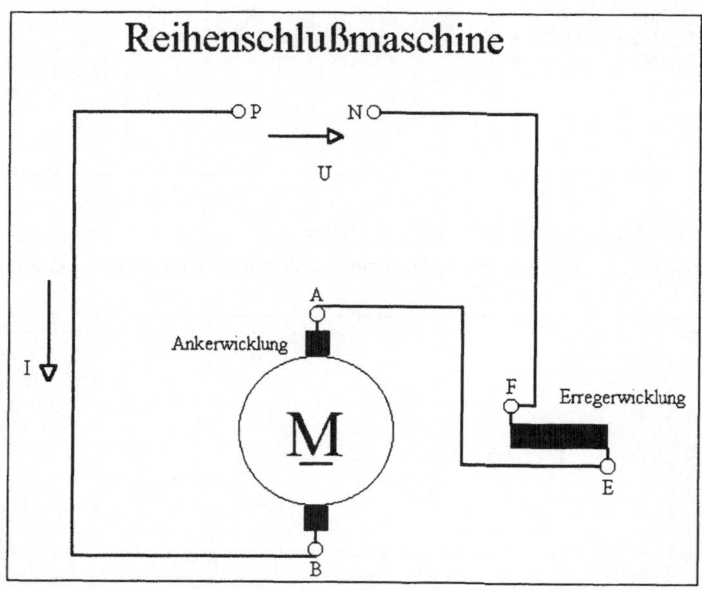

Für die zu simulierende Maschine seien folgende Betriebsparameter bekannt:

P_{ab} = 15 kW n_N = 1450 min^{-1}

U_N = 220 V R_a = 0,18 Ω

I_N = 80 A R_f = 0,053 Ω

Durch Messung konnte darüberhinaus der magnetische Fluß im Nennbetrieb ermittelt werden:

$\phi_N = 8,70 \cdot 10^{-3}$ Vs

Für die weitere Betrachtung soll idealisiert angenommen werden, daß alle Verluste mit Aus-
nahme der Kupferverluste vernachlässigt werden können. Damit kann das innere Moment M_i
dem an der Welle zur Verfügung stehenden Moment M gleichgesetzt werden. Im Nennbetrieb
gilt daher:

$$M_{iN} = M_N = \frac{P_{ab}}{2 \cdot \pi \cdot n_N} = 98{,}78\,Nm$$

Zur Vereinfachung wird darüberhinaus die magnetische Kennlinie der Maschine durch eine
Parabel angenähert:

$$\frac{\phi(I)}{\phi_N} = \sqrt{\frac{I}{I_N}}$$

Zur Berechnung einer Reihenschlußmaschine gilt das folgende Ersatzschaltbild:

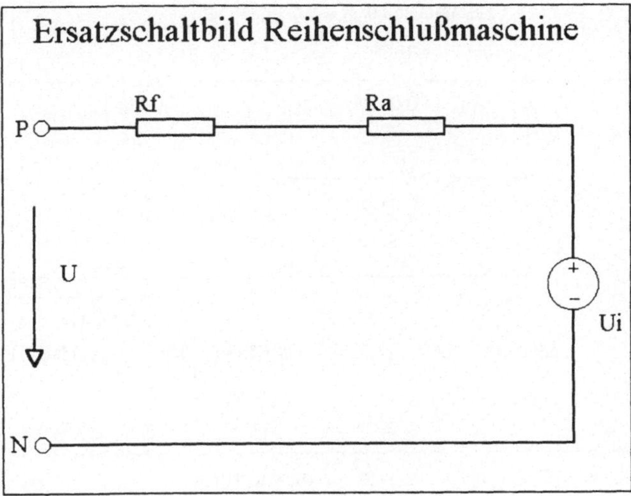

In Verbindung mit diesem Ersatzschaltbild gelten die nachstehend aufgeführten drei Grund-
gleichungen für die Reihenschlußmaschine:

$$U_i = c_u \cdot \phi(I) \cdot n \qquad (1)$$

$$M_i = c_m \cdot \phi(I) \cdot I \qquad (2)$$

$$U = U_i + I \cdot R_{ges} \qquad (3)$$

Mit Hilfe der zweiten Gleichung lassen sich die Maschinenkonstanten c_m und c_u für vorliegende Maschine bestimmen, da M_i, ϕ und I für den Nennbetrieb bekannt sind.

$$c_m = \frac{M_N}{\phi_N \cdot I_N} = \frac{98{,}78\,Nm}{8{,}70 \cdot 10^{-3}\,Vs \cdot 80\,A} = 141{,}925$$

$$c_u = 2 \cdot \pi \cdot c_m = 6{,}283 \cdot 141{,}925 = 891{,}747$$

Mit allen somit bekannten Parametern der Reihenschlußmaschine läßt sich deren Ersatz-schaltbild mit der Hilfe von SCHEMATICS in ein für die Simulation geeignetes Schaltbild übertragen.

Referenzdatei: MASCHINE.SCH

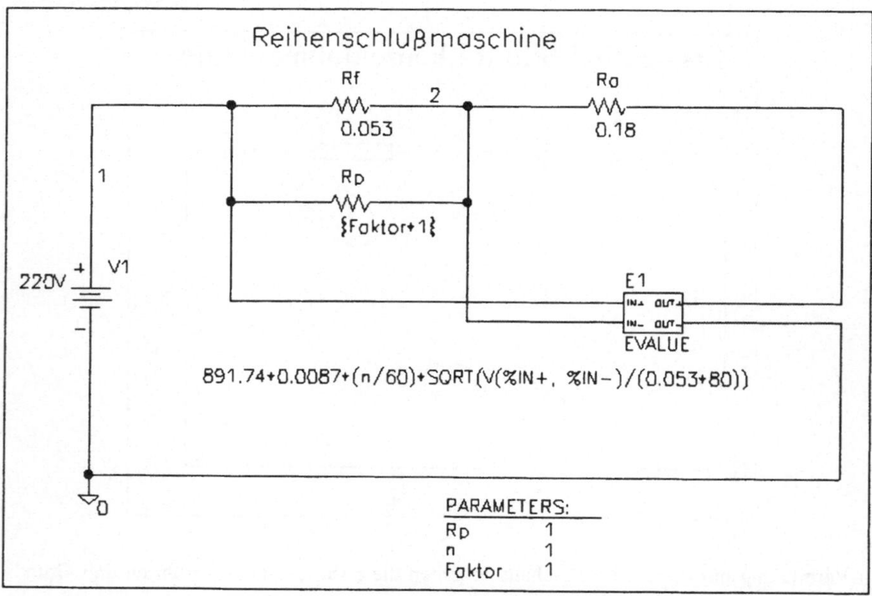

Die Quelle U_i des Ersatzschaltbildes wurde hier durch ein EVALUE Modul aus der Biblio-thek ABM.SLB realisiert. Es wirkt als spannungsgesteuerte Spannungsquelle. Seine Ein-gangsgröße ist die Spannung über R_f, die dividiert durch dessen Wert ein Maß für den in der Erregerwicklung fließenden Strom darstellt. Im Normalbetrieb wäre dieser Strom identisch mit dem Strom I. Im vorliegenden Fall wurde für die Simulation ein Widerstand R_p dem Erregerwiderstand R_f parallelgeschaltet. Dieser soll im Rahmen einer Parameteranalyse variiert werden, um damit die Erregung zu beeinflussen.

Unter Berücksichtigung der Beziehung der magnetischen Kennlinie

$$\phi(I_f) = \phi_N \cdot \sqrt{\frac{I_f}{I_N}}$$

kann die erste Grundgleichung der Maschine direkt ins Attributmenüfenster des EVALUE Moduls eingetragen werden. Der Strom I_f wird dabei als Quotient aus der Spannung über dem Widerstand R_f und dessen Widerstandswert ausgedrückt: $I_f \equiv V(\%IN+, \%IN-)/0.053$

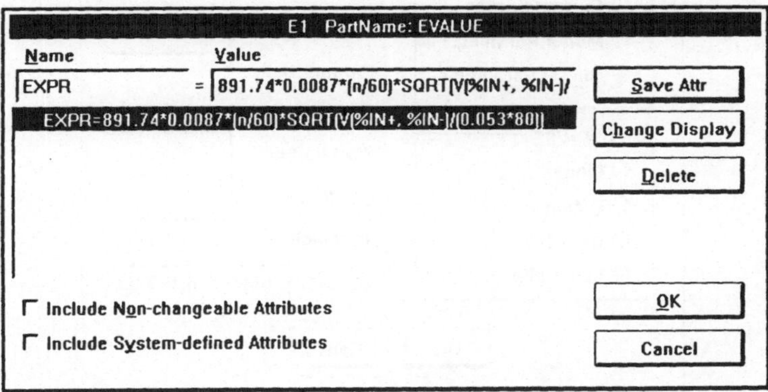

Als Laufvariable ist die Drehzahl „n" im DC Sweep Analysefenster anzugeben.

Da im Rahmen einer Parameteranalyse zudem vorgesehen ist, die Erregung der Maschine durch unterschiedliche Parallelwiderstände R_p zur Erregerwicklung zu variieren, sind deren Werte im Menüfenster der Parameteranalyse einzutragen.

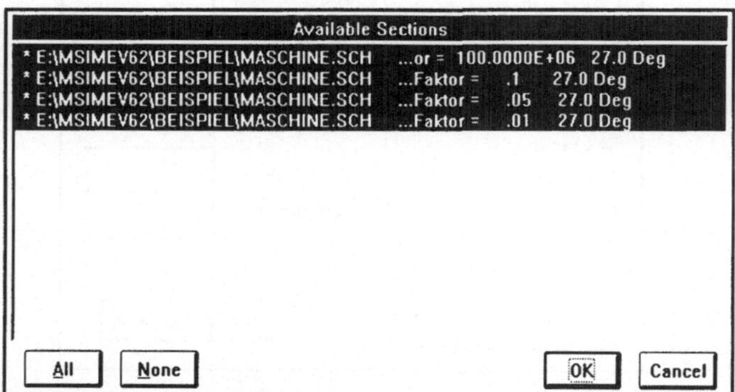

Für den hier beschriebenen Simulationslauf wurden R_p die Werte 100MΩ; 0,1Ω; 0,05Ω und 0,01Ω zugewiesen.

Im Anschluß an die oben beschriebenen Voreinstellungen kann die Simulation gestartet werden. Ist diese abgeschlossen, so muß PROBE⁻ veranlaßt werden, alle im Rahmen der Parameteranalyse errechneten Daten zu laden.

Um in PROBE die Darstellung des Momentes über der Drehzahl zu erhalten, muß die zweite Grundgleichung der Maschine im Menüfenster *Trace/Add...* (Button 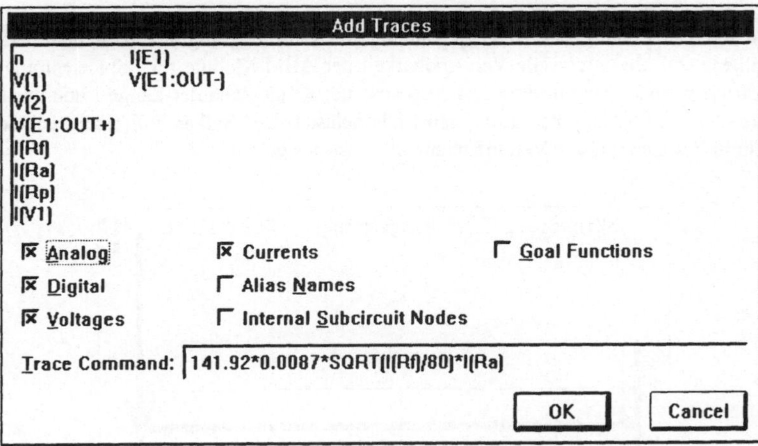) wie unten dargestellt eingegeben werden:

PROBE gibt dann das Drehmoment über der Drehzahl aus, wobei der im Diagramm an der Abszisse abzulesende Wert der Drehzahl in U/min und der an der Ordinate abzulesende Zahlenwert direkt dem Moment in Nm entspricht.

Mit *Tools/Display Control* können die Diagrammeinstellungen rekonstruiert werden.

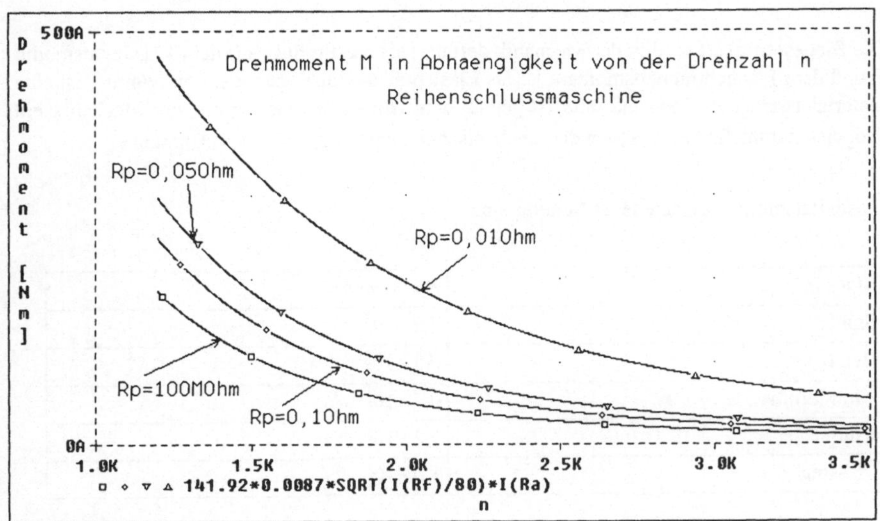

12.23 Ein Beispiel aus der Mechanik

Mit dem MicroSim PSpice Programmpaket können auch einfache technische Probleme außerhalb der Elektrotechnik gelöst werden.

Anhand der Berechnung der Biegegleichung eines einseitig eingespannten und belasteten Kragbalkens soll die universelle Verwendbarkeit der ABM-Module für PSpice Simulationen demonstriert werden. Ein einseitig fest eingespannter Kragbalken der Länge l und der Biegesteifigkeit EI wird durch eine Kraft F am Ende belastet. Der Balken soll einen rechteckigen Querschnitt besitzen und zur Vereinfachung als masselos gelten.

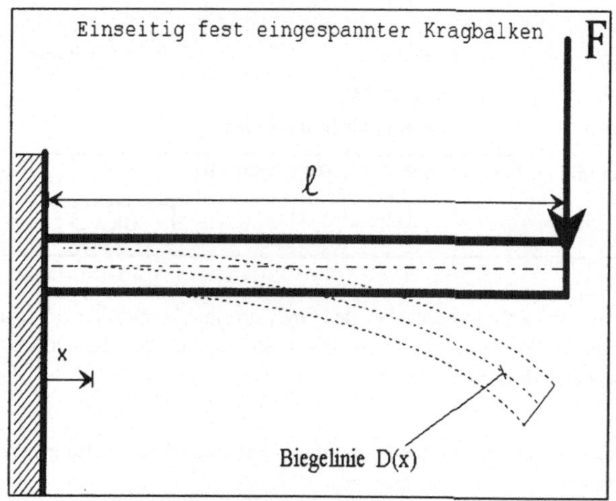

Die Biegesteifigkeit wird in der Mechanik definiert als das Produkt aus dem Elastizitätsmodul E und dem Flächenträgheitsmoment I. Das Elastizitätsmodul E, gemessen in N/mm^2, ist eine materialspezifische Konstante und ist gemäß dem Hookschen Gesetz aus der Mechanik ein Proportionalitätsfaktor zwischen der mechanischen Spannung σ und der Dehnung ε.

Elastizitätsmodul verschiedener Materialien:

Material	E in N/mm^2
Stahl	$2{,}2 \cdot 10^5$
Beton	$0{,}3 \cdot 10^5$
Aluminium	$0{,}7 \cdot 10^5$
Kupfer	$1{,}2 \cdot 10^5$
Messing	$1{,}0 \cdot 10^5$

Das Flächenträgheitsmoment zweiter Ordnung für einen Rechteckquerschnitt (Breite b, Höhe h) berechnet sich nach der Formel $I = \dfrac{b \cdot h^3}{12}$.

Beispiel:

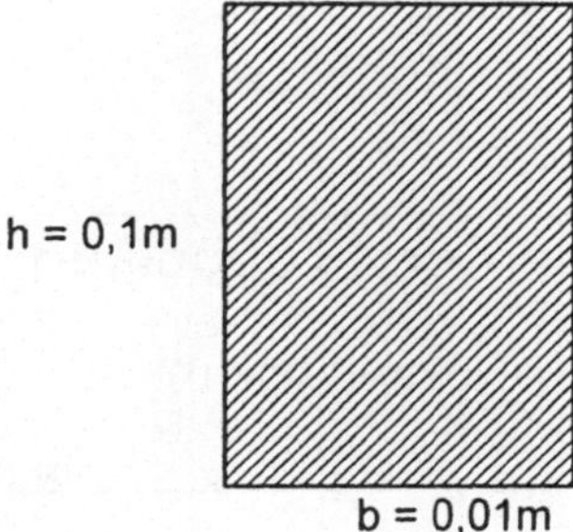

$$I = \frac{b \cdot h^3}{12} = \frac{0{,}1m \cdot (0{,}01m)^3}{12} = 8{,}33 \cdot 10^{-9} \ m^4$$

Die Gleichung für die Durchbiegung D(x) des einseitig eingespannten Balkens läßt sich wie folgt herleiten:

Zunächst wird der Momentenverlauf aus der Gleichgewichtsbedingung $\sum M = 0$ zu

$M_B = - F \cdot (l-x)$ bestimmt (rechtsdrehendes Moment; l ist die Balkenlänge gemessen in m).

Dieser Term wird in die Differentialgleichung für die Biegelinie $D''(x) = -\dfrac{M_B}{E \cdot I}$ eingesetzt.

$\Rightarrow$ EI·D''(x) = F(l-x)   Beidseitiges Integrieren der Gleichung ergibt

EI·D'(x) = F $(-x^2/2 + l\,x) + C_1$ Eine nochmalige Integration liefert

EI·D(x) = F$(-x^3/6 + lx^2/2) + C_1 + C_2$

Aus den Randbedingungen D'(0) = 0 und D(0) = 0 lassen sich die Integrationskonstanten bestimmen:

$C_1 = 0$ und $C_2 = 0$

Damit gilt für die Gleichung der Durchbiegung D(x) des einseitig belasteten Kragbalkens:

$$D(x) = \frac{F}{2EI}\left(lx^2 - \frac{x^3}{3} \right)$$

Diese Gleichung kann mit einem ABM-Modul realisiert werden :

Referenzdatei: MECHANIK.SCH

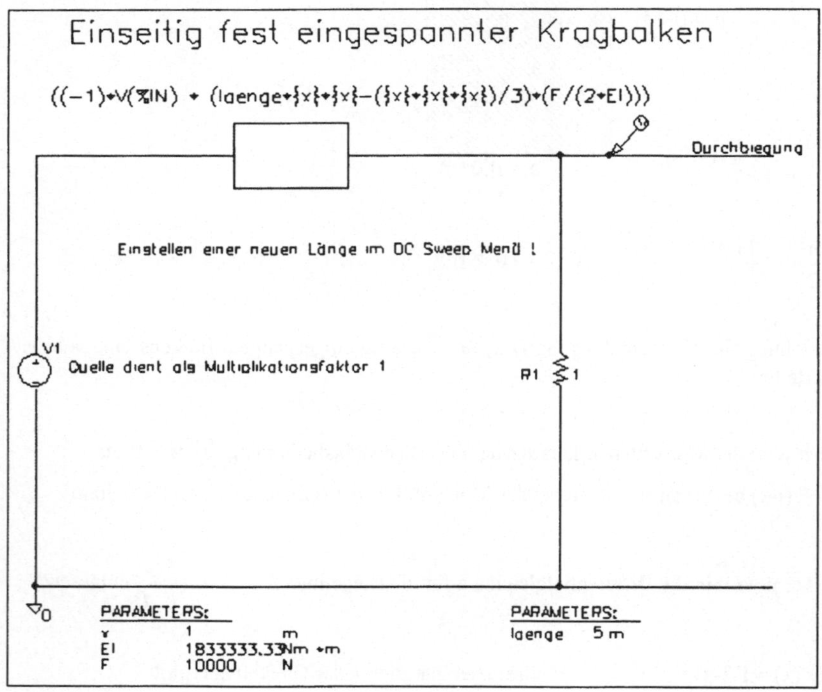

Mit Hilfe der Parametersymbole aus der Bibliothek SPECIAL.SLB können die Balkenparameter wie Biegesteifigkeit, Balkengesamtlänge und belastende Kraft F schnell den gegebenen Bedürfnissen angepaßt werden. In diesem Beispiel wurden dem verwendeten Kragbalken aus Stahl folgende Eigenschaften zugeschrieben:

Elastizitätsmodul: $E_{Stahl} = 2{,}2 \cdot 10^5$ N/mm^2 = $22 \cdot 10^{10}$ N/m^2

Belastende Kraft: F = 10000 N

Gesamtlänge: l = 5 m

Rechteckquerschnitt: b = 10 cm = 0,1 m   h = 0,1 m

$$\Rightarrow E \cdot I = E \cdot \frac{b \cdot h^3}{12} = 22 \cdot 10^{10} \, \frac{N}{m^2} \cdot \frac{0{,}1m \cdot (0{,}1m)^3}{12} = 1833333{,}33 \, Nm^2$$

Im DC Sweep Analysemenüfenster wird der Längenbereich x zur Berechnung der Durchbiegung D(x) festgelegt:

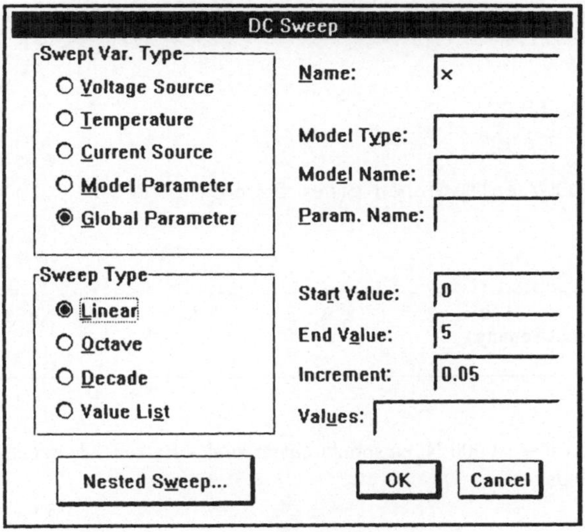

Die Gleichspannungsquelle wird auf 1V eingestellt, so daß die im ABM Modul eingetragene Gleichung für die Durchbiegung mit dem Faktor 1 multipliziert wird (V(%IN) = 1). Dieses bewirkt, daß am Ende des ABM-Modules eine Spannung entsteht, deren Höhe ein genaues Maß für die theoretische Durchbiegung ist. Diese Spannung kann dann über einen ohmschen Widerstand abgegriffen werden.

Im Attributmenü des ABM-Moduls muß noch der Multiplikationsfaktor (-1) eingefügt werden, damit die Balkendurchbiegung in PROBE auch im Diagramm als nach unten gekrümmt dargestellt wird :

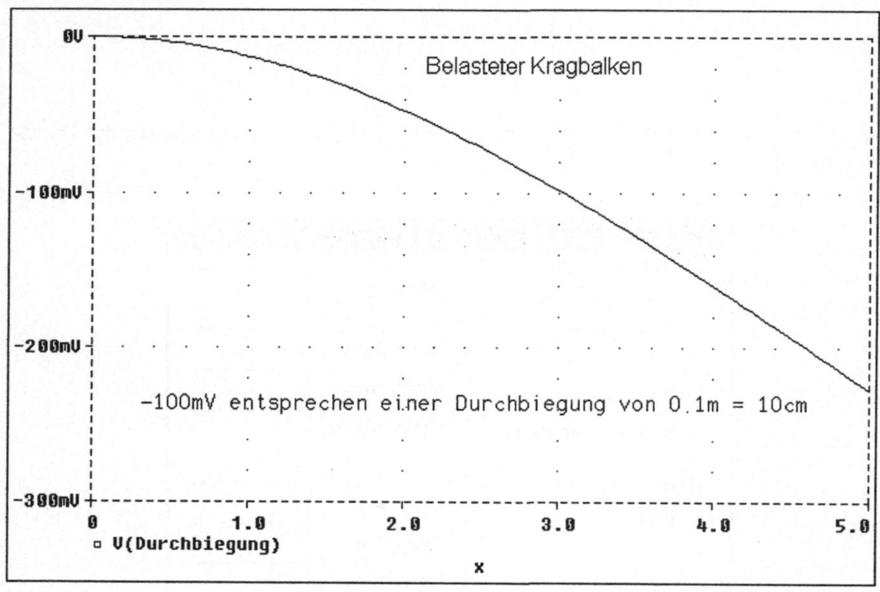

Die Belastung von F = 10 000 N, entspricht einem an das Balkenende angehängten Gewicht von etwa einer Tonne:

$$m = \frac{10000\,N}{9,81\,\dfrac{m}{s^2}} = 1019,4\,kg$$

Bei diesem Gewicht würde sich der Stahlbalken also gemäß obiger PROBE-Grafik bei 3 m Abstand vom Einspannpunkt um ca. 10 cm durchbiegen.

13 Konvergenzprobleme

13.1 Das Newton Raphson Verfahren

Zur Berechnung des Arbeitspunktes (Bias Point) einer Schaltung, der Durchführung der DC Sweep Analyse sowie der Transientenanalyse muß PSpice eine Anzahl von nichtlinearen Gleichungen lösen, die die Schaltung mathematisch beschreiben. Das PSpice Programm verwendet dafür das Newton Raphson Iterationsverfahren. Ein solches Iterationsverfahren beginnt mit einem Startwert, der der eigentlichen Lösung der Gleichung möglichst nahe ist, und versucht durch wiederholte Anwendung der gleichen Rechenoperationen, eine Folge von Näherungslösungen zu erhalten, die gegen die eigentliche Lösung konvergiert.

In einigen Fällen kann PSpice keine Lösung für die nichtlineare Schaltungsgleichung (oder des Gleichungssystems) finden. Es liegt dann ein Konvergenzproblem vor, da die Newton Raphson Iterationen gegen keinen gleichbleibenden Wert konvergieren.

Zum besseren Verständnis soll das mathematische Prinzip, auf dem das Newton Raphson Verfahren basiert, grob skizziert werden:

Bei einer nichtlinearen Funktion f(x) sollen die Punkte gefunden werden, bei der die Funktion die x-Achse schneidet.

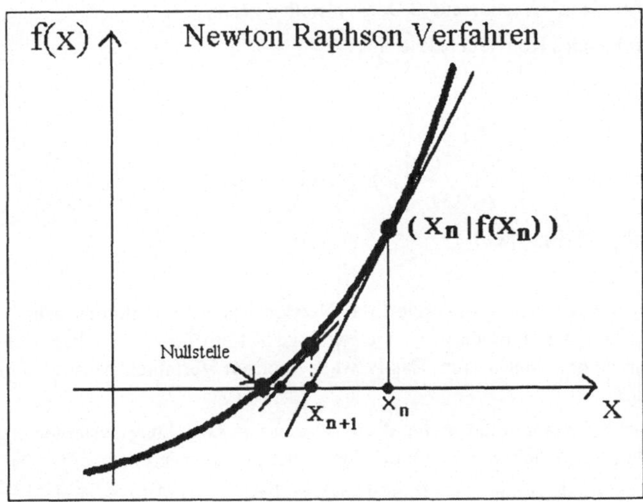

Das von Newton angegebene Verfahren besteht darin, von einem möglichst günstigen Näherungsstartwert die Funktion durch ihre Tangente im Punkt $(x_n, f(x_n))$ zu ersetzen und anschließend den Schnittpunkt der Tangente mit der Abszisse als verbesserte Näherung x_{n+1} einzubringen.

Bei einer zweimal stetig differenzierbaren Funktion $f(x)$ gilt für die verbesserte Näherung

$$F(x_n) = x_{n+1}: \qquad \boxed{x_{n+1} = x_n - \frac{f(x_n)}{f'(x_n)}}$$

Beispiel:

Es soll die Nullstelle der Funktion $f(x) = x^3 - 3x - 1$ durch Iteration ermittelt werden. Die Ableitung lautet

$$f'(x) = 3x^2 - 3.$$

Startwert sei $x_0 = 2 \quad \Rightarrow \quad x_1 = 2 - f(2)/f'(2) = 2 - 1/9 = \frac{17}{9} = 1,889$

$$x_2 = 1,889 - f(1,889)/f'(1,889) = 1,87945$$

$$x_3 = 1,879385245$$

....

Der Näherungswert x_3 ist schon auf 8 Dezimalstellen genau.

Es gilt dabei folgendes Konvergenzkriterium:

1.) $f(x) \in C^2 [a,b]$

2.) Es gibt ein $q < 1$ mit $\left| \dfrac{f(x)f''(x)}{f'^2(x)} \right| \le q$ für alle $x \in [a,b]$

3.) $F(a) \in [a,b]$, $F(b) \in [a,b]$

Liegt Konvergenz vor, dann konvergiert das Newton Raphson Verfahren sehr schnell. Man gewinnt bei jedem Iterationsschritt so viele gültige Ziffern hinzu, wie bereits vom vorhergehenden Schritt vorhanden waren. Das Newton Raphson Verfahren weist also *quadratische* Konvergenz auf.

Das beschriebene Verfahren läßt sich auf die Lösung von Gleichungssystemen erweitern. Für weiterführende Informationen wird auf die Speziallliteratur verwiesen.

Die AC-Sweep Analyse und die Rauschanalyse basieren auf linearen Gleichungen und werden nicht mit einem Iterationsverfahren berechnet.

13.2 Ursachen für ein Konvergenzproblem

Der Newton Raphson Algorithmus gewährleistet eine Konvergenz, falls folgende Voraussetzungen erfüllt sind:

- Die nichtlinearen Gleichungen müssen eine Lösung besitzen.

- Die Gleichungen dürfen keine Unstetigkeitsstellen aufweisen, da das Newton Raphson Verfahren die mathematischen Ableitungen der Gleichungen benötigt.

- Der Anfangswert darf nicht allzuweit von der Lösung entfernt sein.

Im Rahmen der Durchführung eines Iterationsverfahrens mit einem Rechner ergeben sich naturgemäß Einflüsse auf das Konvergenzverhalten bedingt durch die eingeschränkte Rechengenauigkeit. Maschinenzahlen stellen nur eine Teilmenge der reellen Zahlen dar und beinhalten damit Rundungsfehler. Aufgrund dieser Problematik kann ein Konvergenzproblem durch Überschreitung der maximalen Größe oder des zulässigen Toleranzbereiches eines Wertes eintreten.

Beim Überschreiten von Spannungen und Strömen von $\pm\,10^{10}$ Volt (bzw. Ampere) ist es für PSpice nicht mehr möglich, den Arbeitspunkt (Bias Point) der Schaltung zu ermitteln. Es kann dann z.B. eine Transientenanalyse im Anschluß nicht mehr durchgeführt werden und die Simulation bricht an dieser Stelle ab. Wird beispielsweise eine 1MV („MegaVolt") Spannungsquelle in Reihe mit einem $1\mu\Omega$ Widerstand geschaltet, so wird der dynamische Strombereich von $\pm\,10^{10}$ Ampere überschritten:

$$I = \frac{U}{R} = \frac{1 \cdot 10^{6}\,V}{1 \cdot 10^{-6}\,\Omega} = 10^{12}\,\text{A}$$

Innerhalb einer konkreten Schaltung kann ein solcher Fall leicht bei der Definition eigener Bauteile entstehen. Für das folgende einfache Beispiel soll eine spezielle Diode mit Hilfe eines DBREAK-Elementes erstellt werden:

Referenzdatei: K_PROBL.SCH

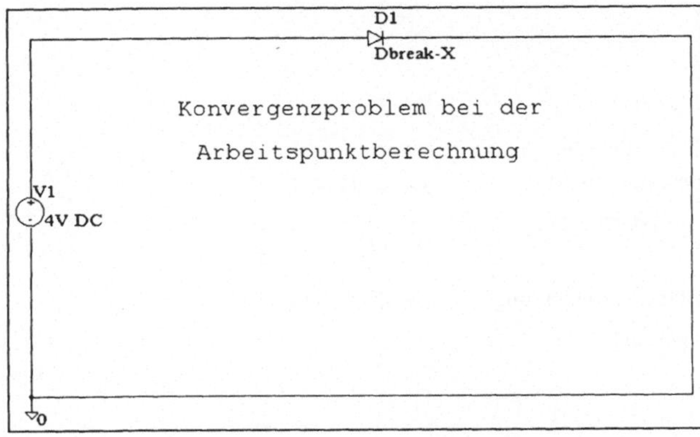

Die Diode DBREAK wurde der Bibliothek BREAKOUT.SLB entnommen. Mit *Edit/Model*
öffnet sich ein Eingabefenster, in dem durch Anwahl der Schaltfläche „Edit Instance Model"
die anwenderspezifischen Modellparameter eingetragen werden können.

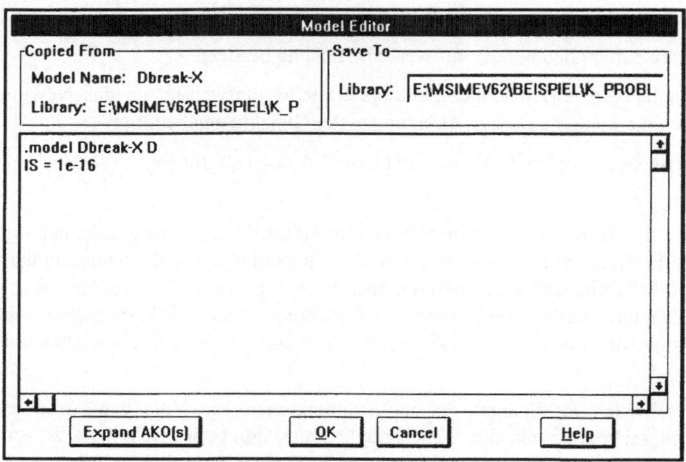

Im vorliegenden Beispiel wird nur der Sättigungsstrom mit IS = 1e-16 A definiert.

Da in diesem Diodenmodell kein Modellparameter RS für den Reihenwiderstand festgelegt
wurde, wird das Bauelement innerhalb der Simulation als ideal betrachtet.

Der durch eine Diode fließende Strom berechnet sich allgemein nach folgender Formel:

$$I = IS \cdot e^{\frac{U}{N \cdot k \cdot T}}$$

mit

IS   = Sättigungsstrom

T   = absolute Temperatur

N   = Emissionskoeffizient   Standardwert N = 1

k   = Boltzmannkonstante
                                      $1{,}3806 \cdot 10^{-23} \dfrac{VAs}{K}$

U_T = k·T = Temperaturspannung   ca. 25mV bei 20°C

U   = Diodenspannung

In diesem Beispiel würde sich also ein Strom von

$$I = 1 \cdot 10^{-16}\, A \cdot e^{\frac{4V}{25mV}} = 1 \cdot 10^{-16}\, A \cdot e^{160} = 3{,}07 \cdot 10^{53}\, A$$

ergeben, der natürlich weit außerhalb des erlaubten dynamischen Wertebereiches von PSpice liegt. Daher kann die Arbeitspunktberechnung mit anschließender Transientenanalyse nicht durchgeführt werden. Nach dem Start der Simulation erscheint die Fehlermeldung „Unable to calculate bias point":

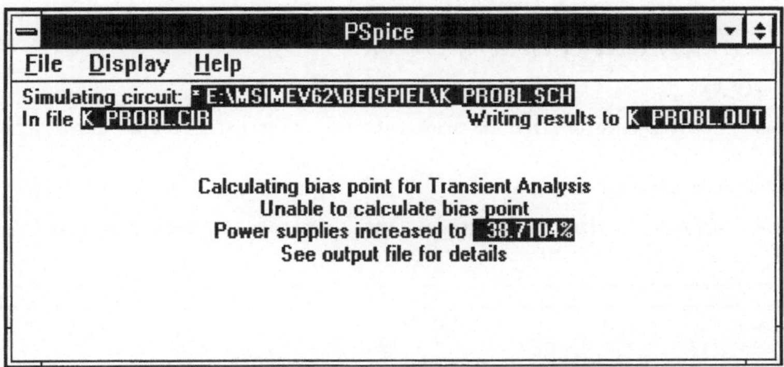

Die Meldung „Power supplies increased to 38,7104%" resultiert aus der Vorgehensweise von PSpice bei der Arbeitspunktanalyse.

Kann bei der angegebenen Spannungsversorgung von PSpice keine Lösung gefunden werden, wird die Versorgung auf 0,001% reduziert, um damit die Gleichungen näherungsweise zu linearisieren. Mit diesem linearen Gleichungssystem ergibt sich idealerweise eine verbesserte Lösung, die schon nahe bei der gesuchten Nullstelle liegt. Anschließend geht PSpice den umgekehrten Weg. Die Versorgung wird wieder bis auf 100% bei einer variablen Schrittweite erhöht. Die Mindestschrittweite dabei ist 0,0001%.

Die Fehlermeldung wird anhand der Ausgabedatei K_PROBL.OUT mit Hilfe des *Analysis/Examine Output* Menüs überprüft und als Konvergenzproblem identifiziert:

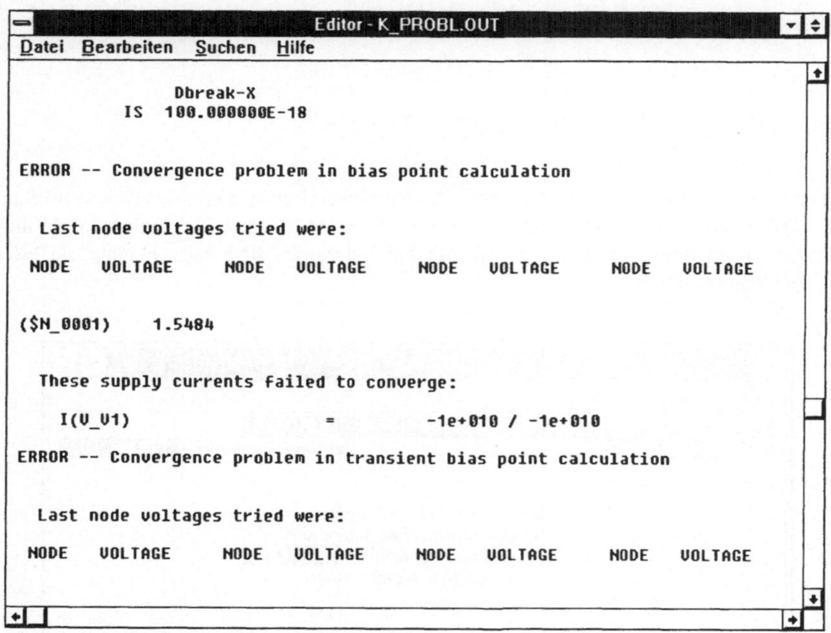

Es muß also besonders bei der Verwendung von selbstdefinierten Bauteilen aus der Bibliothek BREAKOUT.SLB darauf geachtet werden, daß keine unzulässig hohen Strombeträge ($> 1{\cdot}10^{10}$A) in der Schaltung entstehen können.

Ein Simulationsabbruch aufgrund von Divergenz kann beispielsweise auch während einer Transientenanalyse bedingt durch steile Signalflanken entstehen. Als einfaches Beispiel dazu kann ein Übertrager dienen.

Referenzdatei: KONTRAN.SCH

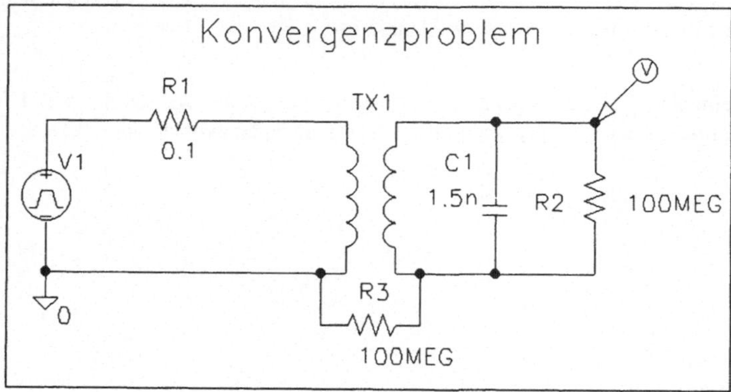

Die eingestellten Parameter für die Pulsquelle sowie für den Übertrager können aus den unten abgebildeten Attributmenüfenstern entnommen werden.

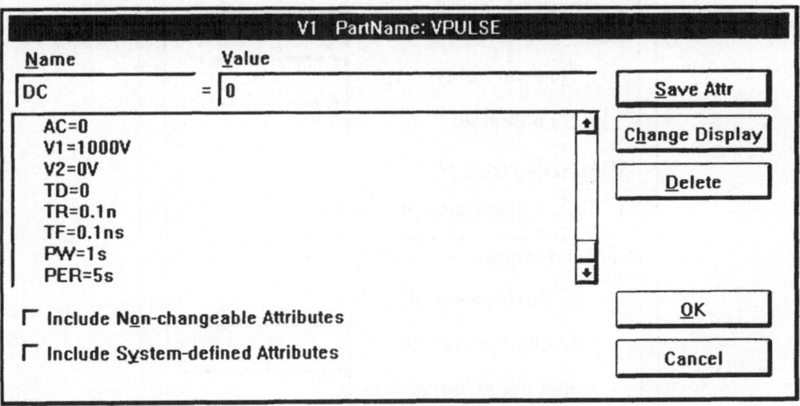

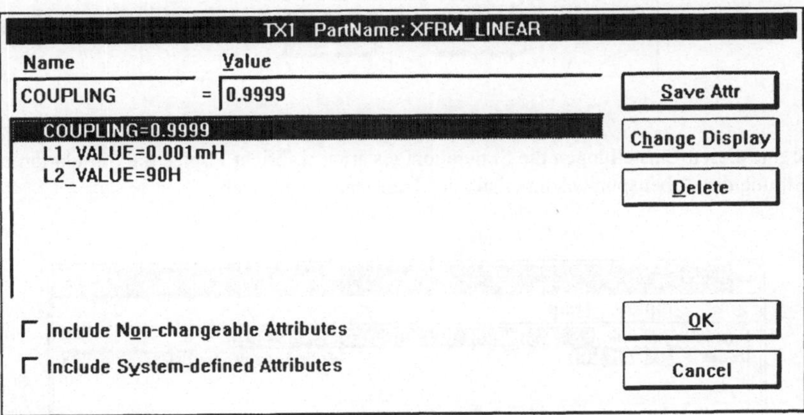

Diese Schaltung muß am Kondensator C1 eine Spannung in Form einer gedämpften Schwingung mit besonders steilem Anstieg zur größten Amplitude erzeugen.

Für den Ablauf der Transientenanalyse werden in SCHEMATICS im Menü *Analysis/-Setup/Transient* nur Festlegungen bezüglich der Ausgabeschrittweite „Print Step" sowie der Simulationsendzeit „Final Time"getroffen:

Wird mit diesen Einstellungen die Simulation gestartet, so bricht PSpice die Simulation nach Ermittlung des Arbeitspunktes innerhalb der Transientenanalyse ab.

Das zugehörige output file KONTRAN.OUT weist den Grund des Simulationsabbruches aus.

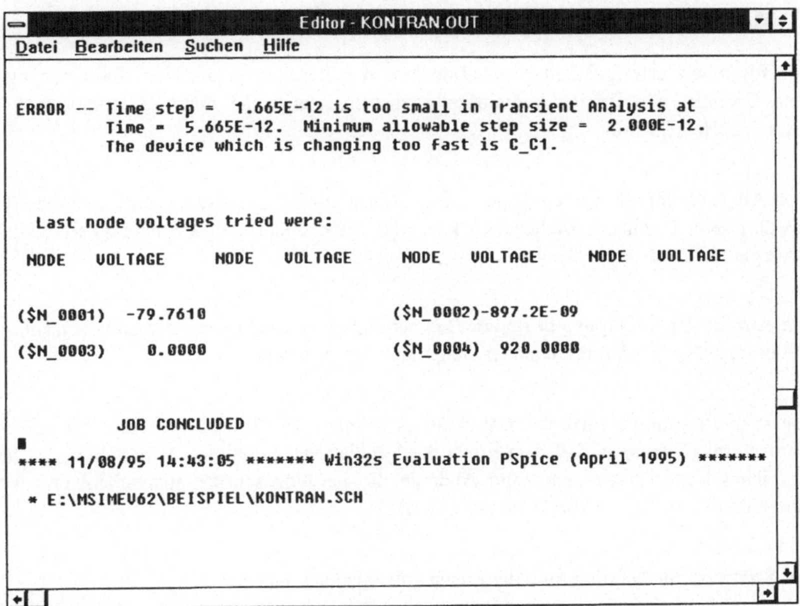

Die Schrittweite des letzten Simulationsschrittes unterschreitet mit 1,665E-12 s die minimal zulässige Schrittweite von 2E-12 s. Die minimal zulässige Schrittweite ist begrenzt durch die interne Rechengenauigkeit von PSpice und resultiert aus dem Wert für die Simulationsendzeit (Final Time) dividiert durch 10E12. Im vorliegenden Fall ist das Problem also erzwungen und wäre durch Vergrößerung der Zeitkonstanten in der Schaltung (z.B. vergrößern von C1) oder durch Verkleinern der Simulationsendzeit sehr einfach zu beheben. PSpice weist daher in der *.OUT Datei den Abbruch auch nicht speziell als Konvergenzproblem aus.

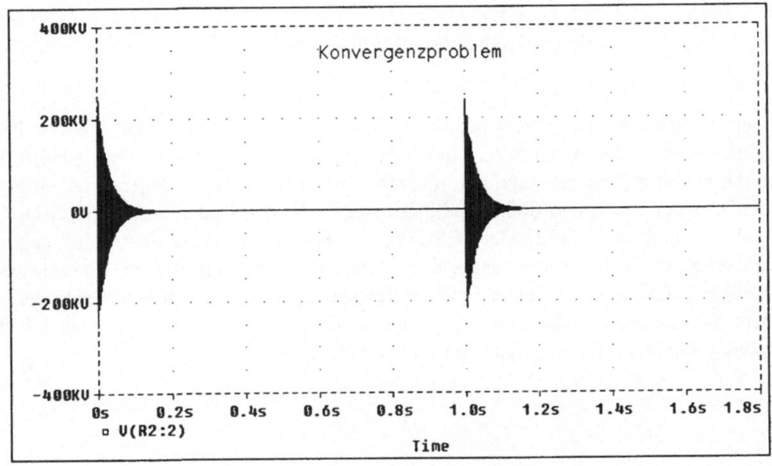

13.3 Maßnahmen zur Behebung von Konvergenzproblemen

Damit für einen erfolgreichen Simulationslauf der Iterationsprozeß innerhalb der numerischen Grenzen von PSpice konvergiert, nehmen naturgemäß mehrere miteinander verknüpfte Faktoren Einfluß:

1. Der Abstand der zu berechnenden Simulationspunkte voneinander darf nicht zu groß gewählt sein. In einem solchen Fall kann das insbesondere bei steilen Signalflanken zu Divergenz führen.

2. Die Anzahl der Iterationsschritte zur Berechnung eines Punktes muß ausreichen, um eine Näherungslösung mit hinreichender Genauigkeit zu erhalten.

3. Die vom Programm einzuhaltende relative Toleranz für Spannungen und Ströme muß derart vorgegeben sein, daß zum Einen die Simulationsergebnisse das Schaltungsproblem hinreichend gut beschreiben, zum Anderen die Iterationsschritte ausreichen, um Werte innerhalb dieses Toleranzbereiches zu liefern.

4. Der Startwert der Iteration muß der Lösung ausreichend nahe sein.

- Um dem ersten Punkt Rechnung zu tragen, paßt PSpice die Schrittweite zwischen den zu berechnenden Punkten automatisch der Steigung des Signalverlaufes an. Beim Auftreten steiler Signalflanken wird die Schrittweite verringert, bei schwach gekrümmten Verläufen entsprechend erhöht. Die Schrittweitenvariation erfolgt im Bereich:

$$\text{Maximal mögliche Schrittweite} = \frac{FinalTime}{50}$$

$$\text{Minimal mögliche Schrittweite} = \frac{FinalTime}{10^{12}}$$

Bei sprunghaften Signalverlaufsänderungen kann der Fall eintreten, daß die von PSpice gewählte Schrittweite zu groß war, um Konvergenz zu ermöglichen. Eine Abhilfe kann dann die Herabsetzung der maximal möglichen Schrittweite unter diejenige schaffen, die für die Divergenz verantwortlich war. PSpice sieht dafür den Parameter „Step Ceiling" vor. Mit ihm kann im SCHEMATICS-Menü *Analysis/Setup/Transient* die maximale Schrittweite innerhalb des oben angegebenen Bereiches reduziert werden. Bedacht werden muß dabei jedoch, daß mit einer Schrittweitenverringerung eine längere Rechenzeit und größere Datenmenge einhergeht. Aus diesem Grund sollte vorab ausreichend freier Massenspeicherplatz zur Verfügung gestellt werden.

- Eine weitere Einflußnahme auf den Simulationsablauf zur Behebung von Konvergenzproblemen ist durch Erhöhung der im zweiten Punkt genannten Anzahl der von PSpice zu
  durchlaufenden Iterationsschleifen möglich. Verantwortlich ist dafür der Parameter
  „ITL4", der im SCHEMATICS-Menü *Analysis/Setup/Options* abgeändert werden kann:

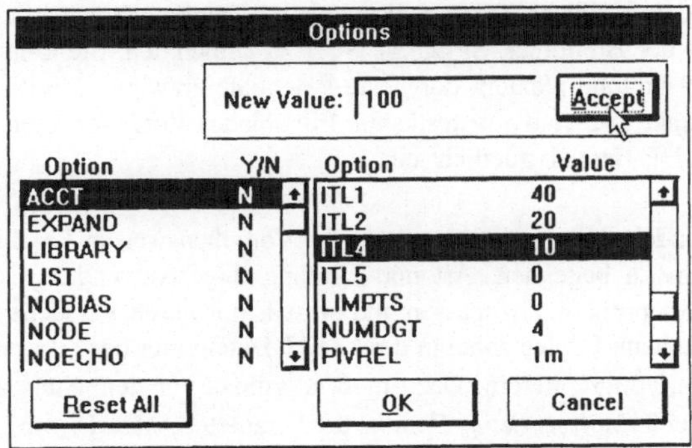

Als Grundeinstellung sind mit dem Parameter „ITL4" 10 Iterationsschritte vorgesehen.
Eine Erhöhung dieser Anzahl verbessert natürlich die Konvergenzeigenschaften. Diese
Verbesserung geht jedoch auf Kosten der Rechenzeit.

- Eine ebenfalls wichtige Einflußgröße auf die Iteration ist die unter Punkt 3 genannte
  relative Toleranz der Spannungen und Ströme. Auch hier ist es dem Anwender möglich
  einzugreifen. Der Parameter „RELTOL" im SCHEMATICS-Menü *Analysis/Setup/ Options*
  legt die relativen Spannungs- und Stromtoleranzen fest:

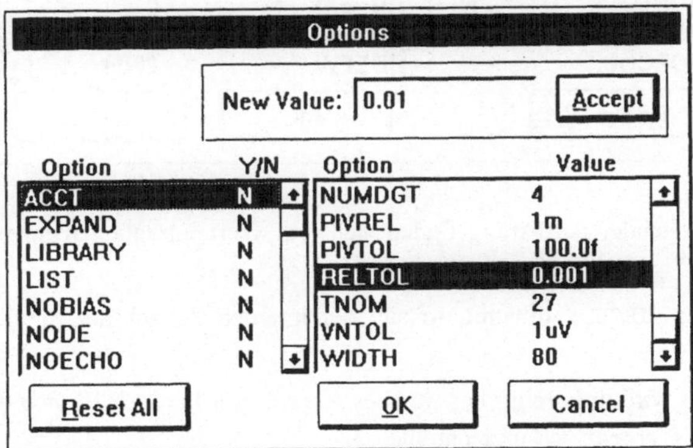

Als Standardwert für die relative Toleranz ist 0.001 (= 0.1%) eingetragen. Erlaubt die
Transientenanalyse eine Reduzierung der Toleranzgenauigkeit, so kann bei Schaltungen
mit Konvergenzproblemen der RELTOL-Wert auf beispielsweise 0.01 (1%) erhöht

werden. Grob eingestellte relative Toleranzen beschleunigen den Simulationsvorgang. Sie verursachen dafür aber auch beachtliche Simulationsabweichungen.

- Zur Abhilfe der unter Punkt vier genannten möglichen Ursache für einen Simulationsabbruch aufgrund von Divergenz, einem „schlecht" gewählten Startwert, können sogenannte Pseudokomponenten dienen. Diese Pseudokomponenten „IC1" und „IC2" sind in SCHEMATICS der Bibliothek SPECIAL.SLB zu entnehmen. Sie können, an „kritische" Knoten in der Schaltung plaziert, dort feste Potentiale erzwingen (Initial Conditions) und damit Arbeitspunkt und Startwert festlegen. Ein solches Vorgehen kann bei Analysen von Schaltungen im HF-Bereich nützlich sein.

In den vorhergehenden Abschnitten wurden vier Vorgehensweisen beschrieben, um einem Konvergenzproblem zu begegnen. Art und Umfang ihrer Anwendung ist dem jeweiligen individuellen Analyseproblem anzupassen und oftmals nur durch Versuche zu ermitteln. Eine kleine Hilfestellung kann PSpice dabei in der *.OUT Datei unter der Zusammenfassung „JOB STATISTICS SUMMARY" liefern. Dazu muß allerdings vor dem Start der Simulation im SCHEMATICS-Menü *Analysis/Setup/Options* der Parameter „ACCT" von „N" auf „Y" durch Doppelklick mit der Maus umgestellt sein.

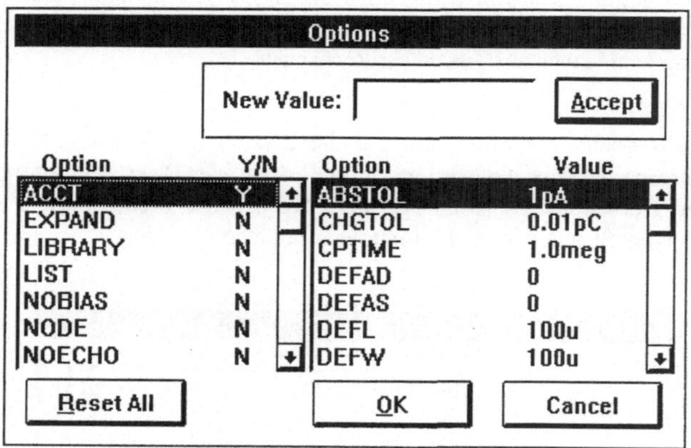

Innerhalb untenstehender Auflistung finden sich u.a. Werteintragungen unter den Bezeichnungen „NUMTTP", „NUMRTP" und „NUMNIT".

- Der Wert unter NUMTTP gibt die Anzahl der internen Zeitschritte für die Transientenanalyse an.

- Unter NUMRTP wird angezeigt, bei welcher Anzahl von Punkten PSpice die Schrittweite aufgrund von Divergenz verkürzen mußte.

- Der Parameter NUMNIT schließlich beinhaltet die Gesamtzahl der durchgeführten Iterationsschritte.

Im nachstehenden Auszug aus der Datei KONTRAN.OUT wurde die Analyse bereits nach einem erfolglosen Versuch und Durchlaufen von 6 Iterationsschleifen abgebrochen.

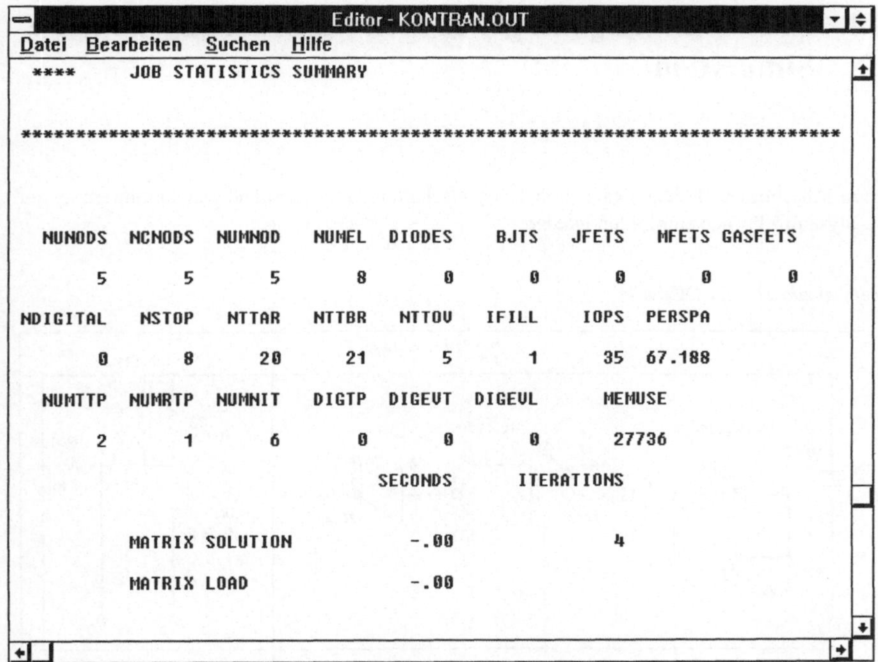

Eine Vielzahl von möglichen Konvergenzproblemen kann schon beim Schaltungsentwurf umgangen werden:

1. Die idealen Spulenmodelle, wie sie z.B. auch in Transformatoren und Übertragern zu finden sind, können durch Anfügen eines Parallelwiderstandes ein realitätsnäheres Verhalten zeigen. Der Effekt ist, daß bei Schaltvorgängen weniger hohe Spannungsspitzen mit geringerer Flankensteilheit auftreten. Zur Bemessung eines solchen Parallelwiderstandes kann folgende Beziehung herangezogen werden: $R = 2\pi f_p \cdot L$ (f_p = Frequenz, bei der der Gütefaktor Q = 1 ist).

2. Knoten, für die schaltungsbedingt eine Arbeitspunktermittlung kritisch erscheint, sollten eindeutige Potentiale zugewiesen werden. Das kann je nach Situation mittels Verbindung des Knotens über einen hochohmigen Widerstand mit der Schaltungsmasse oder der Verwendung der bereits erwähnten Pseudokomponenten „IC1" und „IC2" erreicht werden.

14 Eine Schaltung mit gehobenen Anforderungen an die Simulation

Zum Abschluß soll dem Leser eine Beispielschaltung zur selbständigen Optimierung und Analyse mit PSpice empfohlen werden.

Referenzdatei: DCDC.SCH

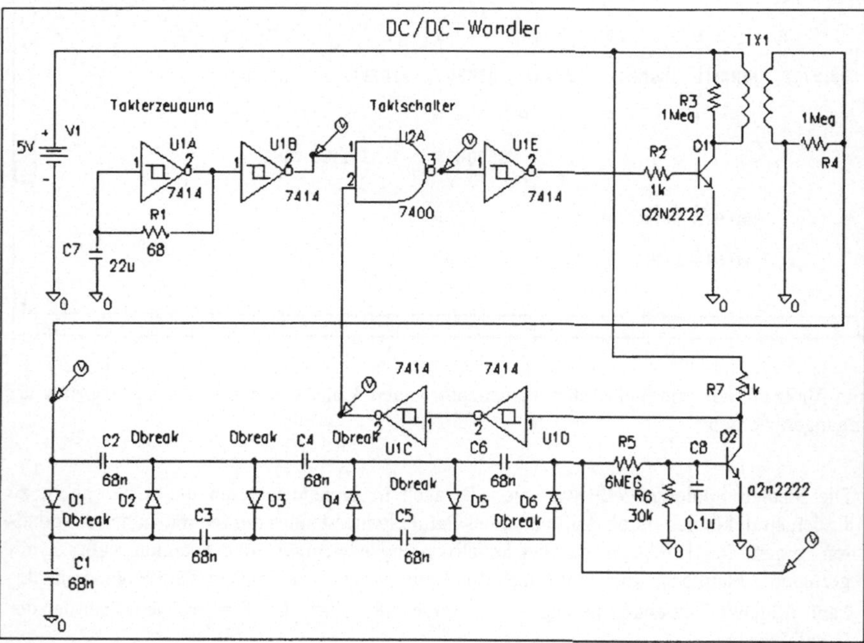

Das Schaltbild zeigt einen einfachen DC/DC-Wandler, wie er prinzipiell zum Betrieb von Restlichtverstärkern oder portablen Röhrengeräten mit geringer Stromaufnahme Verwendung finden könnte. Im Hinblick auf eine Simulation mittels Transientenanalyse, weist die Schaltung gleich mehrere Problempunkte auf:

- Der Einsatz von kaskadierten Kondensatoren erschwert die Arbeitspunktermittlung.

- Schnelle Ein- und Ausschaltvorgänge an einem Übertrager führen möglicherweise zu Divergenz innerhalb der Transientenanalyse.

- Das Zusammenwirken von digitalen und analogen Baugruppen stellt im „Mixed Mode" hohe Anforderungen an den Simulator.

Der erfolgreiche Abschluß eines Simulationslaufes ist also nur unter Berücksichtigung der im vorhergehenden Kapitel erläuterten Maßnahmen zur Behebung von Konvergenzproblemen möglich.

Zur Funktion der Schaltung:

Der Inverter mit Schmitt-Trigger U1A ist als Taktgenerator geschaltet. Frequenzbestimmend wirken sich R1 und C7 aus. Das Taktsignal gelangt über U1B an das NAND-Gatter U2A und wird, H-Pegel an Pin 2 vorausgesetzt, zum Inverter U1E durchgeschaltet. Von dort wird der Takt an die Basis des Schalttransistors Q1 geführt, was einen gepulsten Strom in der Primärwicklung von TX1 erzwingt.

Selbstverständlich würden bei einem praktischen Aufbau der Schaltung die Gatter U2A und U1E zu lediglich einem UND-Gatter zusammengefaßt werden. Ebenso könnten natürlich die beiden Inverter U1C und U1D entfallen. Diese zusätzlichen Komponenten wurden eingebaut, um die Spannungsmarker zwischen zwei digitale Schaltelemente plazieren zu können. Im anderen Fall würde PSpice die dort anliegenden Signale als analoge Spannungsverläufe analysieren.

Abhängig von den Kennwerten des Übertragers entsteht an dessen Sekundärwicklung eine Wechselspannung mit mehr oder weniger großen Spannungsspitzen. Eine nachgeschaltete Greinacher-Kaskade sorgt für deren Gleichrichtung bei gleichzeitiger Spannungsvervielfachung.

Erlangt die Ausgangsspannung einen festgelegten Schwellwert, so reicht die Spannung am Spannungsteiler, gebildet durch R5 und R6, aus, um den Transistor Q2 durchzusteuern. Pin 2 des NAND-Gatters U2A erhält damit L-Pegel und blockiert dann die Taktweiterschaltung. Die Ausgangsspannung kann so nicht weiter ansteigen.

Das Schaltbild zeigt den Wandler im unbelasteten Zustand. Zur Anpassung an einen Lastwiderstand bei definierter Ausgangsspannung muß die Schaltung in folgenden Punkten optimiert werden:

- Es muß die Taktfrequenz (R1, C7) mit der Greinacher-Kaskade abgestimmt werden, da deren Ausgangsspannung frequenzabhängig ist.

- Die Kennwerte von TX1 sind in Bezug auf die zu übertragende Leistung und eine ausreichende Sekundärspannung auszulegen.

- Die Greinacher-Kaskade ist in ihrer Stufenzahl und Wert der Kapazitäten zu modifizieren.

- Die grobe Regelung der Ausgangsspannung schließlich muß mittels des Spannungsteilers R5/R6 eingestellt sein. Der Kondensator C8 nimmt Einfluß auf ihr Zeitverhalten.

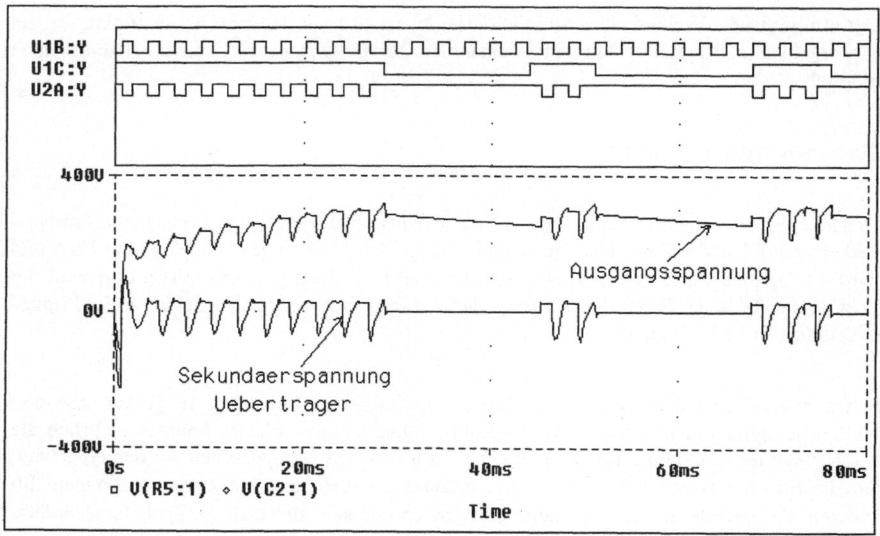

Die oben wiedergegebenen PROBE-Diagramme zeigen ein mögliches Betriebsverhalten des
DC/DC-Wandlers im Leerlauf. Die folgenden Signalverläufe sind abgebildet:

Im separaten Diagramm der digitalen Signalfolgen findet sich in der ersten Zeile das fort-
laufende Taktsignal. Die zweite Zeile zeigt das Taktfreigabesignal am Pin 2 des NAND-
Gatters. In der dritten Zeile ist das Signal zur Ansteuerung des Schalttransistors Q1 in inver-
tierter Darstellung aufgezeigt.

Das untere Diagramm enthält die Verlaufskurven der Sekundärspannung des Übertragers
sowie die „geregelte" Ausgangsspannung hinter der Kaskade.

Literaturverzeichnis

Literatur zu PSpice (Kapitel 1 bis 11):

[1]   Baumann, Peter/ Moeller, Wilhelm: Schaltungssimulation mit Design Center Bd.1, 1. Auflage, 1994, Fachbuchverlag Leipzig-Köln.

[2]   Duyan, Harun/ Hahnloser, Guido/ Traeger, Dirk: PSPICE Eine Einführung, 2. Auflage, 1992, B.G.Teubner, Stuttgart.

[3]   Duyan, Harun/ Hahnloser, Guido/ Traeger, Dirk: Design Center PSpice für Windows, 1. Auflage, 1994, B.G.Teubner, Stuttgart.

[4]   Erhardt, Dietmar/ Schulte, Jürgen: Simulieren mit PSPICE, 2. Auflage, 1995, Vieweg Verlag, Wiesbaden.

[5]   Justus, Otto: Berechnung linearer und nichtlinearer Netzwerke mit Pspice-Beispielen, 1994, Fachbuchverlag Leipzig-Köln.

[6]   Kleinöder, R.: Einführung in die Netzwerkanalyse mit SPICE, 1993, B.G. Teubner, Stuttgart.

[7]   Kühnel, Claus: Schaltungsdesign mit PSPICE unter Windows, 1.Auflage, 1993, Franzis-Verlag.

[8]   Lehmann, Constans: Elektronik-Aufgaben Bd. II, 1994, Fachbuchverlag Leipzig-Köln.

[9]   Handbuch zur Design Center Version 5.4 , MicroSim Corporation.

[10] The Design Center Manuals, Version 6.1a, MicroSim Corporation, 1994.

[11] Santen, Martin: Das PSpice Design Center 6.1 Arbeitsbuch, 1994, Fächer Verlag, Karlsruhe

Literatur zur Schaltungstechnik (Kapitel 12 und 14):

[1]   IC Datenbuch 1: 269 ICs-die wichtigsten Daten Linear TTL CMOS, Bd.1, 11. Auflage,
      1994, Elektor Verlag GmbH, Aachen.

[2]   IC Datenbuch 2: Die wichtigsten Daten, Bd.1, 5. Auflage, 1994, Elektor Verlag GmbH,
      Aachen.

[3]   The TTL Data Book for Design Engineers, Volume I, 8. europäische Auflage, 1985,
      Texas Instruments.

[4]   Härtl, Alfred: Halbleiter Anschluß-Tabelle, 8. Auflage, 1994, Härtl Verlag, Hirschau.

[5]   Hering, Ekbert/ Bressler, Klaus: Elektronik für Ingenieure, 1.Auflage, 1992, VDI
      Verlag, Düsseldorf.

[6]   Jäger, Reiner: Leistungselektronik, 4.Auflage, 1993, VDE Verlag.

[7]   Kühn, Eberhard: Handbuch TTL- und CMOS Schaltungen, 4. Auflage, 1993, Hüthig
      Verlag, Heidelberg.

[8]   Lichtberger, Bernd: Praktische Digitaltechnik, 1897, Hüthig Verlag, Linz.

[9]   Lindner, Helmut/ Brauer, Harry/ Lehmann, Constans: Taschenbuch der Elektrotechnik
      und Elektronik, 5. Auflage, 1993, Fachbuchverlag Leipzig-Köln.

[10] Möller, F./ Vaske, P.: Elektrische Maschinen und Umformer Teil, 12. Auflage, 1976;
      B.G. Teubner, Stuttgart.

[11] Unbehauen, H.: Regelungstechnik I, 8. Auflage, 1994, Vieweg Verlag, Wiesbaden.

[12] Schrüfer, Elmar: Signalverarbeitung, 1990, Hanser Verlag, München-Wien.

[13] Tietze, U./ Schenk, Ch.: Halbleiter Schaltungstechnik, 9. Auflage, 1990, Springer-
      Verlag, Heidelberg.

Literatur zur Mathematik (Kapitel 12 und 13):

[1]   Bronstein, I.N./ Semendjajew, K.A.: Taschenbuch der Mathematik, Bd.1, 23 .Auflage, 1987, Verlag Harri Deutsch, Frankfurt a. M.

[2]   Bronstein, I.N./ Semendjajew, K.A.: Ergänzende Kapitel zum Taschenbuch der Mathematik, Bd. 1, 5 bearbeitete und erweiterte Auflage, 1988, Verlag Harri Deutsch, Frankfurt a. M. .

[3]   Press, W. H./ Flammery, B. P. et. al.: Numerical Recipes, The Art of Scientific Computing, 1989, Cambridge University Press.

[4]   Reimer, M.: Skriptum zur Vorlesung Höhere Mathematik für Naturwissenschaftler und Ingenieure - Numerik, 1976, Universität Dortmund.

Anhang

Modellparameter für PSpice

Tastaturbelegungen in SCHEMATICS (Hotkeys)

Tastaturbelegungen in PROBE (Hotkeys)

Menüübersicht von SCHEMATICS

Modellparameter der wichtigsten in PSpice verwendeten Modelle im Überblick:

Kennbuchstaben der Modelle:

B	GaAsFET
C	Kondensator
D	Diode
E	Spannungsgesteuerte Spannungsquelle
F	Stromgesteuerte Stromquelle
G	Spannungsgesteuerte Stromquelle
H	Stromgesteuerte Spannungsquelle
I	Unabhängige Stromquelle und Stimulus
J	Sperrschicht FET
K	Kopplungsfaktor bei Übertragern (Kern)
L	Spule
M	MOSFET
N	Digitaler Eingang
O	Digitaler Ausgang
Q	Bipolartransistor
R	Widerstand
S	Spannungsgesteuerter Schalter
T	Übertragungsleitung
U	Integrierte Schaltkreise
V	Unabhängige Spannungsquelle und Stimulus
W	Stromgesteuerter Schalter
X	Aufruf eines Unterschaltkreises

Modellparameter Diode:

		Einheit	Standardwert (Default)
IS	Sättigungssperrstrom	A	1E-14
N	Emissionskoeffizient	-	1
ISR	Rekombinationsstrom	A	0
NR	Emissionskoeffizient zu ISR	-	2
IKF	Kniestrom bei hoher Injektion	A	∞
BV	Durchbruchspannung	V	∞
IBV	Durchbruchstrom bei BV	A	1E-10
NBV	Durchbruchfaktor	-	1

IBVL	Low-Level Kniestrom bei Durchbruch	A	0
NBV L	Low-Level Durchbruchsfaktor	-	1
RS	Parasitärer Bahnwiderstand	Ω	0
TT	Minoritätsträgerlebensdauer	s	0
CJO	Sperrschichtkapazität bei 0V	F	0
VJ	Diffusionsspannung	V	1
M	Gradationskoeffizient	-	0,5
FC	Kapazitätskoeffizient Durchlaßrichtung	-	0,5
EG	Bandabstandsspannung	eV	1,11
XTI	IS-Temperaturkoeffizient	-	3
TIKF	IKF-Temperaturkoeffizient (linear)	$1/°C$	0
TBV1	BV-Temperaturkoeffizient (linear)	$1/°C$	0
TBV2	BV-Temperaturkoeffizient (quadratisch)	$1/°C^2$	0
TRS 1	RS-Temperaturkoeffizient (linear)	$1/°C$	0
TRS2	RS-Temperaturkoeffizient (quadratisch)	$1/°C^2$	0
KF	Funkelrauschkoeffizient	-	0
AF	Funkelrauschexponent	-	1

Modellparameter Kapazität:

		Einheit	Standardwert (Default)
C	Multiplikator für Kapazitätswert	-	1
VC1	Linearer Spannungskoeffizient	$1/V$	0
VC2	Quadratischer Spannungskoeffizient	$1/V^2$	0
TC1	Linearer Temperaturkoeffizient	$1/°C$	0
TC2	Quadratischer Temperaturkoeffizient	$1/°C^2$	0

Modellparameter Bipolartransistor:

		Einheit	Standardwert (Default)
IS	Transportsättigungsstrom	A	1E-16
BF	Ideale maximale Vorwärtsverstärkung	-	100
NF	Vorwärtsstrom-Emissionskoeffizient	-	1
VAF/VA	Early-Spannung in Vorwärtsrichtung	V	∞
IKF/ IK	Oberer Knickstrom der Vorwärts- stromverstärkung	A	∞
ISE/ C2	Basis-Emitter Lecksättigungsstrom	A	0

NE	Basis-Emitter Leckemissionskoeffizient	-	1,5
BR	Maximale ideale Rückwärtsstromverstärkung	-	1
NR	Rückwärtsstrom-Emissionskoeffizient	-	1
VAR/ VB	Early-Spannung in Rückwärtsrichtung	V	∞
IKR	Oberer Knickstrom der Rückwärtsstromverstärkung	A	∞
ISC/ C4	Basis-Kollektor Lecksättigungsstrom	A	0
NC	Basis-Kollektor Leckemissionskoeffizient	-	2
NK	Hochstromkoeffizient für oberen Knickstrom	-	0,5
ISS	Substrat-Sättigungsstrom	A	0
NS	Substrat-Emissionskoeffizient	-	1
RE	Emitter-Bahnwiderstand	Ω	0
RB	Maximaler Basisbahnwiderstand	Ω	0
RBM	Minimaler Basisbahnwiderstand	Ω	RB
IRB	Strom, bei dem RB den Wert RBM/2 annimmt.	A	∞
RC	Kollektor- Bahnwiderstand	Ω	0
CJE	Basis-Emitter Sperrschichtkapazität bei $U_{BE} = 0$ V	F	0
VJE/ PE	Basis-Emitter Diffusionsspannung	V	0,75
MJE/ ME	Basis-Emitter Gradationsexponent	-	0,33
CJC	Basis-Kollektor Sperrschichtkapazität bei $U_{BE} = 0$ V	F	0
VJC/ PC	Basis-Kollektor Diffusionsspannung	V	0,75
MJC/ MC	Basis-Kollektor Gradationsexponent	-	0,33
XCJC	Anteil von $C_{BC,}$ intern verbunden mit R_B	-	1
CJS/ CCS	Kollektor-Substrat Sperrschichtkapazität bei $U_{BE} = 0$ V	F	0
VJS/ PS	Kollektor-Substrat Diffusionsspannung	V	0,75
MJS/ MS	Kollektor-Substrat Gradationsexponent	-	0
FC	Kapaztätskoeffizient für Vorwärtsbetrieb	-	0,5

TF	Ideale Vorwärts-Transitzeit	s	0
XTF	Betriebsabhängiger Transitzeitkoeffizient	-	0
VTF	Koeffizient für TF in Abhängigkeit von U_{BC}	V	∞
ITF	Kollektorstromabhängiger Koeffizient für TF	A	0
PTF	Offset für Phasenverschiebung	°	0
TR	Ideale Rückwärtstransitzeit	s	0
QCO	Ladung der Epitaxieschicht	C	0
RCO	Widerstand der Epitaxieschicht	Ω	0
VO	Ladungsträger-Beweglichkeitskniespannung	V	10
GAMMA	Dotierungsfaktor der Epitaxieschicht	-	1E-11
EG	Bandabstand	eV	1,11
XTB	Stromverstärkungstemperaturkoeffizient für Vorwärts- und Rückwärtsbetrieb	-	0
XT1/ PT	Temperaturexponent	-	3
TRE1	Linearer Temperaturkoeffizient bzgl. RE	1/°C	0
TRE2	Quadratischer Temperaturkoeffizient bzgl. RE	$1/°C^2$	0
TRB1	Linearer Temperaturkoeffizient bzgl. RB	1/°C	0
TRB2	Quadratischer Temperaturkoeffizient bzgl. RB	$1/°C^2$	0
TRM1	Linearer Temperaturkoeffizient bzgl. RBM	1/°C	0
TRM2	Quadratischer Temperaturkoeffizient bzgl. RBM	$1/°C^2$	0
TRC1	Linearer Temperaturkoeffizient bzgl. RC	1/°C	0
TRC2	Quadratischer Temperaturkoeffizient bzgl. RC	$1/°C^2$	0
KF	Funkelrausch koeffizient	-	0
AF	Funkelrauschexponent	-	1

Modellparameter ohmscher Widerstand:

		Einheit	Standardwert (Default)
R	Multiplikator für Widerstandswert	-	1
TC1	Linearer Temperaturkoeffizient	$1/°C$	0
TC2	Quadratischer Temperaturkoeffizient	$1/°C^2$	0
TCE	Exponentieller Temperaturkoeffizient	$\%/°C$	1

Modellparameter Spule:

		Einheit	Standardwert (Default)
L	Multiplikator für Induktivitätswert	-	1
IL1	Linearer Stromkoeffizient	$1/A$	0
IL2	Quadratischer Stromkoeffizient	$1/A^2$	0
TC1	Linearer Temperaturkoeffizient	$1/°C$	0
TC2	Quadratischer Temperaturkoeffizient	$1/°C^2$	0

Modellparameter MOSFET:

		Einheit	Standardwert (Default)
LEVEL	Modellart	-	1
L	Kanallänge	m	DEFL
W	Kanalweite	m	DEFW
RD	Drain- Bahnwiderstand	Ω	0
RS	Source- Bahnwiderstand	Ω	0
RG	Gate- Bahnwiderstand	Ω	0
RB	Substrat- Bahnwiderstand	Ω	0
RDS	Drain-Source- Shuntwiderstant	Ω	∞
RSH	Drain-Source- Diffusionsflächen-widerstand	Ω/square	0
IS	Substrat- Sättigungssperrstrom	A	1E-14
JS	Substrat- Sättigungssperrstromdichte	A/m^2	0
JSSW	Substrat- Sättigungssperrstrom, bezogen auf Kanalwand pro Längen-einheit	A/m	0
N	Substrat- Emissionskoeffizient	-	1
PB	Substrat- Sperrschicht-Diffusionsspannung	V	0,8
PBSW	Substrat- Sperrschicht-Diffusions-spannung der Kanalwände	V	PB
CBD	Substrat-Drain- Kapazität bei 0V	F	0

		Einheit	Standardwert (Default)
CJSW	Substrat- Sperrschicht- Seitenwand-kapazität pro Längeneinheit bei 0V	F/m	0
MJ	Substratbodengradationskoeffizient	-	0,5
MJSW	Substrat- Sperrschicht- Seitenwand-Gradationskoeffizient	-	0,33
FC	Sperrschichtkapazitätskoeffizient im Durchlaßbereich	-	0,5
TT	Substrat-Sperrschicht- Transitzeit	s	0
CGSO	Gate-Source- Überlappungskapazität bezogen auf die Kanalweite	F/m	0
CGDO	Gate-Drain- Überlappungskapazität bezogen auf die Kanalweite	F/m	0
CGBO	Gate-Substrat- Überlappungskapazität bezogen auf die Kanalweite	F/m	0
KF	Funkelrauschkoeffizient	-	0
AF	Funkelrauschexponent	-	1

Modellparameter GaAsFET:

		Einheit	Standardwert (Default)
AREA	Relatives Flächenverhältnis	-	1
LEVEL	Modellart	-	1
VTO	Abschnürspannung	V	-2,5
ALPHA	Sättigungsspannungsfaktor	1/V	2
BETA	Übertragungsleitwertkoeffizient	A/V^2	0,1
B	Dotierungsausbreitungsparameter	1/V	0,3
LAMBDA	Kanallängenmodulation	1/V	0
GAMMA	Statischer Rückkopplungsparameter Level=3	-	0
DELTA	Ausgangsrückkopplungsparameter Level=3	1/(A·V)	0
Q	Leistungsparameter Level=3	-	2
TAU	Leitungsstromverzögerungszeit	s	0
RG	Gate- Bahnwiderstand	Ω	0
RD	Drain- Bahnwiderstand	Ω	0
RS	Source- Bahnwiderstand	Ω	0

IS	Gate- Sperrschicht- Sättigungsstrom	A	1E-14
N	Gate- Sperrschicht- Emissionskoeffizient	-	1
M	Gate- Sperrschicht- Gradationskoeffizient	-	0,5
VBI	Gate- Sperrschicht- Potential	V	1
CGD	Gate-Drain-Sperrschichtkapazität bei 0V	F	0
CGS	Gate-Source-Sperrschichtkapazität bei 0V	F	0
CDS	Drain-Source-Sperrschichtkapazität bei 0V	F	0
FC	Kapazitätskoeffizient für Vorwärtsbetrieb	-	0,5
VDELTA	Kapazitätsübergangsspannung Level=2; 3	V	0,2
VMAX	Kapazitätsbegrenzende Maximalspannung Level=2; 3	V	0,5
EG	Bandabstand	eV	1,11
XTI	Temperaturkoeffizient für IS	-	0
VTOTC	Temperaturkoeffizient für VTO	V/°C	0
BETATCE	Exponentieller Temperaturkoeffizient für BETA	%/°C	0
TRGI	Temperaturkoeffizient für RG	1/°C	0
TRD1	Temperaturkoeffizient für RD	1/°C	0
TRS1	Temperaturkoeffizient	1/°C	0
KF	Funkelrauschkoeffizient	-	0
AF	Funkelrauschexponent	-	1

Modellparameter Junction FET:

		Einheit	Standardwert (Default)
VTO	Abschnürspannung	V	-2
BETA	Übertragungsleitwertkoeffizient	A/V^2	1E-4
LAMBDA	Kanallängenmodulation	1/V	0
IS	Gate- Sperrschicht- Sättigungsstrom	A	1E-14
N	Gate- Sperrschicht- Emissionskoeffizient	-	1

ISR	Gate- Rekombinationsstrom	A	0
NR	Emissionskoeffizient für ISR	-	2
ALPHA	Ionisationskoeffizient	1/V	0
VK	Ionisationskniespannung	V	0
RD	Drain- Bahnwiderstand	Ω	0
RS	Source- Bahnwiderstand	Ω	0
CGD	Gate-Drain-Sperrschichtkapazität bei 0V	F	0
CGS	Gate-Source-Sperrschichtkapazität bei 0V	F	0
M	Gate- Sperrschicht-Gradationskoeffizient	-	0,5
PB	Gate- Sperrschicht-Diffusionsspannung	V	1
FC	Kapazitätskoeffizient für Vorwärtsbetrieb	-	3
VTOTC	Temperaturkoeffizient für VTO	V/°C	0
BETATCE	Exponentieller Temperaturkoeffizient für BETA	%/°C	0
XTI	Temperaturkoeffizient für IS	-	3
KF	Funkelrauschkoeffizient	-	0
AF	Funkelrauschexponent	-	1

Tastaturbelegungen in SCHEMATICS (Hotkeys)

Belegung der Funktionstasten:

F1	➜	Hilfefunktion
F2	➜	Sprung zur höheren Schaltplanhierarchieebene
F3	➜	Sprung zur untergeordneten Schaltplanhierarchieebene
F4	➜	Text auf Raster positionieren (Ein/Aus)
F5	➜	Rechtwinklige Leitungsverläufe (Ein/Aus)
F6	➜	Schaltelemente auf Raster positionieren (Ein/Aus)
F7	➜	Auto-Label-Modus (Ein/Aus)
F8	➜	Wiederholungsfunktion (Ein/Aus)
F9	➜	„Gummibandfunktion" (Ein/Aus)
F10	➜	Fehler anzeigen
F11	➜	Simulator PSpice starten
F12	➜	PROBE starten

Für Tastenbelegungen, die in obenstehender Auflistung mit (Ein/Aus) bezeichnet sind, gelten folgende Bedienungssequenzen:

Funktionstaste: Einschalten der entspr. Option

SHIFT + Funktionstaste: Ausschalten der entspr. Option

Space Bar	➜	*Draw/Repeat*
Strg+A	➜	*View/Area*
Strg+B	➜	*DrawBus*
Strg+C	➜	*Edit/Copy*
Strg+D	➜	*Draw/Rewire*
Strg+E	➜	*Edit/Label*
Strg+F	➜	*Edit/Flip*
Strg+G	➜	*Draw/Get New Part*
Strg+I	➜	*View/In*
Strg+L	➜	*View/Redraw*
Strg+M	➜	*Markers/Mark Voltage Level*
Strg+N	➜	*View/Fit*
Strg+O	➜	*View/Out*
Strg+P	➜	*Draw/Place Part*
Strg+R	➜	*Edit/Rotate*

Tabelle Fortsetzung

Strg+S	→	*File/Save*
Strg+T	→	*Draw/Text*
Strg+U	→	*Edit/Undelete*
Strg+V	→	*Edit/Paste*
Strg+W	→	*Draw/Wire*
Strg+X	→	*Edit/Cut*

Die Strg-Taste ist bei verschiedenen Tastaturen mit CTRL bezeichnet.

Tastaturbelegungen in PROBE (Hotkeys)

Strg+A	→	*View/Area*
Strg+C	→	*Edit/Copy*
Strg+I	→	*View/In*
Strg+L	→	*View/Redraw*
Strg+N	→	*View/Fit*
Strg+O	→	*View/Out*
Strg+P	→	*View/Previous*
Strg+V	→	*Edit/Paste*
Strg+X	→	*Edit/Cut*
Strg+Y	→	*Plot/Add Y Axis*
Strg+F12	→	*File/Open*
Shift+Strg+C	→	*Tools/Cursur/Display*
Shift+Strg+I	→	*Tools/Cursor/Point*
Shift+Strg+L	→	*Tools/Cursor/Slope*
Shift+Strg+M	→	*Tools/Cursur/Min*
Shift+Strg+N	→	*Tools/Cursor/Next Transition*
Shift+Strg+P	→	*Tools/Cursor/Peak*
Shift+Strg+R	→	*Tools/Cursor/Previous Transition*
Shift+Strg+S	→	*Tools/Cursor/Search Commands*
Shift+Strg+T	→	*Tools/Cursor/Through*
Shift+Strg+X	→	*Tools/Cursor/Max*
Shift+Strg+Y	→	*Plot/Delete Y Axis*
Shift+Strg+F12	→	*File/Print*
Entf	→	*Edit/Delete*
Einfg	→	*Trace/Add*
Alt+F4	→	*File/Exit*

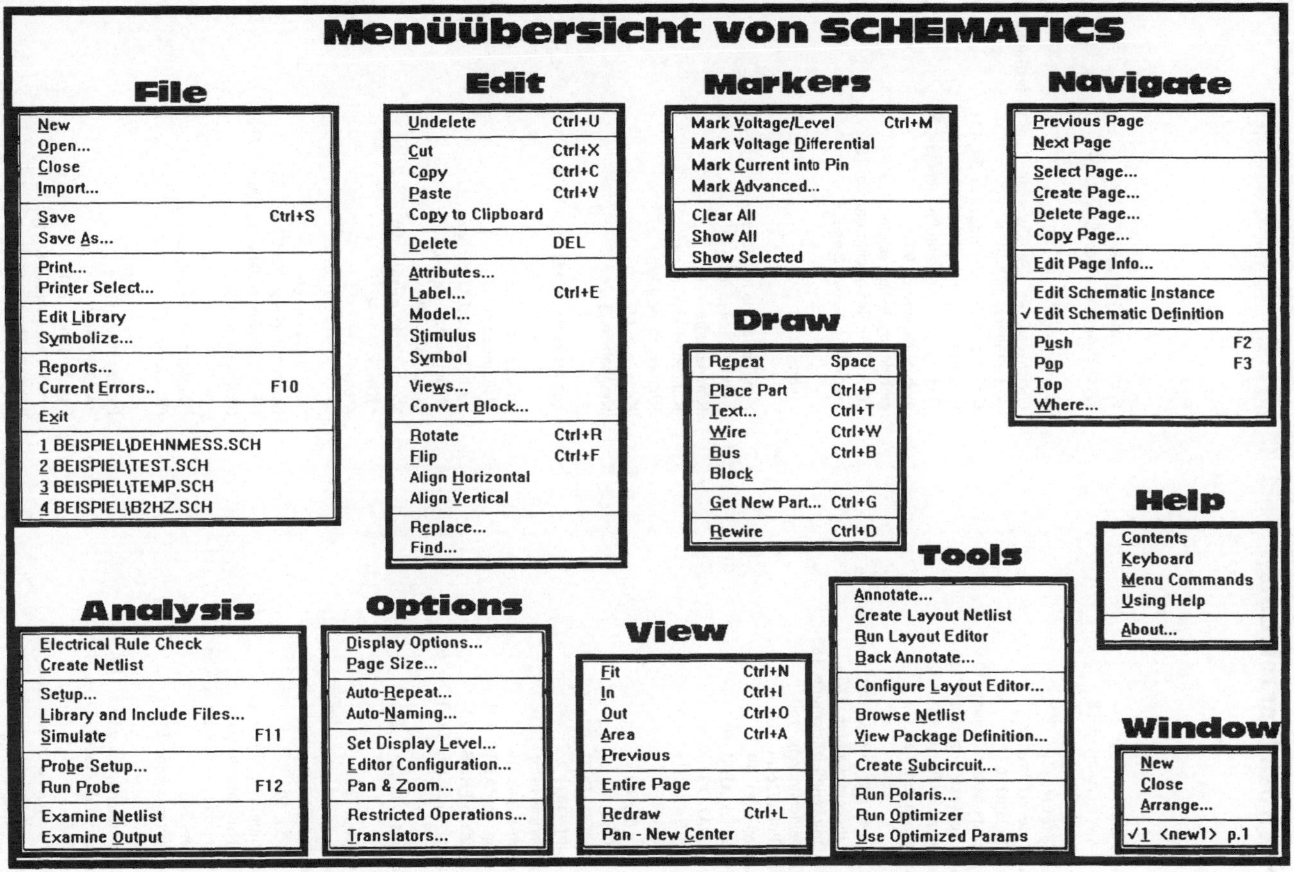

Menüübersicht von SCHEMATICS

File

- New
- Open...
- Close
- Import...
- Save — Ctrl+S
- Save As...
- Print...
- Printer Select...
- Edit Library
- Symbolize...
- Reports...
- Current Errors.. — F10
- Exit
- 1 BEISPIEL\DEHNMESS.SCH
- 2 BEISPIEL\TEST.SCH
- 3 BEISPIEL\TEMP.SCH
- 4 BEISPIEL\B2HZ.SCH

Edit

- Undelete — Ctrl+U
- Cut — Ctrl+X
- Copy — Ctrl+C
- Paste — Ctrl+V
- Copy to Clipboard
- Delete — DEL
- Attributes...
- Label... — Ctrl+E
- Model...
- Stimulus
- Symbol
- Views...
- Convert Block...
- Rotate — Ctrl+R
- Flip — Ctrl+F
- Align Horizontal
- Align Vertical
- Replace...
- Find...

Markers

- Mark Voltage/Level — Ctrl+M
- Mark Voltage Differential
- Mark Current into Pin
- Mark Advanced...
- Clear All
- Show All
- Show Selected

Draw

- Repeat — Space
- Place Part — Ctrl+P
- Text... — Ctrl+T
- Wire — Ctrl+W
- Bus — Ctrl+B
- Block
- Get New Part... — Ctrl+G
- Rewire — Ctrl+D

Navigate

- Previous Page
- Next Page
- Select Page...
- Create Page...
- Delete Page...
- Copy Page...
- Edit Page Info...
- Edit Schematic Instance
- √ Edit Schematic Definition
- Push — F2
- Pop — F3
- Top
- Where...

Analysis

- Electrical Rule Check
- Create Netlist
- Setup...
- Library and Include Files...
- Simulate — F11
- Probe Setup...
- Run Probe — F12
- Examine Netlist
- Examine Output

Options

- Display Options...
- Page Size...
- Auto-Repeat...
- Auto-Naming...
- Set Display Level...
- Editor Configuration...
- Pan & Zoom...
- Restricted Operations...
- Translators...

View

- Fit — Ctrl+N
- In — Ctrl+I
- Out — Ctrl+O
- Area — Ctrl+A
- Previous
- Entire Page
- Redraw — Ctrl+L
- Pan - New Center

Tools

- Annotate...
- Create Layout Netlist
- Run Layout Editor
- Back Annotate...
- Configure Layout Editor...
- Browse Netlist
- View Package Definition...
- Create Subcircuit...
- Run Polaris...
- Run Optimizer
- Use Optimized Params

Help

- Contents
- Keyboard
- Menu Commands
- Using Help
- About...

Window

- New
- Close
- Arrange...
- √ 1 <new1> p.1

Sachwortverzeichnis